高等教育"十三五"部委级规划教材

U0394195

电路实验基础与实践

周　蕾　主编

卢学民　刘晓洁　编著

东华大学出版社·上海

内容简介

本书依据教育部高等学校电子信息科学与电气信息类基础课程教学指导分委员会修订的《电子信息科学与电气信息类平台课程教学基本要求》编写，内容符合教学指导委员会关于电路课程实验教学和认识实习实践环节的教学基本要求。

全书由电气测量方法、认识与实践、电路实验和附录四部分组成。内容包括电气测量方法、电路实验基础知识及要求、常用电子元器件的认识、常用电路实验仪器仪表的使用、焊接技术、电路仿真软件Multisim 10.0 介绍、基本电路实验、仿真实验、拓展实验和电气安全常识。

本书内容全面，注重基础，兼顾实用，可作为高等院校工科电子信息科学与电气信息类各专业本科或大专学生的电工电子实践课程和电路课程的实验教材或教学参考书。

图书在版编目（CIP）数据

电路实验基础与实践 / 周蕾主编；卢学民，刘晓洁编著.
—上海：东华大学出版社，2018. 9
ISBN 978-7-5669-1464-4

Ⅰ. ①电… Ⅱ. ①周… ②卢… ③刘… Ⅲ. ①电路—实验—高等学校—教材 Ⅳ. ①TM13-33

中国版本图书馆 CIP 数据核字（2018）第 185796 号

责任编辑：竺海娟
封面设计：魏依东

电路实验基础与实践
Dianlu Shiyan Jichu yu Shijian

周　蕾　主编
卢学民　刘晓洁　编著

出　　版：东华大学出版社（上海市延安西路 1882 号　邮政编码：200051）
本 社 网 址：http://dhupress.dhu.edu.cn
天猫旗舰店：http://dhdx.tmall.com
营 销 中 心：021-62193056　62373056　62379558
印　　刷：常熟大宏印刷有限公司
开　　本：787 mm×1092 mm　1/16
印　　张：16
字　　数：396 千字
版　　次：2018 年 9 月第 1 版
印　　次：2018 年 9 月第 1 次印刷
书　　号：ISBN 978-7-5669-1464-4
定　　价：48.00 元

前　言

对于电子信息科学与电气信息类（包括电子信息、通信、电气工程、自动化）等专业的学生来说，了解和掌握基本电路元器件的特性、基本电路测量仪器的使用、基本电路实验原理和基本的测量方法，具备基本的实验和分析能力是作为电类领域的工程技术人员或研究人员必须具备的素质。为了适应当前电气、电子信息科学技术的迅猛发展，以及高等院校对高素质工程类人才培养的新要求，我们根据教育部高等学校电子信息科学与电气信息类基础课程教学指导分委员会关于电路课程实验教学和认识实习实践环节的教学基本要求，以现有的教学资源为基础，结合近年来的教学实践与尝试，编写了本教材。

本书为电子信息和电气信息类专业学生电路理论先导性实践课程教材，在编写过程中我们力求使教材内容全面、紧凑、清楚，并注意强调教材在以下几个方面的作用：

（1）帮助学生了解和掌握电气测量方面的基础知识。教材介绍了电气测量方法的基础知识，包括基本概念、基本方法与要求，以及测量数据的处理及误差分析等，并简要介绍了现代电气测量系统及其组成，概述了现代数字式电气测量系统及复杂测量系统的多变量测量误差分析方法。使学生了解现代测量系统的新特点，为学生在电路实验或今后的工程试验中制订测量方案、处理测量数据、分析测量误差、总结试验结果等提供完整的基本概念和基本方法，为培养高素质的专业人才做准备。

（2）为了培养电类专业的工程技术人员，在基本的认识实践方面，我们力求内容全面，反映当前工程技术的发展，立足于为学生的实践能力培养打好基础。内容包括了基本元器件的认识、常用电子仪器仪表的认识及使用方法、焊接技术介绍及日常安全用电知识，并在每部分内容后都安排相应的实践环节。

（3）对于必须掌握的基本电路实验，书中提出了电路实验的基本目的、要求以及完整规范的实验操作过程，以培养学生良好的实验行为习惯和基本的实验操作能力。

（4）电路实验强调实验内容与电路理论之间的相互支持。用实验来加深对基础理论的理解，用理论来指导实验。电路实验是"电路分析"课程的配套实践环节，围绕该课程教学的重点，本书共编排了 15 个基本实验、4 个仿真实验和 3 个拓展实验。希望通过实验培养学生严肃认真的科学态度和理论联系实际的工程观点，使学生熟练掌握实验技能，提高实际分析问题和解决问题的能力。

（5）书中还介绍了虚拟电子工作台 Multisim 10.0 的使用。利用仿真软件进行电路的设计和研究，与实际操作实验相比在很多方面具有无可比拟的优点，熟练应用仿真软件是工科电类学生将来从事设计、研究和开发所必需的重要技能。

（6）为鼓励学生主动学习、主动思考、动手实践，除了基本实验之外，书中还编排了拓展实验（带 * 部分），供学生课外选做。

本书由周蕾主编并统稿，卢学民、刘晓洁、刘玉英参与编写。其中，周蕾主要编写了第 1 章、第 3 章及附录 A1；卢学民主要编写了第 2 章第 1 节和第 4 节、附录 A2、拓展实验部分，并为本书拍摄、绘制了大量图片；刘晓洁主要编写了第 2 章第 2 节和第 3 节和附录 B；刘玉英参与了第 1 章部分内容的编写。赵曙光教授对全书作了仔细的审阅，并提出了很多非常宝贵的意见。杨上河老师对本书的编写提出了许多有益的建议。在编写过程中还得到了东华大学原电工电子中心钱剑敏、崔葛瑾、李伟民等老师的帮助，并得到了东华大学出版社竺海娟编辑的大力支持，在此一并表示衷心的感谢。

由于编者的学识和能力有限，书中一定还存在一些疏漏和不妥之处，我们期待各位读者的批评和指正。

编者

2018 年 5 月 25 日

目　录

第 1 章　电气测量方法

1.1　电气测量的基本知识与方法 ································· 1

 1.1.1　电气测量的基本概念 ································· 1

 1.1.2　常用电气量 ··· 1

 1.1.3　电气测量的方法与要求 ······························ 2

1.2　实验数据处理及误差分析 ······························· 4

 1.2.1　有效数字 ··· 4

 1.2.2　测量数据的读取与表示 ······························ 5

 1.2.3　误差分析与测量数据处理 ·························· 10

1.3　电气测量系统 ··· 12

 1.3.1　电气测量系统及其组成 ····························· 13

 1.3.2　电气测量系统的误差估计 ·························· 17

1.4　电气测量中的常见问题及处理方法 ······················ 18

 1.4.1　电气测量中的常见问题 ····························· 18

 1.4.2　故障出现时的处理方法及故障排查 ·················· 19

1.5　电路实验课程的目的和基本要求 ······················ 20

 1.5.1　电路实验课程的目的 ······························ 20

 1.5.2　电路实验课程的要求 ······························ 21

 1.5.3　电路实验的一般过程 ······························ 21

第 2 章　认识与实践

2.1　常用电子元器件 ·· 23

 2.1.1　电阻器和电位器 ··································· 23

 2.1.2　电容器 ·· 28

 2.1.3　电感器 ·· 33

 2.1.4　晶体管 ·· 36

 2.1.5　集成电路 ·· 50

　　2.1.6　贴片元件 ··· 53

　　认识与实践 1：常用电子元器件的测试 ······························· 55

　2.2　常用电路实验仪器 ·· 56

　　2.2.1　常用仪器与仪表的分类 ··· 56

　　2.2.2　电源与常用信号源 ··· 57

　　2.2.3　常用测量仪表与示波器 ··· 70

　　认识与实践 2：常用电路实验仪器的使用 ·························· 87

　2.3　电路仿真工具 Multisim 10.0 简介 ······························· 90

　　2.3.1　Multisim 10.0 概述 ··· 90

　　2.3.2　Multisim 10.0 的基本操作方法 ······························ 91

　　2.3.3　Multisim 10.0 的常用操作 ··································· 101

　　2.3.4　Multisim 10.0 的分析功能 ··································· 115

　　认识与实践 3：仿真工具的使用 ····································· 121

　2.4　焊接技术 ··· 124

　　2.4.1　焊接技术简介 ··· 124

　　2.4.2　手工烙铁焊接技术 ··· 126

　　认识与实践 4：焊接与制作 ·· 133

第 3 章　电路实验

实验一　元件的伏安特性 ··· 135

实验二　基尔霍夫定律与电位测量 ····································· 139

实验三　电源的外特性和电源的等效变换 ····························· 142

实验四　含受控源的直流电路 ··· 145

实验五　受控电源特性及运算放大器的应用 ·························· 151

实验六　叠加定理和戴维南定理 ··· 156

实验七　交流阻抗参数的测量 ··· 160

实验八　电路功率因数的提高 ··· 163

实验九　串联谐振电路 ··· 166

实验十　一阶电路和二阶电路的响应 ··································· 169

实验十一　互感电路 ·· 172

实验十二　三相电路电压与电流的测量 ································· 177

实验十三　三相电路功率的测量 ··· 181

实验十四　二端口网络的传输参数 ……………………………………………… 185

实验十五　回转器 …………………………………………………………………… 189

实验十六　网络定理仿真 …………………………………………………………… 193

实验十七　受控源特性的研究仿真 ………………………………………………… 200

实验十八　电路频率特性的研究仿真 ……………………………………………… 208

实验十九　电路的时域响应仿真 …………………………………………………… 214

*实验二十　光敏电阻特性测试及其应用 ………………………………………… 219

*实验二十一　利用双踪示波器显示二极管伏安特性曲线 ……………………… 223

*实验二十二　电感、电容的测量方法 …………………………………………… 225

附录 A　安全用电知识

A.1　交流电路 ……………………………………………………………………… 230

A.1.1　交流电的产生与传输 ……………………………………………………… 230

A.1.2　低压供配电系统 …………………………………………………………… 232

A.2　安全用电 ……………………………………………………………………… 233

A.2.1　电气安全 …………………………………………………………………… 233

A.2.2　人体触电及急救 …………………………………………………………… 237

A.2.3　安全用电常识 ……………………………………………………………… 239

附录 B　实验装置介绍

B.1　多功能电路装置 ……………………………………………………………… 241

B.2　九孔板 ………………………………………………………………………… 247

第 1 章　电气测量方法

1.1　电气测量的基本知识与方法

1.1.1　电气测量的基本概念

电路实验是帮助我们认识电路原理、掌握电路特性的直接而有效的方法，通过实验还可以验证电路工作的正确性及其实际工程应用的可行性。对电路中电气量的测量则是电路实验的必要手段。通过测量可以获得电路中被测电气量的稳态及暂态特性，形成对该电气量的定性或定量认识，掌握其变化规律，使电路实验达到设定的目标与要求。

电气量测量方案的制订、测量仪器仪表的选用以及对测量数据的处理是构成测量有效性的三个重要因素。例如，需要测量电路中某一电阻的阻值，首先需要制订测量方案。可以采取的方案有三个：一是用欧姆计或万用表的欧姆挡测量电阻的阻值；二是通过测量电路中该电阻两端的电压和流过电阻的电流，通过欧姆定律来计算；三是将被测电阻接入惠斯通电桥，利用电桥的平衡原理来测量。确定了测量方案后，需要根据被测量的性质选择具有合适的量程及精度的测量仪器。最后，需要对测量数据进行处理得到测量结果，该测量结果可以用一个数据或一组数据或曲线等来表示。不正确的测量方案、过大的测量误差及错误的数据处理，会使我们对被测电气量变化规律的认识产生极大的偏差。当该电路被实际应用时，会使应用系统工作不正常，甚至带来严重的故障或事故。

1.1.2　常用电气量

表 1.1.1 列出了电路分析中经常涉及的电气量及对应的单位。目前，我国采用的是国际单位制（SI）。但在实际应用中有时会感到这些单位太大或太小，使用不便，因此在这些单位前加上了一些辅助单位，用来表示这些单位与一个以 10 为底的正次幂或负次幂相乘后所得到的辅助单位，详见表 1.1.2。

表 1.1.1　常用电气量及其国际单位制

电气量		单位	
名称	符号	中文	符号
电流	I	安［培］	A
电压	U	伏［特］	V
有功功率、无功功率、视在功率	P、Q、S	瓦［特］、乏、伏安	W、var、VA
频率	f	赫［兹］	Hz
电阻	R	欧［姆］	Ω
电感	L	亨［利］	H
电容	C	法［拉］	F
时间	t	秒	s

注：［ ］内的字在使用单位的简称时可以省略。

表 1.1.2　常用词冠

词冠	名称		倍数
	中文	符号	
giga-	吉或千兆	G	10^9
mega-	兆	M	10^6
kilo-	千	k	10^3
milli-	毫	m	10^{-3}
micro-	微	μ	10^{-6}
nano-	纳	n	10^{-9}
pico-	皮	p	10^{-12}

1.1.3　电气测量的方法与要求

一、电气测量的方法

电路实验或实际工程试验中，在满足测量要求的前提下，电气量的测量方法要考虑方案的合理性和可实施性。常用的电气测量方法有直接测量、间接测量和比较测量三种。例如，在 1.1.1 中提到的电阻的三种测量方法分别代表了电气测量中的三种典型方法。

1. 直接测量

直接测量是指通过直接使用专用测量仪表来获得被测电气量的测量结果的测量方法。如 1.1.1 中提到的用欧姆计测量电阻的阻值，又如用直流电流表测量直流电流，用交流电压表测量交流电压等。直接测量的结果可用下式表示：

$$y = x \tag{1-1}$$

式中，y 为被测电气量；x 为测量仪表显示结果。这是一种最简单易行的测量方法。直接测量具有操作简便、测量时间短等优点，广泛应用于实际工程测量中，但其前提条件是必须有可用的测量仪表。

2. 间接测量

如果几个物理量间有确切的函数关系，可以先直接测量几个相关量，然后用函数关系式计算出无法直接测量的被测量。此方法称为间接测量，通常用下式表示：

$$y = f(x_1, x_2, \cdots, x_m) \tag{1-2}$$

式中，y 为被测电气量；x_1、x_2、$\cdots$、x_m 为与被测量相关的物理量，它们可通过直接测量（或其他方法）来获取。如上述提到测量电阻时，通过测量电路中被测电阻两端的电压和流过电阻的电流，再由欧姆定律来计算电阻的阻值；又如正弦交流电路中某电感的电感量可表示为：

$$L = \frac{U}{2\pi f \times I} \quad \text{(H)} \tag{1-3}$$

式中：U——电感两端的交流电压，V；

$\quad\quad I$——通过电感的交流电流，A；

$\quad\quad f$——正弦交流电频率，Hz。

因此，要测量电感 L，可先用直接测量法测得 I、U 和 f，然后按式（1-3）计算 L 值。

间接测量常用于以下三种情况：①被测量无法直接测量；②条件不允许，如测量仪器过于昂贵、庞大等；③间接测量能获得更高的精度。

3. 比较测量

被测电气量还可以通过与某标准量（精度较高的已知量）作比较获得，这种方法称为比较测量法。例如，用电桥法测量电阻。其原理如图 1.1.1 所示，其中 G 为检流计，R_1，R_2 为比率臂电阻，R_S 为标准臂电阻，R_x 为被测电阻。根据电桥平衡的条件，当检流计 G 中的电流为 0 时，可得到被测电阻为：

$$R_x = \frac{R_1}{R_2} R_S \tag{1-4}$$

测量时通过单独调节 R_S 可使流过检流计 G 的电流为 0，使电桥达到平衡。

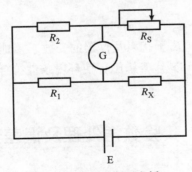

图 1.1.1　惠斯通电桥

二、电气测量的要求

测量要求是根据实际工程及实验要求提出的，它规定了测量目的、初步测量方案、精度或准确度及测试条件（包括环境条件）。所以在进行测量之前应该明确以下几点。

1. 了解被测量的特点，明确测量目的

了解被测量是直流量还是交流量。如果是直流量，应预先估计其内阻的大小；如果是交流量，那么它是低频量还是高频量，是正弦量还是非正弦量，是线性变化量还是非线性变化量，是测量有效值、平均值还是峰值等，都需充分了解。如测量高频量或脉冲量应选择宽频带测量仪器或仪表；非正弦电压测量要进行波形换算；非线性变化量（如二极管的内阻、具有气隙的铁心电感等）的测量要注意实际工作状态等。

2. 确定测量原理，制订初步方案

根据被测对象的性质，估计误差范围，分析主要影响因素，初步拟定可选的几个方案，再进行优选。对于复杂的测量任务，可采用间接的测量方法。预先绘制测量框图，搭接测量电路，确定计算步骤及计算公式等。在拟定测量步骤时，要注意以下几点：

（1）应使被测电路系统及测试仪器等均处于正常状态。

（2）应满足测量原理中所要求的测量条件。

（3）尽量减小系统误差，设法消除随机误差的影响，合理选择测量次数及组数。

3. 明确准确度要求，合理选择仪器类型

在测量中为了得到准确的结果，初学者通常会认为使用仪表的等级越高，测量的结果越准确。但实际上测量的结果是否准确，不仅仅取决于仪表的等级，还与量程有关。不同等级的仪表由于量程不同，有时可以达到相同的测量准确度。如当选择指针式仪表测量时，在量程的选择上，使仪表指针偏转至满刻度的 2/3 处时为最佳；选用数字仪表测量时，测量值应尽量接近量程。

仪表的准确度一般标注在刻度标尺或铭牌上，习惯上也称为精度，准确度等级习惯上称为精度等级。参照我国国家标准，工业仪表准确度等级共分 7 级，分别是 0.1、0.2、0.5、1.0、1.5、2.5 和 5.0。

$$仪表精度 \ s =（仪表绝对误差的最大值 / 仪表量程）\times 100\% \tag{1-5}$$

其中，仪表量程为仪表的最大测量范围，绝对误差的最大值是在仪表量程范围内出现的最大误差值。若仪表精度≤0.1，则为 0.1 级表；0.1＜精度≤0.2，则为 0.2 级仪表；以此类推。

4. 环境条件要符合测量要求

测量现场的温度、湿度、电磁干扰以及仪器的安放、接地等，均应符合测量任务的要求，必要时应采用空调、屏蔽和减震等措施，使环境条件符合测量要求。

1.2　实验数据处理及误差分析

1.2.1　有效数字

一、有效数字的概念

在记录实验测量数据时，通常用有效数字来表示。它是一串测量得到的数字，其最后一位是估计的不确定的数字。通过直接读取获得的准确数字叫可靠数字；通过估读得到的那部分数字叫欠准数字。把测量结果中能够反映被测量大小的、带有一位欠准数字的全部数字叫有效数字。

如用 100 mA 量程的电流表测量某支路中的电流，读数为 85.6 mA，则前面 2 个数"85"是准确的可靠读数，称为"可靠数字"；而最后 1 个数字"6"是估读的，称为"欠准数字"，两者合起来称为"有效数字"，其有效数字的位数为 3 位。

二、有效数字的正确表示

当按照测量要求确定了有效数字的位数后，每一测量数据只应有 1 位欠准数字，即最后 1 位是欠准数字，而它前面的各位数字必须是准确的"可靠数字"。有效数字的位数与小数点的位置无关。例如 456、45.6、4.56 均为 3 位有效数字。"0"在数字中间和末尾都算有效数字，而在数字的前面则不算有效数字。206、6.70、0.082 5 和 0.193 等，它们都是 3 位有效数字。

1.2.2 测量数据的读取与表示

一、测量数据的读取

通常采用的测量仪表有指针式仪表和数字式仪表两种。

在使用指针式仪表时，应注意不要用小量程去测量大信号，否则会有损坏仪表的危险；如果用大量程去测量小信号，那么指针偏转太小，可能无法读数或使读取的有效数字减少。量程的选择应尽量使指针偏转到满刻度的 2/3 左右处。如果事先不清楚被测量的大小，则应先选择最高量程挡，然后逐渐减小到合适的量程。

数字式测量仪表是采取将被测的连续物理量经过取样和量化，转变为离散的物理量，以数字的形式进行编码、传输、处理和显示的测量方法。随着计算机技术和集成电路的发展，数字式测量仪表已成为主流。与模拟式仪表相比，数字式仪表灵敏度高、精度高，显示清晰，过载能力强，并且便于携带，使用简单，因此得到了越来越广泛的应用。使用时数字式仪表应尽量选择与被测量值接近的量程，以免因丢失有效数字而造成较大误差。

此外，在读取测量数据时还应注意以下几点：

（1）仪表应先进行预热（需要时）和调零。

（2）在选用多功能仪表（如万用表）时，不同的测量项目应在相应的刻度线上读取数值。

（3）用指针式仪表时要注意读取数据的正确姿势，操作者的视线应正视表针，以减小因操作者视线偏左或偏右引起的读数误差。当仪表指针与刻度线不重合时，应凭目测估读 1 位欠准数字（欠准数字一般为仪器最小刻度的下一位）。

二、测量数据表示法

实验得到的测量数据可帮助我们归纳和验证某种物理联系，用直观、科学的数据表示方法可使我们更易于发现这些物理联系。

1. 数据表格法

数据表格法是将测量结果填写在表格中，数据表格能清楚地表达不同测量条件下各测量数据的相互关系。例如，表 1.2.1 是某电路中一电阻两端电压与流过该电阻的电流之间的对应关系（电阻的伏安特性）。

表 1.2.1 电阻的伏安特性

I/mA	0.210	0.426	0.639	0.852	1.06
U/V	1.00	2.00	3.00	4.00	5.00

2. 图解表示法

测量结果除用数据表格表示外，还经常用曲线表示。图 1.2.1 在同一坐标系中画出了由 2 组数据得到的 2 条曲线。其中，曲线①为由表 1.2.1 得到的线性电阻的伏安特性曲线，曲线②为某一非线性电阻的伏安特性曲线。显然，用曲线表示的测量结果比数据表格更加形象直观。尤其在对多个测量对象进行对比研究时，曲线可以清晰地反映测量对象的特性差异与大小关系。

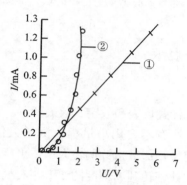

图 1.2.1　测量值的曲线图

曲线图通常是用直线连接各测量点绘制而成的。有时为了达到更高的准确性，还会要求对曲线进行拟合，从拟合的曲线上可以找出被测量在非测量点的数值。曲线图表示法是图解表示法中最常用的一种。在绘制曲线时要注意以下几点：

（1）建立完备的坐标系。常用的坐标系主要有直角坐标系、极坐标系和对数坐标系。必须建立坐标的方向、原点。通常横坐标为自变量，纵坐标为因变量。

（2）标明坐标系的名称与单位，标好坐标分度。分度的大小要根据测得的数据合理选择，如图 1.2.1 所示。

（3）合理地选取测量点。在测量中为了提高精度，测量的最大值和最小值必须测出。另外，在曲线变化陡峭部分要多测几个点，在曲线变化平缓部分可少测一些点，如图 1.2.1 曲线②所示。

（4）标明测试点。根据测量数据，在坐标图中标明测试点，测试点的符号可用"×""。""·""△"等表示。同一条曲线上的测试点符号要相同，而不同类别的数据则应以不同的记号加以区别，如图 1.2.1 所示。

（5）绘制曲线。把坐标图上各测试点用直线连接起来或采用拟合曲线表示。

3. 曲线的拟合

曲线拟合是一种常用的数据处理方法，它用连续曲线来近似表达一组离散点的函数关系。表 1.2.1 是流过 6 种不同电流时电阻两端电压的一组测量值，它们在表示伏安特性的坐标系中只是一组离散点（图 1.2.1 中"×"表示的点）。通过拟合可以找到一条曲线，使得大部分离散点逼近该曲线，如图 1.2.1 曲线①所示。不难得到该曲线的函数关系式为：

$$U = 4.7 \times 10^3 \times I \tag{1-6}$$

在实验数据处理时，采用曲线拟合有很多优点：（1）可得到更准确的测量结果。表 1.2.1 可得到电阻的 6 种结果，而式（1-6）中的 4.7 kΩ 更接近实际值。（2）函数关系式使测量结果公式化，更能表达物理量之间的内在联系。（3）对于非测量点的数据，可以用函数关系式进行估算。

在数学中，设给定离散数据为：

x	x_0	x_1	x_2	x_3	...
y	y_0	y_1	y_2	y_3	...

或

$$(x_k, y_k) \qquad k = 0, 1, 2, \cdots, m \tag{1-7}$$

其中，x_k 为自变量 x 的 k 次取值，y_k 为因变量 y 的相应测量值。曲线拟合要解决的问题是寻求与式（1-7）内在规律相适应的函数表达式：

$$y = f(x, a_0, a_1, \cdots, a_n) \tag{1-8}$$

使它在某种意义下最佳地逼近或拟合式（1-7）。$f(x, a_0, a_1, \cdots, a_n)$ 称为拟合模型；$a_0, a_1, \cdots, a_n$ 为待定参数，当 $a_0, a_1, \cdots, a_n$ 仅在函数 f 中线性地出现时，称模型为线性的，否则为非线性的。

$$e_k \equiv [y_k - f(x, a_0, a_1, \cdots, a_n)] \quad k = 0, 1, 2, \cdots, m \tag{1-9}$$

称为在 x_k 处拟合的残差。衡量拟合优劣的标准通常是：

$$I = \sum_{k=0}^{m} e_k^2 = \sum_{k=0}^{m} [y_k - f(x_k, a_0, a_1, \cdots, a_n)]^2 = 最小值 \tag{1-10}$$

由此可以计算出 $a_0, a_1, \cdots, a_n$ 的值。这种方法也称为最小二乘法。

若式（1-7）表示的拟合曲线的模型为一次多项式，则一般可以表达为：

$$y = a_0 + a_1 x \tag{1-11}$$

用式（1-11）一次多项式拟合离散测量点的方法称为一次（或线性）拟合。

拟合曲线模型还可以为二次多项式，一般表达为：

$$y = a_0 + a_1 x + a_2 x^2 \tag{1-12}$$

用二次多项式来拟合物理量之间的非线性关系则更加准确，称此拟合为二次拟合。工程实际中，还可能会用高次函数作高次拟合，但不多见。其一般表达式为：

$$y = a_0 + a_1 x + a_2 x^2 + \cdots + a_n x^n = \sum_{k=0}^{n} a_k x^k \tag{1-13}$$

式（1-10）是多元函数 $I = I(a_0, a_1, \cdots, a_n)$ 的极值问题。若拟合模型为多项式，根据极值存在的必要条件可知，最小值出现在下列条件中：

$$\frac{\partial I}{\partial a_j} = 2 \sum_{i=0}^{m} \left(\sum_{k=0}^{m} a_k x_i^k - y_i \right) x_i^j = 0, \qquad j = 0, 1, 2, \cdots, n \tag{1-14}$$

可得求 $a_0, a_1, \cdots, a_n$ 的线性方程组，用矩阵表示为：

$$\begin{bmatrix} m+1 & \sum_{i=0}^{m} x_i & \cdots & \sum_{i=0}^{m} x_i^n \\ \sum_{i=0}^{m} x_i & \sum_{i=0}^{m} x_i^2 & \cdots & \sum_{i=0}^{m} x_i^{n+1} \\ \vdots & \vdots & & \vdots \\ \sum_{i=0}^{m} x_i^n & \sum_{i=0}^{m} x_i^{n+1} & \cdots & \sum_{i=0}^{m} x_i^{2n} \end{bmatrix} \times \begin{bmatrix} a_0 \\ a_1 \\ \vdots \\ a_n \end{bmatrix} = \begin{bmatrix} \sum_{i=0}^{m} y_i \\ \sum_{i=0}^{m} x_i y_i \\ \vdots \\ \sum_{i=0}^{m} x_i^n y_i \end{bmatrix} \tag{1-15}$$

式 (1-15) 又称为正规方程组或法方程组。由于其系数矩阵为对称正定矩阵，只要 x_0，x_1，…，x_m 互异，方程组即有唯一解。

　　例 1　测得铜导线在温度 T_i(℃)时的电阻 R_{Ti}(Ω)如表 1.2.2 所示，求电阻 R_t 与温度 T 的近似函数关系。

表 1.2.2　　电阻与温度的关系

i	0	1	2	3	4	5	6
T_i/℃	10.0	15.0	20.0	25.0	30.0	35.0	40.0
R_{Ti}/Ω	103.90	106.05	107.49	110.23	111.37	113.61	116.04

　　解　由测得的离散数据点得知，电阻 R_T 与温度 T 的关系接近一条直线，故取 $n=1$，拟合函数为：

$$R_T = a_0 + a_1 T \tag{1-16}$$

　　对测量数据进行列表计算如下：

表 1.2.3　　一次拟合计算列表

i ($m=6$)	T_i	R_{Ti}	T_i^2	$T_i R_{Ti}$
0	10.0	103.90	100.0	1 039.00
1	15.0	106.05	225.0	1 590.75
2	20.0	107.49	400.0	2 149.80
3	25.0	110.23	625.0	2 755.75
4	30.0	111.37	900.0	3 341.10
5	35.0	113.61	1 225.0	3 976.35
6	40.0	116.04	1 600.0	4 641.60
Σ	175.0	768.69	5 075.0	19 494.35

　　正规方程组为：

$$\begin{bmatrix} 7 & 175 \\ 175 & 5\,075 \end{bmatrix} \times \begin{bmatrix} a_0 \\ a_1 \end{bmatrix} = \begin{bmatrix} 768.69 \\ 19\,494.35 \end{bmatrix} \tag{1-17}$$

　　解方程求得，$a_0=99.91$，$a_1=0.40$。故得 R_t 与 T 的近似函数关系可用如下拟合直线表示：

$$R_t = 99.91 + 0.40T \tag{1-18}$$

　　相应的拟合曲线如图 1.2.2 所示。

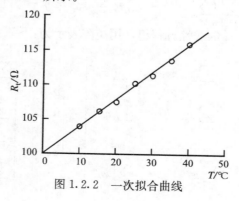

图 1.2.2　　一次拟合曲线

例 2　已测得某一电阻和二极管串联电路的电流、电压实验数据如表 1.2.4 所示，试用最小二乘法求它的二次拟合多项式。

表 1.2.4　电压、电流数据

k（$m=8$）	0	1	2	3	4	5	6	7	8
u_k	0.010	0.325	0.797	0.988	1.153	1.529	1.956	2.236	2.623
i_k	0.014	0.162	0.804	1.788	2.732	5.536	8.701	11.81	18.05

解　设拟合曲线方程（$n=2$）为：

$$y = a_0 + a_1 x + a_2 x^2$$

列表如下：

表 1.2.5　二次拟合计算列表

k	u_k	i_k	u_k^2	u_k^3	u_k^4	$u_k i_k$	$u_k^2 i_k$
0	0.010	0.014	0.000	0.000	0.000	0.001	0.000
1	0.325	0.162	0.106	0.034	0.011	0.053	0.017
2	0.797	0.804	0.635	0.506	0.403	0.641	0.511
3	0.988	1.788	0.976	0.964	0.953	1.767	1.745
4	1.153	2.732	1.329	1.533	1.767	3.150	3.632
5	1.529	5.536	2.338	3.575	5.466	8.465	12.942
6	1.956	8.701	3.826	4.748	14.638	17.019	33.289
7	2.236	11.810	4.999	11.179	24.997	26.407	59.046
8	2.623	18.050	6.880	18.047	47.336	47.345	124.186
$\sum$	11.617	49.597	21.090	43.322	95.571	104.846	235.370

得正规方程组为：

$$\begin{bmatrix} 9 & 11.617 & 21.090 \\ 11.617 & 21.090 & 43.322 \\ 21.090 & 43.322 & 95.571 \end{bmatrix} \times \begin{bmatrix} a_0 \\ a_1 \\ a_2 \end{bmatrix} = \begin{bmatrix} 49.597 \\ 104.846 \\ 235.370 \end{bmatrix} \tag{1-19}$$

解得：$a_0 = 0.189$，$a_1 = -1.537$，$a_2 = 3.118$。故拟合多项式为：

$$i = 0.189 - 1.537u + 3.11u^2 \tag{1-20}$$

相应的拟合曲线如图 1.2.3 所示。

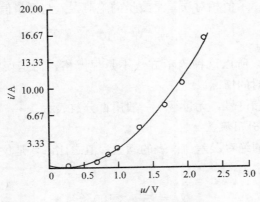

图 1.2.3　二次拟合曲线

1.2.3　误差分析与测量数据处理

一、测量误差的基本概念

被测物理量 x 的实际大小是客观存在的，称为客观真值，或简称真值 x^*。而每次（或 $m+1$ 次测量中的某次）测量所得的值 $x_i(i=1,2,\cdots,m)$ 与真值往往不同，它们的差：

$$\Delta x_i = x_i - x^* \tag{1-21}$$

称为测量误差，简称误差。

1. 绝对误差

绝对误差是指被测物理量的测量值与真值之差。但现实中客观真值是未知的，为了能够评估或衡量误差的大小，真值通常用可得知的类真值代替，它们是：

（1）约定真值，参照国际公认的几何量和物理量的最高基准的量值（如把与光在真空中 1 s 内传播距离的 1/299 792 485 相同的距离称为 1 m，等等）；

（2）理论真值，设计时给定或用数学、物理公式计算出的给定值；

（3）相对真值，标准仪器（高精度等级的仪器）的测量值。

绝对误差作为可计算的值，是指被测物理量的测量值 x_i 与类真值 x_0 之差。即

$$\Delta x_i = x_i - x_0 \tag{1-22}$$

绝对误差与被测物理量具有相同的单位。

2. 相对误差

绝对误差的表示方法一般不便于描述测量结果的准确程度，因此提出了相对误差的概念。例如测量两个电压的大小：一个是 100 V 左右，其绝对误差为 1 V；另一个是 20 V 左右，绝对误差为 0.5 V。仅从绝对误差来看，无法比较这两个测量结果的准确程度。前者绝对误差大，但只占给出值的 1%；后者绝对误差小，却占给出值的 2.5%。因此提出了相对误差的概念。相对误差通常有以下两种定义方式：

（1）真值相对误差。真值相对误差是测量的绝对误差与真值之比，通常用百分数来表示，即

$$\gamma_0 = \frac{\Delta x_i}{x_0} \times 100\% \tag{1-23}$$

（2）示值相对误差。示值相对误差是测量的绝对误差与测量值的比值，即

$$\gamma_i = \frac{\Delta x_i}{x_i} \times 100\% \tag{1-24}$$

因为测量值本身有误差，所以这种表示方法不是很严格，而是误差较小时的一种近似计算，不适用于误差较大时的情况。

相对误差只有大小和符号，无量纲，一般用百分数表示。

3. 引用误差与最大引用误差

引用误差是指测量的绝对误差与仪表的满量程值之比。它是仪表中通用的一种误差表示方法，常以百分数表示。

$$\gamma_q = \frac{\Delta x_i}{X_m} \times 100\% \tag{1-25}$$

引用误差是相对误差的一种特殊形式，用满量程值 X_m 代替真值，在使用上方便很多。然而，在仪表测量范围内的每个示值的绝对误差 Δx_i 都是不同的，很难加以确定。为此，又引入最大引用误差的概念。最大引用误差为仪表测量绝对误差的最大值与仪表的满量程值之比，即式（1-5）。它更好地说明了仪器的测量准确度（或精度），是测量仪器的重要质量指标，所以被用来确定仪表的精度等级。当一个仪表的等级 s 选定后［见式（1-5）］，用此表测量某一被测量时，所产生的最大绝对误差就可以由最大引用误差（或仪表精度）s 求得：

$$\delta_x = \pm X_M \times s\% \tag{1-26}$$

式中：X_M 为仪表最大量程。

二、测量误差的性质及原因

测量误差的存在是无法避免的，它受到诸多因素的影响，如实验方法的正确性，仪器灵敏度和分辨能力的局限性，周围环境的不稳定性，测试人员操作的随意性等。参照造成测量误差的不同因素，可将其分为系统误差、随机误差和过失误差三种。不同种类的测量误差表现出的特性也不同，掌握这些特性能帮助我们降低测量误差。

1. 系统误差

系统误差通常由于测量仪器不够精确或周围环境发生改变而引起。它的特点是：

（1）测量值总往一个方向发生偏差；

（2）误差的大小和符号在重复多次测量中几乎相同；

（3）经过校正和补偿可以消除误差。

2. 随机误差

随机误差是由于某些难以控制的偶然因素造成的。其表现出的特性是测量值变化无常，但在等精度测量条件下，随机误差服从正态分布。对大量测量数据进行分析时，可发现其主要特点有：

（1）误差绝对值不会超过一定界限；

（2）绝对值小的误差比绝对值大的误差出现的个数要多，近于零的误差出现的个数最多；

（3）绝对值相等的正误差与负误差出现的个数几乎相等；

（4）误差的算术平均值随测量次数的增加而趋近于零。

3. 过失误差

过失误差是测量操作人员粗心造成的测量误差或计算误差。其特点通常是：

（1）测量结果与事实不符；

（2）严格、认真操作测量设备或更换优秀操作人员后可以消除测量误差。

三、测量准确度与精密度

如果测量系统的系统误差小，则称其准确度高，所以，通常可以采用更精确的测量仪器来提高测量的准确度。如果测量系统的随机误差小，则称测量的精密度高，可以增加测量次数取其均值来提高测量的精密度。

四、测量数据的平均值

相对于系统误差及过失误差来说，随机误差最为复杂，且难以克服。增加测量次数，选用合适的方法计算均值将有利于降低测量误差，尤其是随机测量误差。

1. 算术平均值

用对某被测量 m 次测量的算术平均值来表示测量结果，即

$$\bar{x} = \frac{1}{m}(x_1 + x_2 + \cdots + x_m) = \frac{1}{m}\sum_{i=1}^{m} x_i \qquad (1\text{-}27)$$

算术平均值是在最小二乘法意义下所求真值的最佳近似，是一种最常用的平均算法。从统计意义上讲，算术平均值受随机误差的影响较小。其缺点是容易受到极端坏数的影响。

2. 几何平均值

用某被测量 m 次测量的几何平均值来表示测量结果。计算公式为

$$\bar{x} = \sqrt[m]{x_1 x_2 \cdots x_m} = \sqrt[m]{\prod_{i=1}^{m} x_i} \qquad (1\text{-}28)$$

几何平均值更适用于对数据变化率作平均，对于被测量在对数坐标系中分布较为对称的情况下尤为常用。

3. 加权平均值

用对某被测量 m 次测量的加权平均值来表示测量结果。计算公式为

$$\bar{x} = \frac{w_1 x_1 + w_2 x_2 + \cdots + w_m x_m}{w_1 + w_2 + \cdots + w_m} = \frac{\displaystyle\sum_{i=1}^{m} w_i x_i}{\displaystyle\sum_{i=1}^{m} w_i} \qquad (1\text{-}29)$$

式中，w_i 是第 i 个测量值 x_i 的对应权重，它表示第 i 次测量的可靠程度。加权平均值对计算用不同方法或不同条件下测量同一被测量的均值提供了有效的手段，其缺点是受权重设定正确性的影响较大。在实践中，权重的分配需要有正确的依据。

4. 中位数

中位数是测量值按大小顺序排列后处在中间位置的数。它是测量结果变化范围内的中间值。它是一种顺序统计量，能反映较匀称的测量结果的取值中心。

1.3　电气测量系统

对常见电气量进行直接测量，在电路实验及工程试验中较为常见。正确地选择测量仪表、读取测量结果、分析与处理实验数据是进行这类测量的基础。但是，在实际电路实验及工程试验中还会遇到更为复杂的情况，例如：（1）没有现成的仪表可以直接测量被测量；（2）现有的仪表无法用于某些应用场合（如无法用欧姆计测量已接入电路中的某电阻的阻值）等。通过被测物理量与可被直接测量的物理量（通常多个）之间的已知函数关系式间接测量（计算）被测量，在实际中也是较普遍采用的方法。

在实际电路中的某个电气量通常是随时间变化的。电路应用环境的变化、工作状态的

变化，使电路通常工作在暂态过程中，稳态只是相对的。在需要准确测量电路中某个电气量在某个时刻的值时，或需要测量电路中某个电气量随时间变化的规律时，间接测量方法［如式（1-2）］需要保证相关的多个物理量能实现同时（或同步）测量，使通过间接测量（计算）的被测电气量能够准确反映某个时刻的量值。这通常需要一个测量系统来完成，尤其是以微处理器或个人计算机为核心的现代测量系统来完成。如何构建合理的测量系统和保证测量系统的准确度是本节讨论的主要内容。

1.3.1　电气测量系统及其组成

一、电气测量系统的组成

电气测量系统的主要目的是为了对多个物理量进行同步、准确测量，使测量结果可以用于实现对某被测量的间接测量（计算）。因此，对测量系统有两个基本要求：一是应使测量系统满足多物理量测量的同步要求；二是要保证间接测量的精度要求。

最简单的测量系统的例子，是用两个仪表（一个电流表与一个电压表）来测量电路中某非线性电阻的阻值。在进行测量时，最好有两个同时分别读出电流表和电压表的电流与电压读数，用欧姆定律才能准确计算出该时刻电阻值。同时读取测量值可以避免环境因素（如温度）引起的电阻的变化。对于某些随时间快速变化（或对环境条件非常敏感）的被测量，更需要保证各物理测量时严格的时间同步。现代基于计算机的测量系统已为同步测量提供了技术可能性。

图 1.3.1 是一个典型的多物理量计算机测量系统。许多测量仪器仪表制造商也开始在相应的专业领域开发或提供与图 1.3.1 原理类似的产品，以满足实现教学与实际工程应用的要求。如三菱、西门子、施耐德等提供的"多功能电气测量仪"就是小型电气测量系统的例子。

除了能对多个物理量进行直接同步测量以外，现代计算机测量系统通常还可以集成现有的智能仪器仪表、智能传感器，并能与其他测量系统通过通迅建立联系，可以将其他测量系统作为其子系统，也可以将本测量系统作为更大的测量系统的子系统。

二、现代计算机测量系统的测量原理

现代计算机测量系统是以嵌入式系统或个人计算机为基础的系统。如图 1.3.1 中的测量部分，硬件由传感器、信号调理电路、模拟/数字转换器（ADC）及处理器构成。

传感器是指能感受某特定被测量并按照一定的规律转换成可用信号的器件或装置。它通常由敏感元件和转换元件组成。传感器作为一种检测元件，绝大部分能将被测量变换成为某种电信号输出。

信号调理电路的作用是把传感器输出的微弱模拟电信号进行缓冲、放大、滤波、定标等，使其适合于 ADC 的输入。

模拟/数字转换器则将模拟电信号转换为计算机能够处理的数字量送入嵌入式系统或计算机进行运算与处理。

嵌入式系统或计算机作为测量系统的核心，通常具备多种接口功能：（1）与模拟/数字转换器接口，读入传感器的测量值（如图 1.3.1 的 x_1、x_2）；（2）与常用仪表总线的通

信接口，通过通信读入智能仪表的测量结果（如图 1.3.1 的 x_p）；（3）传感器网络的通信接口，通过网络读入智能传感器的测量结果（如图 1.3.1 的 x_m）；（4）与以太网接口，向其他系统传送测量数据及结果。另外，嵌入式系统或计算机通过定时方式或进程管理可以同步读取多个测量值，实现同步测量。

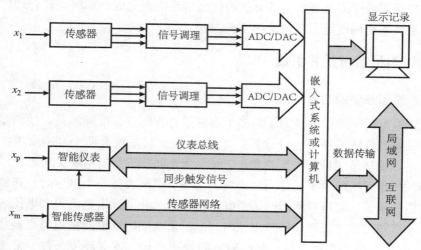

图 1.3.1　多物理量计算机测量系统

三、智能仪表及智能传感器

智能仪表是指将计算机技术与测量技术相结合的测量仪器。与传统测量仪表不同，它集成了微型计算机或嵌入式微处理器、存储器、定时器/计数器、通信接口、模拟/数字转换器、传感器、自诊断系统等，采用与前述现代计算机测量系统相同的测量原理。智能仪器或仪表具有以下功能特点：

（1）智能化的测量与操作。仪器可以实现自动量程选择、通道选择、数据采集、传输与处理，以及测量结果的显示与打印等。

（2）具备自动调零、自动故障与状态检验、自动校准及自我诊断等功能；

（3）具有强大的数据处理功能。由于采用了计算机或微处理器，使得许多原来用硬件逻辑难以实现的算法可以用软件加以实现。例如，对测量结果进行零点平移、取平均值、求极值、统计分析等复杂的数据处理功能，有效地提高了仪器的测量精度。

（4）具有友好的人机界面。使用键盘或触摸屏代替传统仪器中的切换开关，使仪器的操作更加方便。同时，显示屏可将仪器的运行情况、工作状态以及对测量数据的处理结果清晰、直观地显示出来。

（5）强大的通信能力使其能实现远程操控，并方便地加入到如图 1.3.1 所示的测量系统中，组成更大规模的测量系统。一般智能仪器都配有 GPIB、RS232C、RS485 等标准的通信接口。

所以，智能仪表可以看成是一个自我完备的计算机测量子系统。

智能传感器（smart sensor）是传感元件与微处理器相结合的产物。微处理器的应用，使它能对传感元件的原始信号进行采集、处理，并通过网络通信接口输出测量结果，如图

1.3.2 所示。与普通传感器相比，智能传感器具有两大优点：第一，可以通过软件在智能传感器内对传感元件的信号进行计算与处理，降低了对上级计算机测量系统计算资源的要求；第二，由于具备标准化的传感器网络接口，智能传感器可以很方便地集成到计算机测量系统中。

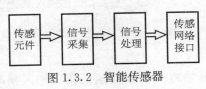

图 1.3.2　智能传感器

四、测量系统通信功能

图 1.3.1 所示的现代计算机测量系统的通信接口功能为测量系统的拓展提供了可能。测量系统可以根据需要用通信接口连接所需的智能仪表、智能传感器等。通过通信，测量系统还可以将智能仪表、智能传感器对相应物理量的测量与本地的测量实现时间同步。

（a）GPIB接头与电缆　　　（b）GPIB 计算机接口卡　　　（c）仪表背面的GPIB接口

图 1.3.3　IEEE-488 GPIB 接口

20 世纪 70 年代仪器及部分仪表开始出现智能化，随之出现了基于 IEEE 488 标准的通用接口总线（GPIB，General Purpose Interface Bus），专门用于仪器仪表的测量控制。它是一种 8 位的并行通信接口，可将最多 14 台仪器或仪表接到同一计算机上，实现 8 MB/s 的数据传输，每根连接电缆可以 20 m 长。接口形式见图 1.3.3。虽然 GPIB 已有 30 多年的历史，但由于其可靠、耐用，仍然广受用户欢迎。RS232/RS422/RS485 等基本的串行通信在测量系统中也仍然常见，但在需要快速与准确的时间同步时，往往在性能上需要提高或加入专门的时间同步协议。

随着技术的发展，一些新的通信方式开始出现，许多测量系统加入了新的通信接口，以提高连接的便利性、通用性和性能。

1. 通用串行总线（USB：Unified Series Bus）

USB 接口是为计算机外部设备设计的通信总线。现已被大部分的电子设备采用，是现代计算机系统最为常见的接口，这使具有 USB 接口的设备连接到计算机提供了十分便利的方式。许多现代测量仪器仪表，如图 1.3.4 所示的数字万用表，都配备了 USB 接口。

1.1 版本的 USB 可以达到 1.5 MB/s 的通信速度，2.0 版本更是可以达到 60 MB/s 的通信速度，最长连接电缆达 30 m，并可以连接多达 127 个设备，即插即用，极大地提高了测量系统集成或拓展的便利性。但是 USB 仍缺乏工业级的连接电缆，抗干扰能力不强，USB 作为工业仪表总线尚需标准化的协议。

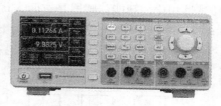

图 1.3.4　带 USB 接口的万用表

2. 以太网（Ethernet）

智能仪器仪表供应商已开始将 Ethernet 通信接口加入到产品中。随着 Ethernet 的广泛应用及其技术日趋成熟，它已成为连网设备最通用的接口。目前基于 10BASE-T 或 100BASE-TX 的以太网可以达到 10 MB/s 或 100 MB/s 的速度。Ethernet 通信接口的应用实现了最大的通用性。如图 1.3.5(a) 所示的图像传感器采用通用的 RJ45 接插件［如图 1.3.5(b) 所示］，通过 Ethernet 与控制器进行通信。它的缺点是通信时间的非确定性，需要与其他的时间同步协议（如 IEEE 1588 等）协同工作。

（a）图像传感器通过Ethernet与控制器相连　　　（b）Ethernet常见的RJ45接插件

图 1.3.5　Ethernet 接口

3. 火线接口 IEEE 1394

IEEE 1394 是一种高性能串行总线，20 世纪 80 年代由美国苹果公司开发。与 USB 一样，IEEE 1394 也支持外设的即插即用。IEEE 1394 有两种传输模式：背板模式和电缆模式。背板模式的传输速率可达 50 MB/s，电缆模式的传输速率高达 400 MB/s，可以用于大多数高带宽要求的应用场合。IEEE 1394 理论上能支持的电缆最大长度为 4.5 m，并且支持多达 63 个设备。图 1.3.6(a) 为电缆模式的常用接头，IEEE 1394 已开始在计算机测量系统中应用，图 1.3.6(b) 为典型的 IEEE 1394 的 PC 机插卡。其存在的问题与 USB 一样，目前仍未见工业级的连接电缆。

（a）IEEE 1394接头　　　　　（b）IEEE 1394卡将测量信号接入计算机

图 1.3.6　IEE EI 1394 Firewire（火线）接口

另外，大量出现的网络桥接设备使计算机可以方便地与不同的通信网络连接。例如，

Ethernet-to-GPIB 桥接器可以使具备 Ethernet 接口的计算机与 GPIB 仪表实现互联。为计算机测量系统的建立提供了可行性。

1.3.2　电气测量系统的误差估计

电气测量系统通过函数关系式用直接测量得到的数个相关量来计算被测电气量，是一种间接测量方法。它需要有相应的方法来估算测量误差。如果 y 是测量系统的被测量，重写式（1-2）如下，y 需要用直接测得的 x_1，x_2，$\cdots$，x_m 相关量通过下式计算求得：

$$y = f(x_1, x_2, \cdots, x_m) \tag{1-30}$$

考虑到绝对测量误差的存在，式（1-30）应改写为：

$$y + \Delta y = f(x_1 + \Delta x_1, x_2 + \Delta x_2, \cdots, x_m + \Delta x_m) \tag{1-31}$$

一、间接测量的误差传递公式

由式（1-31）可以得到被测量的绝对测量误差为：

$$\Delta y = \frac{\partial f}{\partial x_1} \cdot \Delta x_1 + \frac{\partial f}{\partial x_2} \cdot \Delta x_2 + \cdots + \frac{\partial f}{\partial x_m} \cdot \Delta x_m = Q_1 \cdot \Delta x_1 + Q_2 \cdot \Delta x_2 + \cdots + Q_m \cdot \Delta x_m \tag{1-32}$$

式（1-32）表明，采用间接测量时被测量的绝对误差 Δy 是各直接测量物理量绝对误差 Δx_1，Δx_2，$\cdots$，Δx_m 的加权（Q_1，Q_2，$\cdots$，Q_m）之和。

二、间接测量误差与函数关系式有关

（1）若 $y = x_1 + x_2$，则：

$$Q_1 = \frac{\partial(x_1 + x_2)}{\partial x_1} = 1, \qquad Q_2 = \frac{\partial(x_1 + x_2)}{\partial x_2} = 1 \tag{1-33}$$

$$\Delta y = \Delta x_1 + \Delta x_2 \tag{1-34}$$

可见，当被测量是由两个直接测量的物理量相加而得到时，其绝对误差是两个直接测量误差之和。若用一般公式表示，$y = k_1 x_1 + k_2 x_2$，则 $Q_1 = k_1$，$Q_2 = k_2$，间接测量的绝对误差为：

$$\Delta y = k_1 \Delta x_1 + k_2 \Delta x_2 \tag{1-35}$$

（2）若 $y = x_1 x_2$，则：

$$Q_1 = \frac{\partial(x_1 x_2)}{\partial x_1} = x_2, \qquad Q_2 = \frac{\partial(x_1 x_2)}{\partial x_2} = x_1 \tag{1-36}$$

$$\Delta y = x_2 \Delta x_1 + x_1 \Delta x_2 \tag{1-37}$$

可见，当被测量是由两个直接测量的物理量相乘而得到时，其绝对误差与这两个物理量的绝对误差及测量值的大小有关。

三、最大间接测量误差

实际应用中，最大间接测量误差是最常用的误差表示方法。它是通过应用最大引用误差［或每个直接测量仪表或系统的精度，见式（1-26）］来计算的：

$$\begin{aligned} \delta_y &\leqslant Q_1 \cdot \delta_{x_1} + Q_2 \cdot \delta_{x_2} + \cdots + Q_m \cdot \delta_{x_m} \\ &= \max[Q_1 \cdot (\pm) X_{1M} \cdot s_1 + Q_2 \cdot (\pm) X_{2M} \cdot s_2 + \cdots + Q_m (\pm) X_{mM} s_m] \end{aligned} \tag{1-38}$$

式中，X_{iM} 及 s_i 是测量第 i 个物理量的测量仪表或系统的最大量程与精度。

【例 3】　　用量程为 0～10 A 的直流电流表和量程为 0～250 V 的直流电压表，测量直流电动机的输入电流和电压，示值分别为 7.8 A 和 218 V，两表的精度皆为 0.5 级，试问电动机输入功率可能出现的最大误差为多少？

【解】　　电流实测的读数可能出现的最大绝对引用误差为：

$$\delta_I = I_M s_i \% = \pm 10 \times 0.5\% = \pm 0.05 \text{ A}$$

电压实测的读数可能出现的最大绝对引用误差为：

$$\delta_U = U_M s_u \% = \pm 250 \times 0.5\% = \pm 1.25 \text{ V}$$

直流电动机输入功率为：

$$P = U \cdot I$$

可能出现的最大误差为：

$$\delta_P = \pm (Q_I \cdot \delta_I + Q_U \cdot \delta_U) = \pm (U \cdot \delta_I + I \cdot \delta_U)$$
$$= \pm (218 \times 0.05 + 7.8 \times 1.25) = 20.65 \text{ W}$$

1.4　电气测量中的常见问题及处理方法

电气测量中遇到的问题通常较复杂，并且不同的测量系统还有其特殊性。就一般的电气测量，在保证方案正确的情况下，产生故障的可能情况一般有仪器本身、元器件使用错误、电路连接错误、测量中错误操作及电磁干扰等。一旦发生故障，应及时分析、判断，通过反复检查测试，找出产生故障的原因、性质，定位并及时排除故障。

1.4.1　电气测量中的常见问题

电气测量中遇到的问题多种多样，常见的有以下几种。

一、仪器设备引起的故障

产生的原因可能是：

（1）未能使用正确的仪器设备；

（2）仪器设备工作状态不稳定、功能不正常或损坏；

（3）待测试电量的大小超出了仪器设备的量程；

（4）不了解仪器的正确使用方法，设置了错误的工作状态。

二、元器件及电路连接引起的故障

产生的原因可能是：

（1）电路中选择了错误的元器件，如元件的种类、大小等；

（2）有极性的电路元件接错正、负极性；

（3）电路连接中出现了不该有的短路或者断路情况，或是进行了错误的连接，改变了电路的结构；

（4）仪表的测试线、探头等损坏或旋钮松动、接触不良等；

（5）未能正确连接电路的接地点，特别是电路中同时存在多个仪器设备时。

三、测量时操作错误引起的故障

产生的原因可能是：

（1）使用了错误的测量仪器或选择了错误的挡位、量程；

（2）未能按照操作规程使用仪器，如有些仪器需要在使用前进行调零，否则将引起读数的错误；

（3）不了解仪器仪表的正确使用方法，未能正确地连接仪表，如电流表应串联在被测电路中等；

（4）读取测量数据时发生错误，特别是对多挡位、多量程的仪表。

四、各种干扰引起的故障

电气测量中的很多因素，如电信号中的纹波、直流电源中的高次谐波、各种电磁波、接地方式不当等都会对电路产生干扰，引起电路工作的不正常，影响测量结果。

1.4.2　故障出现时的处理方法及故障排查

在电路实验中，不可避免会遇到各种故障现象，而通过观察测试，分析故障原因，找出电路中的故障点，排除故障，对于提高实验技能，锻炼分析问题和解决问题的能力将是非常有益的。

电路实验中电路系统出现故障的原因多种多样。当故障出现时必须采取不同的方式来处理，以避免发生人身伤害事故和设备故障的进一步恶化。故障原因的查找和故障的排除也不是千篇一律的，但有一些基本方法可以帮助我们尽快找到故障点并加以排除。

一、故障出现时的处理方法

（1）一旦电路发生严重故障情况，引起人身伤害事故，如出现电弧或人员触电时，应立即按下紧急开关切断总电源，救治伤员（相关内容参见附录 A），然后在断电的情况下查找故障原因。

（2）当实验中出现仪器设备的严重故障时，应立即切断仪器设备的电源，等待有关实验室工作人员对设备做进一步检查。

（3）若实验过程中，实验电路或电路板中出现打火、冒烟、有焦味、发烫等现象时，应立即关闭电路的供电电源，然后在断电情况下进一步查找电路的故障原因，如元件损坏、电路连接错误等。

（4）如实验中电路工作正常，但测量结果产生偏差，这时可以关闭电源，逐个检查电源设备输出是否正常、元器件选择是否正确、电路是否有错误连接等；也可在不断电的情况下，借助仪器设备，如万用表、示波器对电路的某些点进行相关测量，帮助找到故障原因。

二、故障排查的一般方法

1. 直接观察法

在停电情况下，通过直接观察即视、听、闻、触来发现问题。如通过观察元器件是否有烧焦的痕迹，用手近距离感觉元件是否发烫，来判断元器件是否被烧坏；又如检查电路连接等。

2. 借助实验仪器设备查找故障

借助实验仪器、仪表查找故障是实验中常用的方法。最常用的是万用表和示波器。

可用万用表检查电路中元器件的好坏（如电容、二极管是否被击穿等）、大小是否与标称值相符；用万用表的欧姆挡检查电路中连接线的通断和电路中连接点处接触是否良好。此外，还常用万用表来测量电路的直流工作点，如通过测量了解放大电路中静态工作点的设置是否合适；在数字电路中也可以通过测量输出、输入端的高、低电平及逻辑关系等来发现问题。

示波器对于观察电路中的交流信号非常方便。如：当放大电路出现不正常情况时，可以利用示波器在电路通电的情况下，由前到后，逐级观察、检测输入、输出波形，再结合自己的分析、判断，可以帮助我们较快找到故障点。这也称为信号循迹法。

由于电路故障原因的多样性，查找故障点，排查故障也是一个复杂的过程。如故障现象为电路测试点处无信号，在保证电路连接正确的情况下，可先检查测试仪表的测试线是否断开或接触不良，电源或信号源是否有输出，然后检查电路与电源或信号源连接处是否有旋钮松开、接触不好的情况；再用万用表的欧姆挡检查连接线路的导线是否存在断线、实验电路板内部是否存在接触不良或断开的情况，考虑到这些可能的原因，逐个排除，直到找到产生故障的原因。

寻找故障的方法需要根据实际电路和故障情况灵活运用。要提高查找、排除故障的能力，不仅需要有理论的指导，更需要在实践中总结和积累。

1.5　电路实验课程的目的和基本要求

电路实验是电类专业学生学习电路课程不可缺少的、重要的实践环节。其对于学生理论知识的进一步理解、掌握和巩固，以及实际操作能力、研究能力、工程意识和探索、创新精神的培养等至关重要。

1.5.1　电路实验课程的目的

（1）培养学生基本的实验技能。使学生掌握主要测量仪器、仪表的使用，并通过实验让学生学会简单电路实验的设计及相关电气量的基本测量方法。

（2）培养学生分析问题和解决问题的能力。在根据要求自己动手搭建电路完成相应实验任务的过程中，学生必须能够面对在实验中可能出现的各种问题，并通过观察、思考和运用所学知识对出现的问题和现象进行分析，找出问题所在，提出相应的解决方法。

（3）培养实事求是和认真严谨的科学作风。实验是进行理论验证和对某种现象或一个实际问题进行探索的过程。在实验方案的确立、实验电路的搭建、实验数据的获取、实验数据的处理以及实验结论的获得等环节中，每个环节都需要学生具有严谨、认真和实事求是的态度，这对于学生严谨求实的科学作风和探索精神的培养至关重要。

1.5.2　电路实验课程的要求

（1）通过实验，学习和掌握常用的电路实验设备和测量仪器的使用方法。包括直流稳压电源、电流源、数字万用表、信号发生器、示波器、电压表、电流表、瓦特计、交流毫伏表等。

（2）学习电路中基本电量的直接测量方法。包括直流、交流电路中电压、电流的测量，功率的测量，电阻、电感、电容的测量等。

（3）初步学会设计电路实验，以实现电路定理、定律的验证和进行电路电量、电路参数的间接测量（如电路电阻、线圈参数的测量等）。

（4）通过实验进行电路实验的基本操作技能的训练。能够按照线路图正确地连接电路，能正确地选择和使用相关设备进行测量，并初步具有能根据电路情况查找和分析故障的能力。

（5）学习正确的读取和记录实验数据，并能根据相关的实验数据和结果（如观察记录的波形等）通过相应的数据处理方法得出正确的结论，有一定的数据分析和处理能力。

（6）学习根据实验结果撰写实验报告。学习撰写实验报告是一项重要的基本技能训练，是学生科学研究能力培养的内容之一。它不仅是实验的总结，更重要的是可以培养和训练学生的归纳能力、综合分析能力和文字表达能力，是科学论文写作的基础和初步实践。要求学生能够根据实验结果撰写真实、完整的实验报告，要求内容完整、条理清晰、结论的证据充分（有理论依据和实际数据说明）。

（7）通过电路分析仿真软件 Multisim 的学习，使学生具有利用计算机仿真软件来实现电路辅助分析的能力。

1.5.3　电路实验的一般过程

一、实验预习

学生在进入实验室开始实验前，应仔细阅读实验指导书，做好实验的预习报告，这是顺利完成实验的前提。预习需做到以下几点：

（1）完整地了解本次实验的目的、原理和要求；

（2）清楚实验的内容和主要的实验步骤，画好实验电路图，拟定好数据表格；

（3）了解实验中需要使用的元器件的特性和各种仪器设备的规格及使用方法；

（4）了解实验的注意事项及实验中可能出现的问题；

（5）建议在实验前利用 Multisim 仿真软件对电路实验进行仿真；

（6）对于综合性、设计性的实验，需进行电路实验方案的设计与比较、元器件及参数的选择，并利用 Multisim 预先做好电路实验的仿真。

二、实验操作

（1）在实验开始之前应认真聆听指导教师的讲解，注意仪器设备的正确使用和实验中的注意事项，记录实验过程中可能出现的问题及解决的方法。

（2）检查实验桌上的实验设备是否齐全，规格是否与实验所要求的相符合。

（3）按要求连接线路。在连接线路的过程中谨记指导教师强调的注意事项，特别注意电路的连接应该是在不通电的情况下进行。

（4）数据的读取与记录。在完成电路连接并根据实验指导教师的要求完成电路的检查后，按实验要求正确读取和记录实验数据和波形等实验结果。

（5）获得实验结果后，应首先自查实验测得的数据，并通过指导教师的检查和许可后方可拆除实验线路。

（6）拆除实验线路时，应严格遵守"先断电后拆线"规则。首先关闭各使用仪器的电源，然后拆除连接线，将各种仪器设备和元器件放到原位，并整理和清洁实验桌面。

三、实验报告

实验报告是实验的重要部分，是实验原理、内容、结论等的总结和全面呈现。实验报告需包括如下几个方面的内容：

（1）实验目的，列写出本次实验的目的；

（2）实验原理与说明，说明本次实验的主要原理即理论依据；

（3）实验内容与步骤，列写出具体的实验内容，画出实验电路图，说明实验步骤，拟定数据表格，记录实验数据；

（4）实验仪器设备，列写出本次实验需使用的仪器设备及元器件的名称和规格；

（5）实验结论，对实验数据进行整理和分析，根据要求用数据表格法或图解表示法正确、合理地表示实验结果，说明误差原因并得出结论；

（6）回答思考题，回答实验指导书中列出的思考题；

（7）记录实验过程中出现的问题，并提出建议。

第 2 章　认识与实践

2.1　常用电子元器件

电子元器件是构成各种电路的基本元件，它们种类繁多，性能及用途各不相同。随着电子工业的飞速发展，电子元器件中的新产品更是层出不穷，并向微型化、片式化、高性能化、集成化、智能化、环保节能的方向发展。

我们经常遇到的电子元器件有电阻器、电容器、电感器、晶体管、集成电路等，本章对这些常用的电子元器件作简要介绍。

2.1.1　电阻器和电位器

电阻是电路中衡量导体对电流阻碍作用大小的物理量，利用这种阻碍作用做成的元件称为电阻器（实际应用中一般简称为电阻）。电阻是电路中最常用的电子元件，它是一种耗能元件，常利用它在电路中实现分压、降压、分流、限流、滤波（与电容组合）和阻抗匹配作用。

一、符号

电阻器在电路中用字母 R 表示，图 2.1.1 列出了几种常用电阻的图形符号。

（a）固定电阻　　　　　　（b）可调电阻　　　　　　（c）电位器

图 2.1.1　电阻器电路图形符号

二、分类

电阻的种类很多，按照阻值特征可分为固定电阻、可调电阻和特种电阻（敏感电阻）；根据制造工艺和材料可分为合金型电阻、薄膜型电阻和合成型电阻。制作电阻的材料有碳膜（T）、金属膜（J）、线绕（X）、合成膜（H）、有机实芯（S）、无机实芯（N）、金属氧化膜（Y）、化学沉积膜（C）、玻璃釉膜（I）等；按照使用的范围和用途，电阻器又可分为普通型、精密型、高频型、高压型、高阻型、熔断型、敏感型、高温型等。

表 2.1.1 列出了几种常用电阻器的外形、结构和特点。

表 2.1.1　常用电阻器的结构和特点

名称	外形图	结构及特点
碳膜电阻（R_T）		它是将碳氢化合物在高温真空下分解，使其在陶瓷骨架表面上积淀形成一层结晶碳膜，然后用刻槽的方法来确定阻值。这种电阻价格低廉，稳定性较高，噪声也比较低。属于薄膜型电阻
金属膜电阻（R_J）		经过真空蒸法或烧渗法在陶瓷体表面生成一层金属薄膜。这种电阻具有精度高、噪声低、高频特性好、体积小、稳定性好等特点。属于薄膜型电阻
线绕电阻（R_X）		用高阻合金线绕在瓷管上制成，外面涂有耐热的釉绝缘层或绝缘漆。有固定电阻和可变电阻两种。具有高稳定性、高精度、大功率等特点。属于合金型电阻
贴片电阻		是金属玻璃铀电阻器中的一种。是将金属粉和玻璃铀粉混合，采用丝网印刷法印在基板上制成的电阻器。具有体积小、重量轻、电性能稳定、机械强度高、装配成本低、高频特性好的特点。属于合成型电阻

三、参数

电阻器的参数有标称阻值、允许误差（精度等级）、额定功率、温度系数、噪声、最高工作电压、高频特性等。选用电阻时最常考虑的是标称阻值、允许误差和额定功率及温度系数。

1. 标称阻值

标称阻值是指标注在电阻器表面的阻值。它是根据国家制定的标准系列标注的，不是所有阻值的电阻器都存在。常用的标称阻值系列有 E6、E12、E24、E48、E96，表 2.1.2 列出了 E6、E12、E24 标称阻值系列，电阻值可为该表中阻值的 10^n（n 为整数）倍，阻值单位为欧姆（Ω）。

表 2.1.2　电阻器标称阻值系列

标称阻值系列	允许误差/%	电阻器标称值
E6	±20	1.0、1.5、2.2、3.3、4.7、6.8、8.2
E12	±10	1.0、1.2、1.5、1.8、2.2、2.7、3.3、3.9、4.7、5.6、6.8、8.2
E24	±5	1.0、1.1、1.2、1.3、1.5、1.6、1.8、2.0、2.2、2.4、2.7、3.0、3.3、3.6、3.9、4.3、4.7、5.1、5.6、6.2、6.8、7.5、8.2、9.1

2. 允许误差

电阻器的实际阻值对于标称值的最大允许偏差范围称为允许误差。它代表了电阻器的阻值精度。普通电阻器的误差有±5%、±10%、±20%三个等级，允许误差越小，电阻器的精度越高。精密电阻器的允许误差为±2%～±0.001%。

3. 额定功率

在正常大气压力和规定的环境温度中，电阻器长期稳定工作，并能满足性能要求所允许的最大功率称为额定功率。常见的电阻器额定功率有 1/8、1/4、1/2、1、2、4、8、10 W 等，一般以数字形式印在电阻器表面，也可由电阻器的体积大小进行粗略判断。

4. 温度系数

温度系数是指单位温度变化引起的电阻值的变化与原电阻值的比，单位为±ppm/℃。如原阻值为 1 kΩ 的电阻，温度系数为±100 ppm/℃，表明温度变化 1 ℃，电阻值变化为 1 kΩ±0.1 Ω。该系数越小，表明电阻器的稳定性越好。

四、规格标注方法

电阻器的规格标注方法有文字符号直标法和色标法两种。

1. 文字符号直标法

直标法是将电阻器的主要参数和技术性能用数字或字母直接标注在电阻器表面，如图 2.1.2 所示。对于较大功率的电阻器，外表面上标注有电阻器的类别、标称阻值、精度等级和额定功率。受电阻器表面积的限制，对于小功率的电阻器，如功率小于 0.5 W 的小电阻器，一般只标注标称阻值和允许误差。

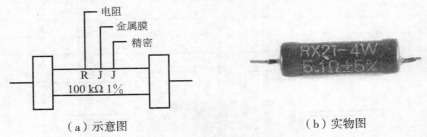

（a）示意图　　　　　　　　　　　　（b）实物图

图 2.1.2　电阻器的直标法

电阻值的单位有欧姆（Ω）、千欧（kΩ）、兆欧（MΩ）、千兆欧（GΩ）、兆兆欧（TΩ）。它们之间的换算关系为：$1 \text{ kΩ} = 10^3 \text{ Ω}$，$1 \text{ MΩ} = 10^6 \text{ Ω}$，$1 \text{ GΩ} = 10^9 \text{ Ω}$，$1 \text{ TΩ} = 10^{12} \text{ Ω}$。

遇有小数时，因小数点不易看清或被磨损，常以 Ω、k、M、G、T 代替小数点。如 0.1 Ω 标为 Ω1，4.7 kΩ 标为 4k7，1 000 MΩ 标为 1G，即省去 Ω。在有些电阻的标称值后，还标明符号 Ⅰ（J）、Ⅱ（K）、Ⅲ（M），它们表示电阻的允许误差分别是±5%、±10% 和±20%。2 W 以上的电阻功率数值会在电阻器表面用数字标出，2 W 以下的小型电阻器，功率通常不标出，而是通过观察电阻器的外形尺寸来判定。

2. 色标法

色标法是用不同颜色的色环或色点在电阻器的表面标志出其最主要参数的标注方法。小功率的碳膜和金属膜电阻器大多数使用色标法，这也是目前应用较多的标注法。常见的色环电阻器有三环、四环和五环三种标法。三环色标表示标称电阻值（2 位有效数字）、倍乘，精度均为±20%；四环色标表示标称电阻值（2 位有效数字）、倍乘和精度；五环色标表示标称电阻值（3 位有效数字）、倍乘及精度。色环多的电阻表示精度更高。

图 2.1.3 所示为色环电阻器的色环含义。靠近电阻左端面的色环为第一环，最后一环与前一环的间距较大。在某些不易区分的情况下（如电阻很小，难以看清色环的间隙），也可以对比两个起始端的色彩，第一色环不会是金、银 2 种颜色。

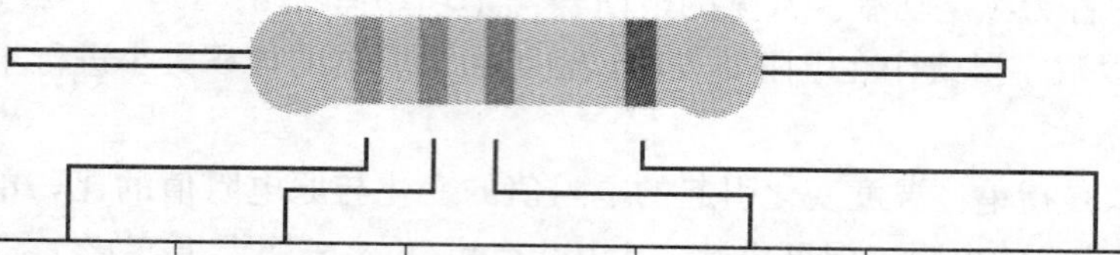

颜色	第一环	第二环	第三环	乘数	允许偏差/%	
银色	—	—	—	10^{-2}	10	K
金色	—	—	—	10^{-1}	5	J
黑色	0	0	0	10^0	—	—
棕色	1	1	1	10^1	1	F
红色	2	2	2	10^2	2	G
橙色	3	3	3	10^3		
黄色	4	4	4	10^4		
绿色	5	5	5	10^5	0.5	D
蓝色	6	6	6	10^6	0.2	C
紫色	7	7	7	10^7	0.1	B
灰色	8	8	8	10^8	—	A
白色	9	9	9	10^9	$+5\sim-20$	—
无色	—	—	—	—	20	M

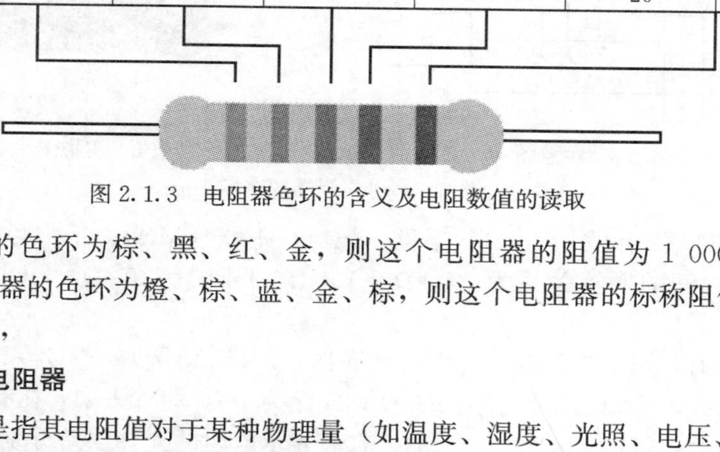

图 2.1.3　电阻器色环的含义及电阻数值的读取

如一电阻器的色环为棕、黑、红、金，则这个电阻器的阻值为 1 000 Ω，精度为 $\pm5\%$；另一电阻器的色环为橙、棕、蓝、金、棕，则这个电阻器的标称阻值为 31.6 Ω，允许偏差为 $\pm1\%$，

五、敏感型电阻器

敏感型电阻是指其电阻值对于某种物理量（如温度、湿度、光照、电压、机械力、气体浓度等）具有敏感特性。当这些物理量发生变化时，敏感型电阻的阻值就会随物理量的变化而发生改变，呈现不同的电阻值。相应的电阻也称为热敏电阻、光敏电阻、压敏电阻、力敏电阻、气敏电阻等。由于敏感电阻器所用的材料几乎都是半导体材料，所以这类电阻器也称为半导体电阻器。

如热敏电阻器是电阻值随温度变化而变化的敏感元件，常由单晶、双晶、玻璃等半导体材料制成。热敏电阻器可分为正温度系数热敏电阻器（电阻值随温度升高而增大）和负温度系数热敏电阻器（电阻值随温度升高而减小），被广泛应用在温度测量、温度控制、温度补偿、火灾报警、过载保护等场合。

又如光敏电阻器是利用半导体的光电效应制成的一种电阻值随入射光的强弱而改变的电阻器。它的特点是入射光越强，电阻值就越小；入射光越弱，电阻值越大。在工业上常用于光的测量、光的控制和光电转换。

六、电位器

电位器是一种阻值连续可调的电阻。普通电位器由外壳、旋转轴、电阻片和三个引出端子组成。三个引出端子中，有两个是固定端（其间具有固定的电阻），另外一个是滑动端。滑动端（或旋转轴）可以在两个固定端之间的电阻体上移动，使其与固定端之间的电阻值发生变化。

电位器在电路中用字母 R_P 表示，常用的图形符号如图 2.1.4 所示，其中 1、3 是固定端，2 为滑动端。

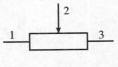

（a）电路图形符号　　　　（b）碳膜电位器　　　　（c）线绕式多圈电位器

图 2.1.4　电位器

电位器的种类繁多，用途也各不相同。根据所用材料不同，电位器可分为线绕电位器和非线绕电位器两大类；根据结构不同，电位器可分为单圈、多圈、单联、双联、多联、抽头式、带开关、锁紧式、非锁紧式、贴片式电位器；根据调节方式不同，电位器又可分为旋转式、推拉式和直滑式。

电位器的主要参数有标称阻值、额定功率、允许误差等级和阻值变化特性。前三个参数定义与电阻器的相同。阻值变化特性是指电位器的阻值与滑动轴的旋转角度之间的变化关系。常用的阻值变化特性有直线式（X）、对数式（D）和指数式（Z），如图 2.1.5 所示，其中直线式为线性电位器，对数式和指数式为非线性电位器。

在实际使用中，直线式电位器适于作分压、偏流的调整；对数式电位器适用于音调控制和黑白电视机对比度调整；指数式电位器适用于收音机、电视机等的音量控制。

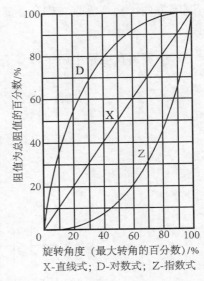

图 2.1.5　电位器的阻值变化规律

七、性能测量与使用说明

电位器在使用前应用测量仪表（如万用表）检查，看其是否完好。测量可采用指针式或数字式万用表。采用指针式万用表欧姆挡测量时，首先要将红、黑两支表笔直接接触，观察表盘上的指针是否在零位。如不在零位，应调节调零旋钮，使指针指向零位，这个过程称为调零。测量电阻时，应根据电阻值的大小选择不同挡位，挡位的选择以使指针指示在表盘的中部偏右约 2/3 处为宜。数字式万用表的测量精度高于指针式万用表。

测量电位器时，可先用万用表的欧姆挡测量其两固定端的电阻，看是否与标称值相符，若与标称值不符，说明电位器已损坏。若固定端电阻与标称值相符，可进一步测量某一固定端和滑动端之间的电阻，改变滑动端的位置以观察电阻值的变化。从头开始，零位电阻越小越好，慢慢移动或旋转滑动轴，看电位器阻值的变化是否连续平稳，若出现阻值的跳动和跌落现象，说明电位器已损坏。当滑动端移动到极限位置时，电阻值应为最大，若该值与标称值一致，且滑动头移动的过程中阻值变化平稳，说明该电位器的电阻体良好，滑动端接触可靠。

注意：在测量电阻时，首先应保证被测电阻为断电、开路模式，以免与电路中其他元器件发生串、并联，影响测量的准确性。如需要测量已经被接在电路中的电阻的阻值，正确做法是：先将电路断电，再将被测电阻的一个引脚与电路完全断开，然后用万用表测量电阻两端的阻值。

2.1.2　电容器

电容器（实际应用中简称为电容）是在两块金属电极之间夹一层绝缘电介质构成的。它是电子电路中常用的储能元件，被广泛应用在各种高、低频电路的调谐、能量转换、控制等方面，实现隔直、耦合、滤波等作用。

一、符号

电容器在电路中用字母 C 表示，常用的图形符号如图 2.1.6 所示。

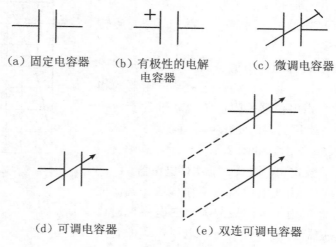

（a）固定电容器　　　（b）有极性的电解　　　（c）微调电容器
　　　　　　　　　　　　　电容器

（d）可调电容器　　　　　　（e）双连可调电容器

图 2.1.6　电容器电路图形符号

二、分类

电容器的种类很多，分类方法也各不相同。按结构不同分为固定电容器、可变电容器和微调电容器；按介质材料不同分为纸介电容器、有机薄膜电容器、瓷介电容器、电解电容器等；按用途不同电容器可用于高频旁路、低频旁路、滤波、调谐、高频耦合等场合。

表 2.1.3 介绍了几种常用电容器的外形、构成、特点和用途。

表 2.1.3　几种常用电容器的简单介绍

名　称	外形图	结构及特点
云母电容器		采用天然云母作为电容极间的介质，由金属箔（锡箔）或喷涂银层和云母一层层叠合后，用金属模压铸在胶木粉中制成。特点是耐高压、耐高温，性能稳定，体积小，漏电小，但电容量小。适用于高频电路
纸介电容器		以电容纸作为介质，铝箔或锡箔作为电极并卷绕成圆柱形，然后接出引线，再经过浸渍处理，用外壳封装或环氧树脂灌封而成。特点是价格低，损耗大，稳定性较差，体积也较大。适用于低频电路
油浸电容器		将纸介电容器浸在经过特别处理的油中，以增加其耐压性。特点是制作简单，价格便宜，电容量大，耐压高，稳定性好，但体积大。适用于高压电路和大电力的无线电设备中
瓷介电容器		以陶瓷作介质，在两面喷涂银气层，烧成银质薄膜作导体，引线后外表涂漆制成。分为高频瓷介电容和低频瓷介电容。特点是耐高温，体积小，性能稳定，频率特性好
有机薄膜电容器		以有机塑料薄膜做介质，以金属箔或金属化薄膜做电极，通过卷绕方式制成（叠片结构除外），其中以聚酯膜介质和聚丙烯膜介质应用最广。其中聚酯膜电容器体积小，容量大，不适用于高频电路；聚丙烯膜电容器损耗小，性能稳定，性能优良，接近于理想电容器，可用于高频电路
电解电容器		在铝、钽、铌、钛等金属的表面采用阳极氧化法生成一薄层氧化物作为电解质，以电解质作为阴极而构成的电容器。电解电容器的内部有储存电荷的电解质材料，分正、负极性，不可接反。最常用的有铝电解电容器和钽电解电容器。特点是容量大，体积大，有极性。一般用于滤波、整流
可变电容器		由相互绝缘的两组极片组成，通过改变极片间相对的有效面积或片间距离来改变电容量。分为空气介质可变电容器和固体介质可变电容器。多用于半导体收音机及有关电子设备中

三、参数

电容的主要参数有标称容量、允许误差、额定电压、漏电流和绝缘电阻。

1. 标称容量

标称容量是标注在电容器上的电容量，它是电容器的基本参数，由标称系列规定。

电容器常用的标称系列和电阻器的相同，可参考表 2.1.2。不同类别的电容器，其标称容量系列也有所不同。如对于有机薄膜、瓷介、玻璃釉、云母等电容器，标称容量系列采用 E24、E12、E6 系列,对于电解电容器采用 E6 系列。

2. 允许误差

标称容量与实际电容量有一定的误差,允许误差是指实际电容量对于标称电容量的最大允许偏差范围。允许误差用百分数或误差等级表示。允许误差一般分为以下五个等级:±1%、±2%、±5%、±10%和±20%。有的电解电容器的容量误差范围较大,会大于±20%级。

3. 额定电压

电容器的额定电压是指电容器在规定的工作温度范围内,长期连续可靠工作时,极间所能承受的最高直流电压。额定工作电压数值一般直接标注在电容器外壳上。电容器应在不高于额定电压下工作,如果工作电压超过电容器的耐压,则电容器会被击穿,将造成不可修复的永久损坏。

4. 漏电流

电容器的介质材料不是绝对的绝缘体,它在一定的工作温度及电压条件下也会有少量电流流过,此电流即为漏电流。一般电解电容器的漏电流较大。

5. 绝缘电阻

绝缘电阻也称漏电阻,是指电容器两极间的电阻。绝缘电阻与漏电流成反比,当漏电流较大时,电容器发热,发热严重时会损坏电容器。一般电容器的绝缘电阻为 $10^8 \sim 10^{10}$ Ω。使用时,一般应选择绝缘电阻大的电容器。目前电容器的介质性能越来越好,产品的绝缘电阻都可超过实际要求。

四、规格标注方法

电容器的规格标注方法主要有直标法、数码法和色标法三种。

1. 直标法

将电容器的主要参数如型号、规格等用字母和数字直接标注在电容器外壳上。电容量的单位有:法拉(F)、毫法(mF)、微法(μF)、纳法(nF)、皮法(pF)。

换算关系为:$1 \text{ F} = 10^3 \text{ mF} = 10^6 \text{ μF} = 10^9 \text{ nF} = 10^{12} \text{ pF}$。

如 22n 表示 0.022 μF,3μ3 表示 3.3 μF,4n7 表示 4 700 pF。注意:如果是"零点零几"常把整数位的零省去,如 01μ 表示 0.01 μF。

电容量的大小还常用 2~4 位数字和 1 个字母(表示数值的量级)来表示,且字母表示小数点的位置,也有些电容采用"R"表示小数点。

如:4p7 表示 4.7 pF,μ1 表示 0.1 μF,p10 表示 0.1 pF,R33 表示 0.33 μF 等。

2. 数码表示法

不标单位,直接用数码表示容量。如 5 600 表示 5 600 pF,220 表示 220 pF,7 表示 7 pF,0.047 表示 0.047 μF 等。用三位数码表示容量大小,单位为 pF,从左标起,第一位、第二位为电容量值的有效数字,第三位为倍率(即零的个数)。如 102 表示 1 000 pF,333 表示 33 000 pF;如第三位是 9,则乘 10^{-1},如 229 表示 22×10^{-1} pF $= 2.2$ pF。

3. 色标法

电容器色标法与电阻器的色标法相似,单位为 pF,可参照电阻的色环含义图 2.1.3。

色标通常有三条,读码方向是从顶部向引脚方向读,第一、二条色标表示有效数字,

第三条色标表示倍率（即零的个数）。必须注意：有色环宽度为其他颜色的 2 倍时，则表示相同颜色的有连续 2 个色环。如黄紫红，表示 4 700 pF。

五、性能测量

电容器的性能测量包括测试电容器的容量大小是否与标称值相符，检查电容器是否有短路、断路、漏电、失效等情况，以及判断电解电容器的极性。

1. 电容器性能的测试

电容器容量的精确值可由专门的电容仪测量，有交流电桥法和谐振法等。但是在大多数场合只需要对电容进行粗略的估测，如可以用指针式万用表的欧姆挡，通过指针的偏转角度来估测和评判电容的大小，这在维修中尤为常用。

利用万用表的欧姆挡进行测量，是基于电容器的充放电特性进行的，此时万用表内部电池是电容器的充电电源，而指针偏转度指示出电容量的大小。根据经验，测量时对于容量不同的电容器要选择不同的电阻挡位测量。一般容量小于 0.33 μF 的小容量电容器选用 $R \times 10$ kΩ 挡；容量为 4.7～100 μF 的中容量电容器用 $R \times 1$ kΩ 挡；容量为 470～3 300 μF 的大容量电容器选用 $R \times 100$ Ω 挡。

（1）测量时根据标称值选好电阻挡位，用万用表的两支表笔分别接触电容器两电极，指针先向右偏转一个角度（此时万用表内的电池在对电容器充电），然后向左边快速返回"∞"位置（表示对电容器充电完毕，电容器内的电阻逐渐变大）。交换两电极再用两支表笔接触一下，指针也是向右偏转一下后复原，而且这次偏转的幅度比前次大（因电容器上次已经充好电，交换电极后改变了充电电源的极性，电容器要先放电再充电，所以指针偏转幅度比前次大），表明电容器的性能是好的。

（2）被测电容量的大小可以根据指针偏转的幅度来粗略判断。幅度越大，电容量越大。利用这个特点，结合电阻挡位，可以通过与已知电容量的电容器比较得到被测电容的大小。

（3）测试时如指针偏转一下后回不到"∞"位置，而是停在某一个电阻值数值上，交换电极再测也是停留在这个位置，说明该电容器的绝缘介质漏电，这个电阻值就是它的漏电电阻值。这种现象说明电容量下降，即所谓的低效或失效。正常的小容量电容器的漏电电阻一般为几十到几百 MΩ，若小于几 MΩ，则该电容器就不能使用了。

（4）测试时如指针不偏转，停在"∞"位置，说明该电容器内部可能断路。

（5）测试时如指针偏转到"0"位置后不返回，说明该电容器已被击穿短路。

（6）也可以用数字万用表来测试电容的性能。

对于有电容测量功能的数字万用表，可以直接用电容挡测量。但有些型号的数字万用表在测量 50 pF 以下的小容量电容器时误差较大，而 20 pF 以下电容的测量值几乎没有参考价值，这时可采取串联一个已知电容的方法来测量。对于没有电容测量挡的数字万用表，可用欧姆挡来测量电容的性能。测量时，将数字万用表拨至合适的电阻挡，两支表笔分别接触被测电容器的两极，这时万用表的显示值将从"000"开始逐渐增加，直至显示溢出符号"1"。若始终显示"000"，说明电容器内部短路；若始终显示溢出，则电容器内部可能断路，也可能是所选的电阻挡不合适，可换挡再测。检查电解电容器时需要注意，应将数字万用表的红表笔（接内部电池的正极）接电容器正极，黑表笔接电容器负极。此

方法适用于测量 $0.1\ \mu F$ 至数千 μF 的大容量电容器。若被测电容较小，如被测电容器的容量小于 $200\ pF$ 时，由于读数的变化很短暂，所以较难观察到充电过程。

2. 电解电容器正、负极性的判断

对于标识完整的电解电容，电容表面标识"▢"对应的电极是负极。如果是未经焊接的新电容，较短的电极是负极。

此外，由于电解电容的正向漏电电阻大于反向漏电电阻，因此可以用万用表的欧姆挡来判断电容器的极性。如用指针式万用表测试，判别步骤如下：

（1）先任意测量一下电容器的漏电阻，记住其大小；

（2）移开万用表，将电容器两极碰一下以短路放电，交换表笔再测电容器的漏电阻；

（3）比较两次测量出的漏电阻，阻值大的那次黑表笔连接的是电容器的正极；

如果两次测量还比较不出电阻的大小，可以调整欧姆挡位来进行多次测量，直到两个电阻值有明显的区别为止。

六、挑选原则和使用常识

实际应用中，应根据电路要求、工作环境等正确选用电容器。

1. 选用适当的型号

选用电容器时首先要使电容器的各项主要参数指标满足电路要求，还要优先选用绝缘电阻大、介质损耗小、漏电流小的电容器。

（1）在电源滤波、低频耦合、旁路、去耦等电路中，可选用标称容量为 $0.1\sim680\ \mu F$ 的纸介电容器、电解电容器等。

（2）在中频电路中可选用金属化纸介电容器、有机薄膜电容器，如 CBB 电容器，其具有绝缘电阻大（一般可达 $10\ 000\ M\Omega$，有的可达 $20\ 000\ M\Omega$），稳定性好，损耗小等特点。

（3）在高频电子设备的耦合、滤波、反馈电路和高压电路中，可选用 CC 型瓷介电容器、云母电容器。

（4）耐压要求高的电路要选用油浸电容器。

（5）调谐电路中可选用小型密封可变电容、空气介质电容器等；要求可靠性、稳定性高的电路可选云母电容器、独石瓷介电容器。

（6）在印制板上安装时还要考虑电容器的外形尺寸、形状。

2. 合理选用标称容量及允许误差范围

在多数情况下，对电容器的容量要求不是很严格，与规定的标称值大致相同即可。如在旁路、去耦电路及低频耦合电路中，可根据设计值选用相近容量或容量大些的电容器；但在振荡电路、延时电路、音频控制电路中，电容量的精度要求更高些。

3. 额定电压的选择

工作时，电容器的实际电压应低于额定电压值，并且要留有足够的余量，否则可能会发生击穿损坏。通常应使耐压值高于实际工作电压的 20%，电压波动大的电路应选择更大的余量（$1.5\sim2$ 倍）。对电解电容而言，实际电压应是电解电容器额定工作电压的 $50\%\sim70\%$。但实际电压也不宜太低，如当实际电压低于额定工作电压一半以下时，反而会使电解电容器的额定容量减小，损耗增大。此外，电容器的耐压越高，体积越大，价格也越高。

4. 选用绝缘电阻高的电容器

电容器应具备足够的绝缘电阻，一般绝缘电阻应大于几百至几千 MΩ。绝缘电阻越小，漏电越严重。在高温、高压条件下，要选择绝缘电阻高的电容器。

5. 电容器的串、并联

几个电容器并联后，容量将加大，其容量为：

$$C_{并} = C_1 + C_2 + C_3 + \cdots$$

并联后的各个电容器，如果耐压不同，就必须把其中耐压最低的作为并联后的耐压值。

几个电容器串联后，电容量将减小，其容量为：

$$C_{串} = \cfrac{1}{\cfrac{1}{C_1} + \cfrac{1}{C_2} + \cfrac{1}{C_3} + \cdots}$$

此时耐压增加，如串联电容量相等，则承受电压也相等，且各电容器的耐压相加应等于或大于原电容器的耐压。但如果电容器容量不等，则容量大的电容器承受的电压反而小。

实际中，可用高频电容器代替等值、等耐压的低频电容器。如云母、有机薄膜或瓷介电容器可代替纸介电容器，反之不可。

另外，如使用电解电容器，应特别注意不可将极性接错，否则会损坏电容器，甚至有爆炸的危险。

2.1.3 电感器

电感器是依据电磁感应原理制成的器件，由绝缘导线绕制而成。它也是一种储能元件。

利用其在电路中通直流阻交流、通低频阻高频的特性，电感器在电子线路中得到了广泛应用，是实现振荡、调谐、耦合、滤波、延迟、偏转、补偿及阻抗匹配的主要元件之一。

一、符号

电感器在电路中用字母 L 表示，常用的图形符号如图 2.1.7 所示。

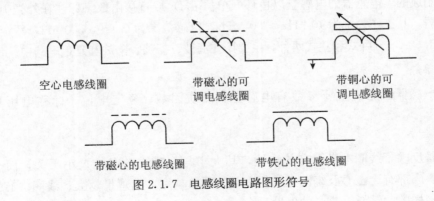

空心电感线圈　　带磁心的可调电感线圈　　带铜心的可调电感线圈

带磁心的电感线圈　　带铁心的电感线圈

图 2.1.7　电感线圈电路图形符号

二、分类

电感器的种类很多，分类方法有多种。按电感器的工作特征，可分为固定电感器和可调电感器。可调式电感器又分为磁心可调电感器、铜心可调电感器、滑动接点可调电感器、串联互感可调电感器和多抽头可调电感器。

按用途不同，电感器可分为振荡电感器、校正电感器、显像管偏转电感器、阻流电感器、滤波电感器、隔离电感器、补偿电感器等。

虽然各种电感器的特点与用途不同，但在结构上都是用漆包线、纱包线、裸铜线等绕在绝缘骨架、由软磁材料制作的磁心或由硅钢片制作的铁心上构成的，相应的分别称为空心电感器、磁心电感器和铁心电感器。在线圈中插入磁心或铁心是为了增加电感量，提高 Q 值并缩小体积。空心、磁心及铁心电感器的介绍如表 2.1.4 所示。

表 2.1.4　空心、磁心及铁心电感器的简单介绍

名称	外形图举例	结构及特点
空心电感器		用导线绕制在纸筒、塑料筒上组成的线圈或脱胎而成的线圈。中间没有磁心或铁心，故电感量很小，通过增减匝数或调节匝距来调节电感量。一般用于高频电路中
磁心电感器		用导线在磁心上绕制成线圈，或在空心线圈中插入磁心组成的线圈。利用螺纹的旋动，可调节磁心与线圈的相对位置来调节电感量。常应用于中频或高频电路中
铁心电感器		在空心线圈中插入硅钢片组成铁心线圈，电感量大，一般为数亨，常称为低频扼流圈。其作用是阻止残余交流电通过，而让直流电通过。铁心电感器常应用于工作频率较低的电路中，如音频或电源滤波电路中

常见的固定电感器（也称微型电感），是用漆包线绕制在磁心上（通常高频小型电感器用镍锌铁氧体材料磁心，低频小型电感器用锰镍铁氧体材料磁心），再用塑料壳或环氧树脂封装起来制成的。电感器的电感量以色环（单位 μH）或直接由数字标注在外壳上，也称为色码电感器。其工作频率为 10 kHz～200 MHz，电感范围为 0.1～3 300 μH，额定工作电流为 0.05～1.6 A，分卧式和立式两种，主要用在滤波、振荡、陷波和延迟电路中。

三、参数

表示电感器性能的主要参数有电感量、品质因数、额定电流、标称电压和分布电容等。

1. 电感量

电感量反映了线圈本身固有的特性，其大小与流过它的电流大小无关，而与线圈匝数、线径、内部有无磁心及绕制方式等有关。圈数越多，电感量越大；线圈内有铁心、磁心的，比同样的无铁心、磁心的电感量大。

电感量的单位是亨利，简称亨，用 H 表示。常用的有毫亨（mH）、微亨（μH）、毫微亨（nH）。常用单位的换算关系为：$1\ H = 10^3\ mH = 10^6\ \mu H = 10^9\ nH$

2. 品质因数（Q 值）

品质因数是表示线圈质量的主要参数，用字母 Q 表示。Q 值越高，线圈损耗越小。线圈的 Q 值与导线的直流电阻、骨架的介质损耗屏蔽罩或铁心造成的损耗、高频趋肤效应等有关。线圈的 Q 值通常为几十到 100。

3. 分布电容

线圈的匝与匝之间的绝缘材料相当于绝缘介质，因此可以把相邻的二匝线圈及中间的绝缘材料看成一个很小的电容，这个电容称为线圈的分布电容。线圈的匝与匝、线圈与屏蔽罩、线圈与底板之间都存在着分布电容。分布电容的存在使线圈的 Q 值下降，稳定性变差。为减小分布电容，可以采用线径较细的导线绕制线圈或采用峰房式绕法等。

4. 额定电流、标称电压

额定电流和标称电压是指能保证电路正常工作的工作电流和电压。

四、规格标注方法

电感量的标注方法有直标法和色标法二种。体积较大的固定电感器用直标法，电感器的电感量及额定电流用数字标在外壳上；小型高频电感线圈用色标法，用不同颜色的色环表示电感量，识读方法类似于电阻器。电感量的允许误差一般用 J、K、M 表示，它们分别代表 ±5%、±10%、±20% 的误差，一般直接标在电感器外壳上。

五、性能测量

可用万用表的欧姆挡来检测电感器绕组的通断和绝缘等情况。

选用万用表欧姆挡 $R \times 1$ 或 $R \times 10$ 挡测电感器的阻值。一般线圈的直流电阻只有几个欧姆，若阻值较大或为无穷大，表明电感器已损坏。在电感量相同的多个电感器中，电阻值越小，表明该电感线圈的 Q 值越高。

电感线圈的电感量 L 和品质因数 Q 的测量较为复杂，需要用专门的仪器，在此不作更多说明。

六、使用常识

电感线圈用途广泛，如 LC 滤波电路、调谐放大、振荡、均衡、去耦电路等。使用时应根据电路要求、工作环境等选择合适的电感线圈，并进行正确的电路连接和装配。

在使用电感线圈时，应注意以下几点：

（1）若干只线圈串联之后，在不考虑耦合的情况下，总电感量是各线圈电感量之和。电感量为：

$$L_{串} = L_1 + L_2 + L_3 + \cdots$$

若干只线圈并联以后总电感量是减小的，并联后的总电感量为：

$$L_{并} = \cfrac{1}{\cfrac{1}{L_1} + \cfrac{1}{L_2} + \cfrac{1}{L_3} + \cdots}$$

（2）在使用线圈时应注意，不可随便改变线圈的形状、大小和线圈间的距离，否则会影响线圈原来的电感量，尤其是频率高、圈数少的线圈。

（3）选用电感器时应按工作频率的要求选择某种结构的线圈。如电路的工作频率在几百千赫到几兆赫之间时，线圈最好用铁氧体心，并以多股绝缘线绕制；频率在几兆赫到几十兆赫之间时，则宜选用单股镀银粗铜线绕制，磁心采用高频铁氧体，也常采用空心线圈；而工作频率在 100 MHz 以上时，一般不宜选用铁氧体心，只能用空心线圈。

（4）线圈在装配时，要特别注意互相之间的位置以及和其他元件的位置，要符合规定要求，尽可能减小电磁干扰，以免互相影响而导致整机不能正常工作。

2.1.4　晶体管

晶体管也称半导体管，是由导电性能介于导体与绝缘体之间的半导体材料制成的。常用的半导体材料有硅（Si）和锗（Ge）。因为半导体物质呈晶体结构，所以以半导体材料为基础的元件也称为半导体晶体管，简称晶体管或半导体管。

通常将晶体管分立元件分为：晶体二极管、晶体三极管、场效应晶体管和可控硅。

一、晶体二极管

采用一定的工艺将 P 型半导体与 N 型半导体制作在同一块半导体基片上，由于二种半导体材料内载流子的浓度差形成的扩散作用，使得在它们的交界面上形成了空间电荷区，该空间电荷区称为 PN 结。当 PN 结加正向电压时，即 P 区接电源的正极，N 区接电源的负极时，PN 结表现出很小的正向电阻，呈导通状态；当 PN 结加反向电压时，PN 结表现出很大的反向电阻，PN 结呈截止状态。这就是 PN 结的单向导电性。

二极管是利用 PN 结的单向导电性制成的半导体元件。在正常工作电压范围内，正向导通、反向截止，主要用于电路的整流、钳位、限幅、检波等。

1. 结构和符号

在一个 PN 结上，由 P 区引出正极，N 区引出负极，用金属、塑料或玻璃壳封装后，即构成一个晶体二极管，其结构如图 2.1.8 所示。

图 2.1.8　二极管结构

在电路图中，晶体二极管常用字母 D 表示，常用的图形符号如图 2.1.9 所示。

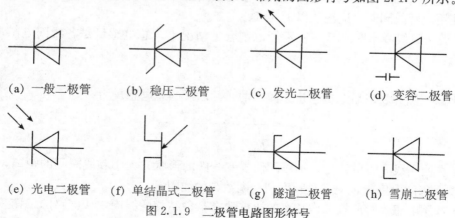

（a）一般二极管　　（b）稳压二极管　　（c）发光二极管　　（d）变容二极管

（e）光电二极管　（f）单结晶式二极管　（g）隧道二极管　（h）雪崩二极管

图 2.1.9　二极管电路图形符号

2. 分类

晶体二极管（以下简称二极管）有多种类型。根据半导体材料的不同，可分为锗二极管、硅二极管、砷化镓二极管；根据结构不同，可分为点接触型二极管、面接触型二极管、键型二极管、合金型二极管等；根据用途不同，又可分为整流二极管、检波二极管、稳压二极管、变容二极管、光电二极管、发光二极管、开关二极管等。

表 2.1.5 列出了几种常用二极管的外形、构成、特点和用途。

表 2.1.5　常用二极管的简单介绍

名称	外形图举例	结构和特点
整流二极管		其内部结构为一个 PN 结，外形封装有金属、塑料和玻璃壳封装等多种形式。由于通过的正向电流较大，其 PN 结多为面接触型。主要用于整流电路，把交流电变换成脉动的直流电
检波二极管		其结构多为锗材料点接触型，结电容小，工作频率高。主要作用是将高频信号中的低频信号检出
稳压二极管（齐纳二极管）		它是一种直到临界反向击穿电压前都具有很高电阻的半导体器件。在临界击穿点上，反向电阻降低到一个很小的数值，在这个低阻区中电流增加而电压则保持恒定。其特点是击穿后两端的电压基本保持不变
光电二极管（光敏二极管）		PN 结面积较大，电极面积较小，是一种可将光信号转换成电信号的光电传感器件。它是在反向电压作用下工作的，没有光照时，反向电流极小（一般小于 $0.1\ \mu A$）；有光照时，反向电流迅速增大到几十微安。光的强度越大，反向电流也越大
发光二极管		是一种将电能变成光能的半导体器件。它有一个 PN 结，具有单向导电特性。当加上正向电压，有一定的电流流过时，由于空穴和电子的复合会产生自发辐射的荧光。发光的颜色分为红光、黄光、绿光、三色变色发光，另外还有眼睛看不见的红外光二极管。可以用直流、交流、脉冲等电源点燃它

3. 二极管的伏安特性

二极管的主要特性是它的单向导电性。

（1）正向特性。如图 2.1.10 所示，在二极管两端加正向电压，当正向电压很低时（锗管小于 0.1 V、硅管小于 0.5 V），二极管呈现较大电阻，电流很小，这一区域称为"死区"。当电压增加至一定值时（锗管大于 0.3 V、硅管大于 0.7 V），二极管内阻变小，随着电压的增加电流迅速上升，此时二极管正向导通。二极管导通后，管压降随着电流的增加稍有增大，基本维持不变。

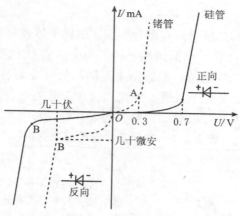

图 2.1.10　二极管伏安特性

（2）反向特性。二极管两端加反向电压时，如图 2.1.10 所示，此时通过二极管的电流很小，二极管处于截止状态。随着反向电压的增大，电流基本不变，这个电流称为反向饱和电流。反向饱和电流受温度影响较大，温度每升高 10 ℃，电流增加约 1 倍。光电二极管的反向饱和电流会随着光照强度的增大而增大。当反向电压增加到一定数值时，反向电流将急剧增大，这种现象称为反向击穿，这时的电压即为反向击穿电压。不同结构、工艺和材料制成的二极管，其反向击穿电压值差异很大，可由 1 伏到几百伏，甚至高达数千伏。

4. 参数

常用二极管的主要特性指标参数意义如下：

（1）最大整流电流 I_F，指二极管长期正常工作时，允许通过的最大正向电流平均值。用二极管整流时，流过二极管的正向电流不能超过此值，否则二极管会发热而烧毁。

（2）击穿电压 U_{BR}，当二极管反向电压增大到一定值时，反向电流突然增加，这时的反向电压叫反向击穿电压。

（3）最大反向工作电压 U_{RM}，指使用时二极管两端允许的反向工作电压的极限值。一般手册上给出的最大反向工作电压约为击穿电压的一半，以确保二极管安全运行。反向电压超过允许值时，在环境影响下，二极管有被击穿的危险。

（4）反向电流 I_R，指在规定的反向偏置电压下，通过二极管的反向电流值，其大小反映了二极管的单向导电性能。其值越小，表示二极管的单向导电性越好。

（5）工作频率范围 f，指二极管正常工作所能应用的频率范围。

5. 性能测量

二极管在使用前要对其性能进行检测，判断二极管的极性，并检查是否有断路、短路、失效等。

最常用的检测方法是根据二极管的单向导电特性，用万用表测量二极管的正、反向电阻值，并以此来判断二极管的极性和性能的好坏。

测试时，可将指针万用表的欧姆挡置于 $R \times 100$ 或 $R \times 1k$ 挡，用两支表笔接触二极管的两个电极，记下此时的阻值，然后对换表笔再测一次阻值。在两次测量中有一次阻值较小（一般在几百到几千欧）为正向电阻，另一次阻值较大（一般为几百千欧到几千千欧直至无穷大）为反向电阻。阻值小的那一次测量中，万用表黑表笔所接触的是二极管的正极，红表笔接触的是二极管的负极。通常锗二极管的正向电阻为 1 kΩ 左右，反向电阻值为 300 kΩ 左右；硅二极管的正向电阻为 5 kΩ 左右，反向电阻为∞。正向电阻越小越好，反向电阻越大越好。正、反向电阻值相差越大，说明二极管的单向导电特性越好。正、反向电阻值之间相差的倍数应该是几百倍以上。

测量时，若二极管的正、反向电阻都为无穷大，即表针不动时，说明其内部断路；反之，若其正、反向电阻都很小，接近 0 Ω 时，说明其内部有短路现象，已被击穿；如果二极管的正、反向电阻值相同，说明二极管失去单向导电作用；若正、反向电阻值相差太小，说明其单向导电性能差。

若采用数字万用表判别二极管的极性，可将万用表拨在二极管测量挡上。用红、黑两支表笔分别接触二极管的两个电极，当屏幕上显示零点几伏电压时，测出的是二极管的正向导通电压，此时红表笔接触的是二极管的阳极；当屏幕上显示 3 V 左右的电压时，红表笔接触的是二极管的阴极，屏幕显示的电压值为数字万用表的电池电压。

6. 使用常识

应用时，应根据具体的电路要求和不同二极管的特性及主要性能指标来选择二极管。

实际使用时还要注意，硅管和锗管在特性上有差别，它们之间不能互相代替。同型号、同规格的管子可以代替，但注意须满足原管子的极限参数且留有余量。对于检波二极管，只要工作频率不低于原来的管子并且半导体材料相同，主要参数相近就可以代替。对于整流管，反向耐压值高的可以代替反向耐压值低的，整流电流值高的可以代替整流电流值低的。

二、晶体三极管

晶体三极管是内部含有两个 PN 结、外部具有三个电极的半导体器件。它是一种控制元件，在一定条件下具有电流放大作用，是放大电路最重要的组成之一，是电子电路的核心元件。

1. 结构和符号

三极管是在一块半导体基片上制作的两个相距很近的 PN 结，也可以看成是两个反向连接的 PN 结，如图 2.1.11 所示。这两个 PN 结把半导体分成三部分，中间部分是基区，两侧部分是发射区和集电区。根据组合方式不同，三极管有 PNP 型和 NPN 型两种。如图 2.1.11 所示。

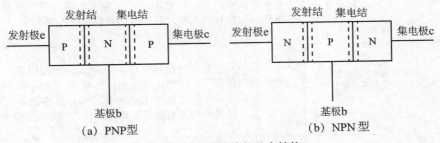

图 2.1.11 三极管的基本结构

在电路中，晶体三极管常用字母 T 表示，电路图形符号及常用三极管外形如图 2.1.12 所示。

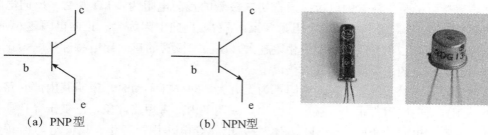

（a）PNP型　　　　　　　　（b）NPN型
图 2.1.12　三极管电路符号及外形图

三极管有三个不同的导电区域：基区、发射区和集电区，从三个导电区引出三个电极，它们分别是基极 b、发射极 e 和集电极 c。发射区与基区间的 PN 结称为发射结；集电区与基区之间的 PN 结称为集电结。

2. 分类

三极管的分类方法有很多。根据半导体材料的不同，可分为硅三极管和锗三极管，硅三极管多为 NPN 型，锗三极管多为 PNP 型；根据结构和制造工艺的不同，可分为扩散型三极管、合金型三极管和平面型三极管；根据功率不同，可分为小功率三极管、中功率三极管和大功率三极管；根据工作频率的不同，可分为低频三极管、高频三极管和超高频三极管；根据封装结构不同，可分为金属封装三极管、塑料封装三极管、玻璃壳封装三极管等；根据功能和用途的不同，可分为低噪声放大三极管、中高频放大三极管、带阻三极管、开关三极管、达林顿管、光敏三极管等。

表 2.1.6 列出了几种三极管的构成、特点和用途。

表 2.1.6　几种三极管的简单介绍

名称	外形图举例	结构特点和用途
小功率放大三极管		在一定条件下其集电极电流受基极电流的控制，可将微小的基极电流的变化转变为较大的集电极电流的变化，与电阻元件一起，可构成放大电路，实现电压的放大，是放大电路中的核心元件
开关三极管		工作于截止区和饱和区，相当于电路的切断和导通，被广泛应用于各种开关电路中，如常用的开关电源电路、驱动电路、高频振荡电路、模数转换电路、脉冲电路及输出电路等
带阻三极管		将一只或两只电阻器与晶体管连接后封装在一起构成，可作为反相器或倒相器，广泛应用于电视机、影碟机、录像机、DVD 及显示器等家电产品中；也可作为中速开关管，在电路中可看作一个电子开关，但其饱和导通时管压降很小，常应用于数字电路中
光敏三极管		也有电流放大作用，只是它的集电极电流不只是受基极电流控制，同时也受光辐射的控制。通常基极不引出，但有些光敏三极管的基极有引出，用于温度补偿和附加控制等作用

名称	外形图举例	结构特点和用途
达林顿管		将两个三极管接在一起，极性由前面的三极管决定，前面三极管功率一般比后面三极管小，前面三极管基极为达林顿管基极，后面三极管发射极为达林顿管发射极。用法与三极管一样，放大倍数是两个三极管放大倍数的乘积。由于其放大倍数高，一般用于高灵敏的放大电路中放大非常微小的信号，如大功率开关电路

3. 工作状态

三极管有截止、放大和饱和导通三种工作状态，其中又以放大状态最为复杂，主要用于小信号的放大领域，且这是三极管最主要的工作状态。

(1) 截止状态。当加在三极管发射结的电压小于 PN 结的导通电压时，基极电流、集电极电流、发射极电流都为零，集电极和发射极之间相当于开关的断开状态，我们称三极管处于截止状态。

(2) 放大状态。当加在三极管发射结的电压大于 PN 结的导通电压，并处于某一恰当的值时，三极管的发射结正向偏置，若此时集电结有合适的反向偏置电压，这时基极电流对集电极电流起着控制作用，使三极管具有电流放大作用，这时三极管处于放大状态。

图 2.1.13 所示是常用的三极管的共射极放大电路。由图可见，当 $E_c > E_b$ 时，三极管的发射结处于正向偏置，而集电结处于反向偏置。当发射结的电压大于 PN 结的导通电压，并处于合适的数值时，三极管工作在放大状态。此时基极电压 U_{be} 的微小变化会引起基极电流 I_b 的变化，受基极电流 I_b 的控制，集电极电流 I_c 会有一个很大的变化。基极电流 I_b 越大，集电极电流 I_c 也越大，即基极电流的微小变化可以控制集电极电流较大的变化，这就是三极管的电流放大特性。常用交流电流放大系数 β 来衡量集电极电流的变化和基极电流的变化之间的关系，定义为：$\beta = \dfrac{\Delta I_c}{\Delta I_b}$，三极管的 β 值一般在几十到几百之间。

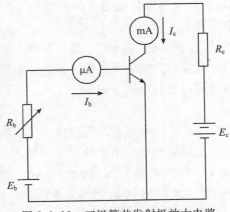

图 2.1.13　三极管共发射极放大电路

(3) 饱和导通状态。当加在三极管发射结的电压大于 PN 结的导通电压，并当基极电流增大到一定程度时，集电极电流不再随着基极电流的增大而增大，三极管失去电流放大作用，此时集电极与发射极之间的电压很小，相当于开关的导通状态。三极管的这种状态我们称之为饱和导通状态。利用三极管的这种特性，常将三极管用于开关电路中。

4. 参数

三极管的参数可用来表征管子的性能优劣和适应范围，它是选用三极管的依据。三极管的主要参数有电流放大系数、耗散功率、频率特性、集电极最大允许电流、最大反向电压和反向电流等。

（1）电流放大系数 β。β 是指三极管在共射极接法时的电流放大系数，也称电流放大倍数，用来表征晶体管的放大能力。分静态电流放大系数和动态电流放大系数，低频时，两者相差不大，工程估算中静态和动态的电流放大系数也是常常混用的，常用三极管的 β 值通常在几十到几百之间。

（2）耗散功率 P_{CM}。耗散功率也称最大允许集电极耗散功率。当实际功耗大于 P_{CM} 时，不仅会使三极管的参数发生变化，甚至还会烧毁三极管。耗散功率与环境温度有关，温度越高其值越小。一般锗管的上限温度约为 70 ℃，硅管可达 150 ℃。通常将耗散功率 P_{CM} 等于或小于 1 W 的晶体管称为小功率晶体管，大于 1 W、小于 5 W 的晶体管称为中功率晶体管，等于或大于 5 W 的晶体管称为大功率晶体管。需要注意的是，大功率三极管的 P_{CM} 都是在加有一定规格散热器的情况下的参数。

（3）频率特性。晶体管的电流放大系数与工作频率有关。若晶体管的使用场合超过了其工作频率范围，则会出现放大能力减弱甚至失去放大作用。晶体管的频率特性参数主要包括特征频率和最高振荡频率等。

（4）集电极最大允许电流 I_{CM}。集电极最大允许电流 I_{CM} 是指三极管的电流放大系数 β 变化不超过允许值时的集电极最大电流。当晶体管的集电极电流超过 I_{CM} 时，晶体管的 β 值等参数将会发生明显变化，管子性能将显著下降或烧坏。通常把 β 值下降到最大值 2/3 时所对应的集电极电流值规定为集电极最大允许电流 I_{CM}。

（5）反向击穿电压。反向击穿电压是指晶体管在工作时两电极之间所允许施加的最高电压。包括发射极开路时基极—集电极之间的击穿电压 $U_{(BR)CBO}$ 和基极开路时集电极—发射极之间的开路电压 $U_{(BR)CEO}$。如实际电压超过反向击穿电压，将会使三极管击穿，造成三极管永久性的损坏或性能下降。

（6）反向电流。三极管的反向电流分集电极—基极反向饱和电流 I_{CBO} 和集电极—发射极反向穿透电流 I_{CEO}，它们对温度的影响较为敏感，数值越小说明晶体管的性能越好。

通常三极管的这些参数都可以在其手册上查到。

5. 管型判别和电极判别

（1）目测法判别管型和极性。一般情况下，管型是 NPN 还是 PNP 可从管壳上标注的型号来辨别。依照部分标准，三极管型号的第二位（字母）A、C 表示 PNP 管，B、D 表示 NPN 管（A、B 表示锗管，C、D 表示硅管），例如：3AX 为 PNP 型低频小功率锗管，3BX 为 NPN 型低频小功率锗管；3CG 为 PNP 型高频小功率硅管，3DG 为 NPN 型高频小功率硅管。除了 3BX 和 3CG 系列外，应用中的 NPN 管大部分是硅管，PNP 管大部分是锗管。对于金属封装的三极管，一般市场上小功率 NPN 管的管壳高度较 PNP 管的管壳高度要小许多，且有一突出标记，如图 2.1.12(c) 为 PNP 锗管、(d) 为 NPN 硅管。

知道了管型后，可以查阅手册上的图谱确定三极管的极性。如图 2.1.14 所示为三极管 3DG6 的平面图，可以根据其圆型平面上的凸点，按顺时针方向依次确定管脚为 e、 b、c。

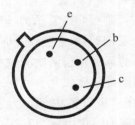

图 2.1.14 目测法判别三极管的极性

（2）万用表判别管型和极性。在型号标注模糊或失掉型号的情况下，也可用万用表来判别管型（PNP 型或 NPN 型）和极性（三极管的 b、c、e 三个电极）。

1）PNP 型、NPN 型和基极的判别。由图 2.1.11 可见，三极管的内部结构显示其由两个 PN 结组合而成，根据这一点可以很方便地进行管型判别。若采用指针式万用表判别，可将万用表拨在 $R \times 100$ 或 $R \times 1k$ 挡上。注意，此时黑表笔连接着表内电池的正极，而红表笔连接的是表内电池的负极。具体方法如下：

①将红表笔接触三极管的任意一个电极，并假定这个电极是基极，再用黑表笔依次接触另外两个电极，分别测量它们和假定基极之间的电阻值。如果测得的电阻值都较小，则该管子为 PNP 型，而且红表笔所接触的电极为基极，如图 2.1.15（a）所示。

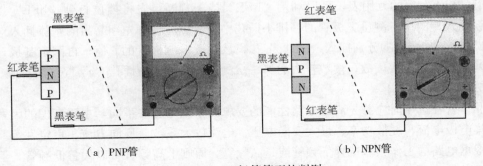

（a）PNP管　　　　　　　　　　　　　（b）NPN管

图 2.1.15 三极管管型的判别

为了检验测试的正确性，可交换表笔再测试一次，即此次黑表笔接触的是假定基极，红表笔接触另两个电极，如果测得的电阻值都很大，就证明上述测试结果是正确的。

②如果仍用红表笔接触假定基极，再用黑表笔接触另外两个电极，测得它们和假定基极的电阻值都很大，则该管子是 NPN 型。同样，为了检验测试的正确性，交换表笔再测试一次，即此次黑表笔接触的是假定基极，红表笔接触另两个电极，如果测得的电阻值都很小，就证明上述测试结果是正确的，如图 2.1.15（b）所示。

③在上述两种测试中，如果测得两次电阻值一个阻值较大、一个阻值较小，则说明原假定的基极错了，可更换管脚重新假定基极，再进行上述测试，直到找到真正的基极为止。

若采用数字万用表判别，可将万用表拨在二极管测量挡上。注意：此时红表笔所连接的是表内电池的正极，黑表笔连接着表内电池的负极。红表笔任接三极管的一个电极，用黑表笔依次接触另外两个电极,如果两次显示值均小于 1 V,则该管子为 NPN 型三极管,红表笔所接的引脚就是基极 b。且若两次测量的电压值均在 0.4 V 以下,则可判断为锗管;若两次测量值均在 0.7 V 左右,则可判断管子为硅管。若以黑表笔为基准,即将两支表笔对调后,重复上述测量方法。若同时出现显示值小于 1 V 的情况,则该管子为 PNP 型,黑表笔所接触的电极是三极管的基极。若两次测试中一次小于 1 V、一次显示溢出符号"1",则红表笔或黑表笔所接的不是基极。

2) 发射极和集电极的判别。在三极管的内部,为了更好地实现三极管的放大作用,保证集电区收集空穴(或电子)的能力,集电区与基区之间的 PN 结结面做得比发射区与基区之间的 PN 结结面大,以致两个 PN 结的正向电阻有所不同,即发射结的正向电阻比集电结的正向电阻大。因此三极管的发射极和集电极不可以互换,使用时需要正确地判断集电极和发射极。具体方法如下:

若用指针式万用表,则将万用表拨在 $R \times 1k$ 挡,分别测量三极管两个 PN 结的正向电阻,仔细观察两次表针的位置,分辨出电阻值的大小。电阻值大的,对 PNP 型三极管来说黑表笔接触的是发射极;另一脚为集电极;对 NPN 型三极管来说红表笔接触的是发射极,另一脚为集电极。

若采用数字式万用表来测量,则可用它的二极管挡。由于内部构造的不同,三极管发射结的结电压要略高于集电结的结电压,可以据此判断发射极和集电极。如对于 NPN 管,可用红表笔接基极,黑表笔分别接另外两个电极测量其电压,电压高的那一端为发射极。对于有"hFE"挡的万用表,可以利用"hFE"挡来判断:先将挡位打到"hFE"挡,将三极管插入专门用于测量三极管的一排小插孔中,注意应将事先判断出的基极插入对应管型"b"孔,其余两脚分别插入"c""e"孔,然后读取三极管的 β 值;再固定基极,对调其余两脚,比较两次读数,读数较大的那一次测量管脚位置与插孔"c""e"相对应。

6. 使用常识

晶体管在选用时应首先满足电路性能的要求。根据用途的不同,主要考虑的因素有频率、集电极电流、耗散功率、最大反向电压、电流放大系数、反向电流、稳定性等。一般应先根据电路的工作频率选择低频管或是高频管,原则上高频管可以代替低频管,但要注意功率条件,通常高频管的功率较小。其次应注意三极管的各项性能指标应符合电路的要求,电流放大系数 β 也不是越大越好,一般 β 值宜选为 40~80,β 值太大容易引起自激震荡,且电路受温度影响大,工作不太稳定。另外,应尽量选择反向电流小的三极管,反向穿透电流越小,电路的稳定性越好,一般应小于 10 μA。实际中,考虑硅管的稳定性较锗管好,因此电路中一般都选用硅管。

三、场效应管

场效应晶体管简称场效应管,它也是由半导体材料制成的。它具有输入电阻高、噪声小、功耗低、动态范围大、易于集成、没有二次击穿现象、抗辐射能力强等优点,现已成为双极型晶体管和功率晶体管的强大竞争者。

1. 主要特点

与普通双极型三极管相比,场效应管具有很多特点:

(1) 普通双极型三极管是电流控制器件,通过控制基极电流达到控制集电极电流或发射极电流的目的；场效应管是电压控制器件，输出电流决定于输入信号电压的大小，电压控制电流。

（2）普通双极型三极管的输入电阻小，而场效应管的输入电阻很大，可达 $10^7 \sim 10^{12} \, \Omega$，对栅极施加电压时，基本上没有电流。因此，场效应管的信号源电流较三极管小得多，这是普通双极型晶体管无法与之相比的。

（3）普通三极管是双极型晶体管，管子工作时内部由空穴和自由电子两种载流子参与导电；而场效应管是单极型晶体管，管子工作时只有一种载流子，空穴或自由电子参与导电，因此其热稳定性好。

（4）场效应管的噪声系数小，适用于低噪声放大器的前置级。

（5）场效应管的频率特性不如三极管。

2. 结构、符号与分类

与三极管相同，场效应管也有三个电极，分别是漏极 d、源极 s 和栅极 g，部分场效应管的漏极 d、源极 s 可以互换使用。

场效应管可分为结型场效应管和绝缘栅型场效应管两大类。

（1）结型场效应管（JFET）。根据导电沟道材料的不同，可将场效应管分为 N 沟道结型场效应管和 P 沟道结型场效应管。图 2.1.16(a) 为 N 沟道结型场效应管的结构示意图，它是在一块 N 型硅半导体材料的两侧各制作一个 PN 结。N 型半导体的两个极分别称为漏极 d 和源极 s，把两个 P 区连在一起引出的电极称为栅极 g。导电沟道（即电流通道）是指漏极 d 和源极 s 之间的 N 型区域。P 沟道结型场效应管的结构与 N 沟道结型场效应管类似，但 P 型与 N 型对换。图 2.1.16 (b) 为结型场效应管的电路图形符号。

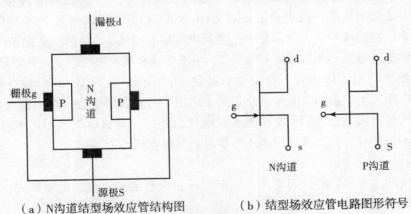

（a）N沟道结型场效应管结构图　　　（b）结型场效应管电路图形符号

图 2.1.16　结型场效应管的结构和符号

（2）绝缘栅型场效应管（MOS 管）。绝缘栅型场效应管由金属、氧化物和半导体组成，又称为金属-氧化物-半导体场效应管，简称 MOS（Metal-Oxide-Semiconductor）管，有 N 沟道型和 P 沟道型两种结构形式。无论是哪种沟道，按其工作状态又可分为增强型和耗尽型两种。图 2.1.17(a)为 N 沟道增强型 MOS 管的结构示意图。P 沟道增强型 MOS 管的结构与其类似，但 P 型与 N 型对换。图 2.1.17(b)为增强型 MOS 管的电路图形符号。图 2.1.18(a)为耗尽型 MOS 管的结构示意图，图 2.1.18(b)为耗尽型 MOS 管的电路图形符号。

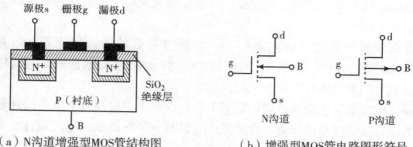

（a）N沟道增强型MOS管结构图　　　（b）增强型MOS管电路图形符号

图 2.1.17　增强型绝缘栅型场效应管的结构和符号

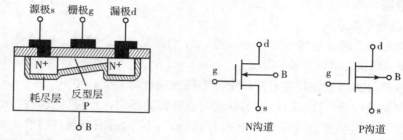

（a）N沟道耗尽型MOS管结构图　　　（b）耗尽型MOS管电路图形符号

图 2.1.18　耗尽型绝缘栅型场效应管的结构和符号

　　增强型绝缘栅型场效应管是用一块杂质浓度较低的 P 型（或 N 型）薄硅片作为衬底，用扩散的方法在衬底上形成两个高掺杂的 N 型区（或 P 型区），并在两个 N 型区（或 P 型区）之间硅片表面上生成一层极薄的二氧化硅（SiO_2）绝缘层，使两个 N 型区（或 P 型区）隔绝起来。在绝缘层上面，蒸发一个金属电极称为栅极 g，在两个高掺杂的 N 型区表面安置两个电极，分别称为源极 s 和漏极 d。由于栅极和其他电极以及硅片之间是绝缘的，所以称之为绝缘栅型场效应管。与增强型场效应管不同，耗尽型 MOS 管在制造时，在 SiO_2 绝缘层中掺入了大量的正离子，在正离子作用下衬底表层也会存在反型层，漏—源之间存在导电沟道。增强型 MOS 管在栅—源电压为零时，漏极电流为零，而耗尽型 MOS 管由于导电沟道的存在，当栅—源电压为零时，漏极电流不为零。

　　3. 参数

　　场效应管的主要参数有开启电压、夹断电压、饱和漏极电流、低频跨导、极间电容、漏—源击穿电压和栅—源击穿电压等。

　　（1）开启电压 U_T：当 U_{DS} 一定时，I_D 到达某一个数值，使漏极、源极通过沟道开始导通所需的最小电压 U_{GS}。

　　（2）夹断电压 U_P：当 U_{DS} 一定，使 I_D 减小到一个微小的电流时使沟道"夹断"所需的 U_{GS}。通常 U_P 为 1～5 V。

　　（3）饱和漏极电流 I_{DSS}：当栅极、源极之间的电压等于零，而漏极、源极之间的电压大于夹断电压时对应的漏极电流的饱和值。

　　（4）低频跨导 g_m：用来描述栅极、源极电压对漏极电流的控制作用，是表征场效应管放大作用的重要参数。

（5）极间电容：场效应管三个电极之间的电容，该值越小表示管子的性能越好。一般栅—源、栅—漏电容值为 $1\sim3$ pF，漏—源电容值为 $0.1\sim1$ pF。

（6）漏极—源极击穿电压：当漏极电流急剧上升，产生雪崩击穿时的 U_{DS}。

4. 电极判别与性能测量

（1）结型场效应管的电极判别。根据结型场效应管的结构特点可以知道栅极、源极和栅极、漏极之间是两个 PN 结，而漏极、源极之间呈现线性电阻的特性，正、反向电阻相同。由此特点可以用万用表判别各极。

若采用指针式万用表判别，可将万用表拨在 $R\times1\mathrm{k}$ 挡上。反复测试管子的三个电极，只要测到其中两极的正、反电阻值相等，则可以判定这两个极分别是漏极、源极，另一个是栅极。

根据此原理，还可确定管子的类型。可以用黑表笔接触刚才确定的栅极，红表笔接触另外两个极，如两次测得的电阻都很小，则说明测得的是 PN 结的正向电阻，而且被测管是 N 沟道场效应管，红表笔接触的两个极是漏极和源极；如两次测得的电阻都很大，说明测得的是 PN 结的反向电阻，而且被测管是 P 沟道场效应管，红表笔接触的两个极是漏极和源极。

注意：不能用此法判定绝缘栅型场效应管的栅极。因为这种管子的输入电阻极高，栅极、源极间的电容又很小，测量时只要有少量的电荷，就可在极间电容上形成很高的电压，容易将管子损坏。

若采用数字万用表判别，可将万用表拨在二极管测量挡上。注意，此时红表笔所连接的是表内电池的正极，黑表笔则连接着表内电池的负极。红表笔固定任接管子的一个电极，用黑表笔依次接触另外两个电极，如果两次显示值均小于 1 V，则该管子为 N 型沟道场效应管，红表笔所接的引脚就是栅极。若以黑表笔为基准，即将两支表笔对调后，重复上述测量方法，若同时出现显示值小于 1 V 的情况，则该管子为 P 型沟道场效应管，黑表笔所接触的电极是栅极。

（2）结型场效应管的性能测量。结型场效应管可用万用表定性地测试管子的好坏，将万用表拨在 $R\times100$ 挡，测量源极、漏极电阻，正常应在几十到几千欧姆之间。测 N 型沟道时，红表笔接触源极或漏极，黑表笔接触栅极，测得的电阻应很小；交换表笔再测，如果阻值很大，说明管子是好的。

将指针式万用表拨在 $R\times100$ 挡，将两支表笔分别接触漏极和源极，然后用手靠近或碰触栅极（相当于输入一个小信号），若表针偏转较大，说明管子是好的。偏转角度越大，说明其放大倍数也越大。如果表针偏转很小，说明场效应管的放大能力较弱，性能不好；如果表针不动，则说明管子是坏的。

5. 使用说明

（1）结型场效应管的使用注意事项和普通晶体三极管的相似。注意，栅极、源极之间的电压不能接反。

（2）为了安全，在线路设计时要注意管子的耗散功率、最大漏—源电压、最大栅—源电压和最大电流等参数的极限值。

（3）结型场效应管的漏极、源极在衬底和源极没有接好线时，可以互换使用，不影响效果。

（4）绝缘栅型场效应管不使用时，由于其输入阻抗很高，为防止外电场作用而击穿，在运输、保存时必须将三个电极短路，要用金属屏蔽包装，特别应注意不可使栅极悬空。结型场效应管可以在开路状态下保存。

（5）在焊接场效应管时要使三个电极保持短路状态，特别是焊接绝缘删型场效应管时要按照源极、漏极、栅极的顺序焊接。而且焊接和测试用的电烙铁及仪器等都要有良好的接地，以防栅极击穿。

（6）在要求输入电阻较高的场合使用时，必须做好防潮措施，以免由于湿度影响使场效应管的输入电阻降低。

（7）如用四引线的场效应管，其衬底引线应接地。

（8）功率型场效应管要有良好的散热器。

（9）陶瓷封装的芝麻管有光敏特性，须避光使用。

四、可控硅

可控硅是可控硅整流元件的简称，又称晶体闸流管，简称晶闸管。它是一种具有三个PN结的四层结构的大功率半导体元件，具有体积小、结构相对简单、功能强等特点，是一种重要的功率器件，可用作高电压和高电流的控制。可控硅器件主要用在开关方面，被广泛应用于各种电子设备和电子产品中，多用来作可控整流、逆变、变频、调压、无触点开关等。

1. 结构和符号

图2.1.19为可控硅的管芯结构图、电路图形符号及外形实物举例。

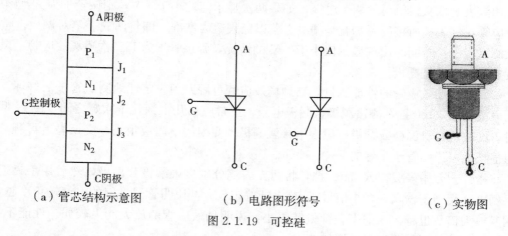

（a）管芯结构示意图　　　（b）电路图形符号　　　（c）实物图

图2.1.19　可控硅

图2.1.19（a）为可控硅的管芯结构图。由图可知，可控硅是将P型半导体和N型半导体交替叠合成四层，形成三个PN结，再引出三个电极构成的，这三个电极分别为阳极A、阴极C和控制极G。图2.1.19（b）为可控硅的电路图形符号，（c）为可控硅实物图举例。

2. 分类与工作特性

与双极型晶体管相同，可控硅整流器件工作时，半导体中的电子和空穴两种载流子同时参与导电，但与三极管的结构不同，开关机制不同。

可控硅有多种分类方法：根据关断、导通及控制方式的不同，可分为普通可控硅、双向可控硅、逆导可控硅等多种；根据引脚和极性的不同，可分为二极可控硅、三极可控硅和四极可控硅；按封装形式的不同，可分为金属封装可控硅、塑封可控硅和陶瓷封装可控硅；按电流大小的不同，可分为大功率、中功率、小功率三种可控硅；按关断速度的不同，可分为普通可控硅和高频（快速）可控硅。

如图 2.1.20 所示，可控硅的阳极 A 与阴极 K 之间所加的电压 E_A 称为正向阳极电压，可控硅的控制极 C 与阴极 C 之间的电压 E_G 称为正向控制电压，可控硅的导通需要同时满足正向阳极电压和正向控制电压两个条件。即在正向阳极电压 E_A 作用下，当有正向控制电压 E_G 作用（或外加正向触发脉冲）时，可控硅 A、C 之间导通；可控硅一旦导通后，控制电压就失去作用，要使可控硅关断，需将正向阳极电压减至零或将通态电流降低到小于维持导通电流的最小值（也称为维持电流）；也可将阳极电压断开或者加反向阳极电压。

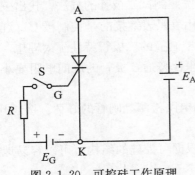
图 2.1.20　可控硅工作原理

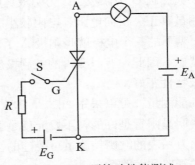
图 2.1.21　可控硅性能测试

如果晶闸管阳极和阴极之间外加的是交流电压或脉动直流电压，那么在电压过零时，晶闸管会自行关断。普通晶闸管一旦关断，即使阳极 A 和阴极 C 之间再加上正向电压，仍需要重新在控制极 G 和阴极 C 之间加上正向触发电压后才可以导通。

可控硅相当于一只无触点单向可控导电开关，以弱电去控制强电。其控制极电压、电流通常都比较低，电压只有几伏，电流只有几十至几百毫安，而被控制的器件中可以通过高达几千伏的电压和上千安以上的电流。利用可控硅的这种特性，常将其用于可控整流、交流调压、高压脉冲电路、逆变电源、开关电源等自动控制电路中。

此外，可控硅具有控制特性好、效率高、耐压高、容量大、反应快、寿命长、体积小、重量轻等优点。

3. 参数

可控硅的主要参数有额定通态电流、正向和反向阻断峰值电压、维持电流、控制极触发电流和触发电压等。

（1）额定通态电流：在规定环境温度和散热条件下的最大稳定工作电流，一般为一安到几十安。

（2）正向阻断峰值电压：在控制极开路或未加触发信号时，允许加在阳极 A、阴极 C 之间的正向峰值电压。

（3）反向阻断峰值电压：当可控硅加反向电压，处于反向关断状态时，可以重复加在可控硅两端的反向峰值电压。

（4）维持电流：在规定温度下，控制极断路，维持可控硅导通所必需的最少阳极正向电流。

（5）控制极触发电流、触发电压：在规定的环境温度下，阳极 A 和阴极 C 之间加有一定电压时，可控硅从关断状态转为导通状态所需要的最小控制极电流和电压。

4．极性判别与性能测量

（1）极性判别。可用万用表欧姆挡测量可控硅三个极之间的电阻值来判别可控硅的三个电极。

A、C 之间，A、G 之间的正向和反向电阻均在几百千欧以上（它们之间有三个或者两个 PN 结，因此正、反向都不通）。

由图 2.1.19(a)可控硅的管芯结构图可知，晶闸管的控制极 G 与阴极 C 之间是一个 PN 结，相当于一个二极管，因此它的正向电阻大约在几欧到几百欧范围内，反向电阻比正向电阻要大。且 G 为阳极、C 为阴极。所以，按照测试二极管的方法，找出三个极中的两个极，测量其正、反向电阻，电阻较小时，万用表黑表笔接的是控制极 G，红表笔接的是阴极 C，剩下的一个电极就是阳极 A 了。通常控制极的二极管特性不太理想，反向不完全呈阻断状态，因此，有时测得的控制极反向电阻比普通二极管的反向电阻要小，但并不说明控制极特性不好。

（2）性能测量。可以采用如图 2.1.21 所示的电路检测晶闸管的好坏。接通开关 S，若灯泡发光说明晶闸管是好的，不发光就是坏的。

也可用万用表的欧姆挡测量可控硅的性能。根据可控硅的结构，可以容易地判断出各电极之间的开路和短路情况。

5．使用说明

（1）使用中应注意晶闸管的散热条件。一般小功率晶闸管不需加散热片，但应远离大功率电阻、大功率三极管以及电源变压器等发热元件。对于大功率晶闸管，必须按手册中的要求加装散热装置及冷却条件，以保证管子工作时的结温不超过限定值。

（2）晶闸管在使用中发生超越和短路现象时，会引发过电流将管子烧毁，因此应在交流电源中加装快速保险丝加以保护。

（3）交流电源在接通与断开时，晶闸管的导通或阻断有可能出现过压现象而将管子击穿。通常可采用并联 RC 吸收电路或采用压敏电阻过压保护元件的方法对晶闸管进行过压保护。

2.1.5　集成电路

集成电路是一种微型电子器件或部件，其采用半导体工艺或薄、厚膜工艺（或这些工艺的结合），将晶体二极管、晶体三极管、场效应管、电阻、电容等分立元器件，或者一个单元电路、功能电路共同制作在一小块或几小块半导体晶片或介质基片上，再加以封装后构成，成为具有特定电路功能的微型完整电路。集成电路是半导体集成电路、膜集成电路、混合集成电路的总称。当今大多数应用的是基于硅的集成电路。

集成电路具有体积小、重量轻、引出线和焊接点少、寿命长、可靠性高、性能好等优点，同时成本低，便于大规模生产。用集成电路来装配电子设备，其装配密度比晶体管可提高几十倍至几千倍，设备的稳定工作时间也可大大提高，极大地改变了传统电子工业和电子产品的面貌。随着集成电路生产技术的发展，集成电路的应用也越来越广泛。

1. 分类

集成电路的分类有如下几种：

（1）按制作工艺可分为膜集成电路、半导体集成电路、混合集成电路，其中膜集成电路又可分为薄膜集成电路和厚膜集成电路。

（2）按集成规模可分为小规模集成电路、中规模集成电路、大规模集成电路和超大规模集成电路。

（3）按导电类型可分为双极型集成电路和单极型集成电路。双极型集成电路的制作工艺复杂，功耗较大，但频率特性好。代表集成电路有 TTL、ECL、HTL、STTL 等类型，常用的双极型数字集成电路有 54XX、74XX、74LSXX 系列。单极型集成电路的制作工艺简单，功耗也较低，输入阻抗高，易于制成大规模集成电路。代表集成电路有 CMOS、NMOS、PMOS 等类型，常见的有只读存储器（ROM）、随机存储器（RAM）、可编程只读存储器（EPROM）、闪存（FLASH MEMORY）等。

（4）按外形可分为圆形集成电路、扁平型集成电路和双列直插型集成电路。

（5）按应用领域可分为标准通用集成电路和专用集成电路。

2. 封装形式

集成电路的封装不仅起着安放、固定、密封、保护芯片和增强电热性能的作用，而且还是沟通芯片内部世界与外部电路的桥梁——芯片上的接点用导线连接到封装外壳的引脚上，这些引脚又通过印制板上的导线与其他元器件建立连接。

常见的封装材料有金属、塑料、陶瓷、玻璃等，比较常见的是陶瓷和塑料封装。

常见的封装形式介绍如下：

（1）双列直插封装。双列直插封装简称 DIP 封装，其结构形式包括：多层陶瓷双列直插式 DIP、单层陶瓷双列直插式 DIP、引线框架式 DIP 等。这种封装尺寸远比芯片大，说明封装效率很低。双列直插封装的特点是适合 PCB 的穿孔安装，而且便于集成电路的频繁插拔。

（2）芯片载体封装。芯片载体封装包含陶瓷无引线芯片载体 LCCC、塑料有引线芯片载体 PLCC、双列表面安装式封装 SOP、塑料方形扁平封装 PQFP 等。这种封装尺寸比 DIP 的封装尺寸大大减小了，其特点是适合用表面安装技术（SMT）在 PCB 上安装布线；封装外形尺寸小，寄生参数减小，适合高频应用；操作方便，可靠性高。

（3）球栅阵列封装。球栅阵列封装简称 BGA，其特点是：I/O 引脚数虽然增多，但引脚间距远大于 QFP，从而提高了组装成品率；虽然功耗增加，但它能用可控塌陷芯片法焊接，从而改善电热性能；厚度和重量都比 QFP 减小一半以上；寄生参数小，信号传输延迟小；可靠性强。

（4）芯片尺寸封装。芯片尺寸封装的封装外形尺寸只比裸芯片大一点点，简称 CSP。其具有以下特点：满足了芯片引出脚不断增加的需求；解决了集成电路裸芯片不能进行交流参数测试和老化筛选的问题；封装面积缩小到 BGA 的 $1/4 \sim 1/10$，延迟时间进一步缩短。图 2.1.22 为常见集成电路封装图。

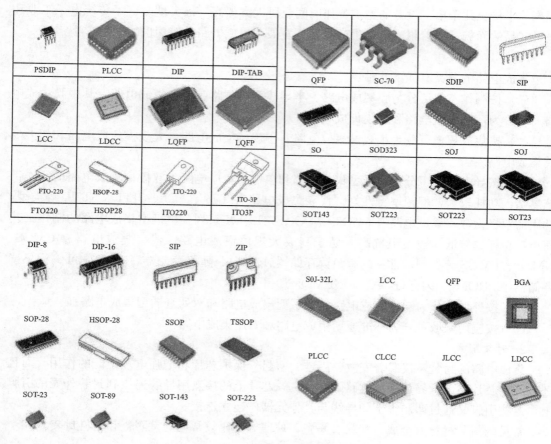

图 2.1.22　常见集成电路封装图

3. 引脚排列识别

一般在集成电路的封装外壳上标有色点、凹槽及封装时压出的圆形标志，以帮助识别引线脚排列。对于扁平型或双列直插型集成块引出脚的识别方法为：将集成块水平放置，具有色点、凹槽、圆形标志的一端朝左，靠身体最左边的第一个引脚为集成电路的第一引线脚，按逆时针方向数，依次为第二引线脚、第三引线脚……

图 2.1.23 为双列直插型和扁平型集成块引出脚的识别图示。

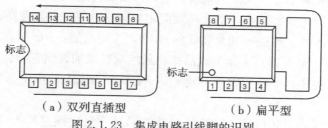

（a）双列直插型　　　　　（b）扁平型

图 2.1.23　集成电路引线脚的识别

4. 使用说明

（1）了解集成电路及其相关电路的工作原理。使用前弄清各个引脚的功能，确认电源、地线、输入、输出脚的位置，熟悉所用集成电路的功能、内部电路、主要电气参数、各引脚的作用，以及引脚的正常电压、波形，包括其与外围元件组成电路的工作原理。

（2）测试不要造成引脚间短路。电压测量或用示波器探头测试波形时，表笔或探头不要由于滑动而造成集成电路引脚间短路，最好在与引脚直接连通的外围印刷电路上进行测量。任何瞬间的短路都容易损坏集成电路，在测试扁平型封装的 CMOS 集成电路时更要加倍小心。

（3）要注意电烙铁的绝缘性能。对集成电路焊接时，一般采用功率为 20 W 的内热式电烙铁，不允许带电使用烙铁焊接，最好把电烙铁的外壳接地，以免漏电冲击集成电路。对 MOS 电路更应小心，最好使用 6～8 V 的低压电烙铁。

（4）保证焊接质量。焊接时，时间一般不超过 3 s，要避免虚焊，同时焊点要小，已焊接好的集成电路要仔细查看，最好用欧姆表测量确定各引脚间没有短路，无焊锡粘连现象后再接通电源。

（5）注意散热。集成电路内部包含很多 PN 结，因此其对工作温度很敏感，过高或过低的环境温度都会引起集成电路参数的变化，使得它不能正常工作。所以对功率较大的集成电路需要加装散热片。

（6）测试仪表内阻要大。测量集成电路引脚直流电压时，应选用表头内阻大于 20 kΩ/V 的万用表，否则可能产生较大的测量误差。

（7）引线要合理。如需要加接外围元件代替集成电路内部已损坏部分，应选用小型元器件，且接线要合理，以免造成不必要的寄生耦合。

2.1.6　贴片元件

随着电子技术的发展，当今各类电子产品的性能越来越高，速度越来越快，体积也越来越小。这些电子产品中的电子元件都广泛使用了贴片元器件。贴片元件（SMC/SMD，Surface Mounted Component/ Surface Mounted Device）是一种体积小、重量轻，安装时可以不在印制板上穿孔而直接贴装在印刷电路板上的片状元件。采用贴片元器件可以提高电路板的元器件密度，减小引线分布参数的影响，降低寄生电容和电感。在工艺上，表面组装技术（SMT，Surface Mounted Technology）采用回流焊或浸焊等方法，将贴片元件的电极焊接在与之同一面的印刷电路板焊盘上。因此，贴片元器件的应用使电路板的高频特性好，抗电磁干扰和抗射频干扰能力强，焊点的缺陷率低，生产的产品体积小、重量轻、抗震性强、可靠性高。

贴片元件一般是薄型矩形，也有圆柱形、扁平形等。包含有贴片电阻、贴片电容、贴片电感、贴片二极管、贴片三极管、IC 集成块、晶振等。

贴片元件可以通过以下方法加以识别和查询。

1. 识别时首先看体积

贴片元件和普通元件一样，有时尺寸的大小代表了功率、容量的大小。如下为一组不同尺寸贴片电容的容量、耐压与精度的比较。

尺寸	容量	耐压值	精度
0201	$0.010\sim0.047\ \mu F$	$6.3\sim16\ V$	$K\pm10\%$，$M\pm20\%$
0402	$8.2\times10^{-5}\sim2.2\ \mu F$	$6.3\sim50\ V$	$J\pm5\%$，$K\pm10\%$，$M\pm20\%$
0603	$0.010\sim2.2\ \mu F$	$10\sim100\ V$	$J\pm5\%$，$K\pm10\%$，$M\pm20\%$
0805	$0.10\sim47\ \mu F$	$10\sim250\ V$	$J\pm5\%$，$K\pm10\%$，$M\pm20\%$
1206	$0.47\sim47\ \mu F$	$10\sim500\ V$	$J\pm5\%$，$K\pm10\%$，$M\pm20\%$
1210	$1000\sim10\ \mu F$	$10\sim500\ V$	$J\pm5\%$，$K\ 10\%$，$M\pm20\%$
1812	$0.010\sim2.2\ \mu F$	$50\sim500\ V$	$J\pm5\%$，$K\pm10\%$，$M\pm20\%$
1825	$0.010\sim2.2\ \mu F$	$50\sim100\ V$	$J\pm5\%$，$K\pm10\%$，$M\pm20\%$
2220	$0.010\sim2.2\ \mu F$	$6.3\sim200\ V$	$J\pm5\%$，$K\ 10\%$，$M\pm20\%$
2225	$0.010\sim2.2\ \mu F$	$50\sim100\ V$	$J\pm5\%$，$K\ 10\%$，$M\pm20\%$

如尺寸为 1206 的贴片电容，表示该贴片元件的长度为 0.12 英寸（3.2 mm），宽度为 0.06 英寸（1.6 mm）。从上述可以看到尺寸从小到大耐压也是逐渐变大。

和普通电阻一样，1/16 W、1/8 W、1/4 W、1/2 W 这些功率从小到大的电阻的体积也是从小到大，功率级别是随着尺寸逐步递增的。另外，外形相同的贴片电阻，颜色越深，功率值越大。所以，在识别、选用贴片元件时可以从尺寸规格上初步识别。

对于耗散功率大于或等于 1W 的电阻，由于考虑到散热要求，安装时不得与印刷线路板直接接触，因此电路板上用到的贴片电阻一般都是小于 1 W 的。由于单只贴片电阻的功率受限，若电路中需要较大功率电阻的地方，经常采用多只贴片电阻并联（加串联）的方法来增大功率值。贴片电阻的功率值不在电阻体上直接标注，可以根据电阻的"个头"来判断电阻功率值的大小。

2. 通过数字识别

对于贴片电阻，由于电阻上标有数字，因此可以从数字上识别。

数字索位标称法（一般矩形片状电阻采用这种标称法），就是在电阻体上用三位数字来标明其阻值。其中第一位和第二位为有效数字，第三位表示在有效数字后面所加"0"的个数。这一位不会出现字母。

例如：472 表示 4 700 Ω；151 表示 150 Ω；

如果是小数，则用 R 表示小数点，并占用一位有效数字，其余两位是有效数字。

例如：2R4 表示 2.4 Ω；R15 表示 0.15 Ω。

贴片熔断电阻在电路中起到熔丝保护作用，一般串联在某单元电路的供电支路中，当流过该电阻的电流超过一定数值时，其电阻层快速熔断，切断该单元电路的供电电源。该类电阻的阻值标注多为"000"或"0"，其正常电阻值为 0 Ω。

3. 通过测量识别

贴片元件的测量方法和普通元件完全相同。如果需要判别贴片元件是电阻、电容或电感时，除了从丝印上来看外，一般用万用表量测两个焊盘的极性就可以大致确认。若一边是地，另一边在电源通道上，则有可能是电容或者电感；若两边都没有对地，则最有可能是电阻和电感。

4. 通过颜色来识别

贴片电阻的颜色一般是黑色，边上有灰色的框。贴片发光二极管的颜色有红、黄、绿、蓝等，常用的封装形式有三类：0805、1206、1210。贴片电容的颜色较白，有些微黄。贴片电感的颜色比较浅，当然要区别电感和电容，最简单的方法是万用表通挡测元件两端，蜂鸣器响就是电感，否则是电容。

贴片电容有些是用颜色加字母的方法标注的。

无论是贴片电阻、贴片电容、贴片电感，还是贴片二极管、贴片三极管和贴片集成电路，都有不同的种类和规格，不同的厂商也常常各有不同的识别、标注方法。因此，在使用时一定要根据厂商的使用手册，包括供应商在出售时在贴片本、贴片包上的各种标注的意义来识别和查询贴片元件。

认识与实践 1：常用电子元器件的测试

要求：

(1) 能够识别常用的电子元器件；

(2) 学习用观察法和用万用表读取电阻阻值及估读电容器容量的方法；

(3) 学习用万用表判别 PN 结好坏与测量 PN 结极性的方法；

(4) 学习三极管管型和电极的判别方法；

(5) 根据实习内容撰写实习报告。

内容：

1. 电阻的测试

(1) 固定电阻的测试。根据色标读出所给电阻器的阻值，并与用万用表的欧姆挡测出的阻值相比较。

(2) 电位器性能的测试。先测量所给电位器两个固定端的电阻，看其是否与标称值相符；再进一步测量固定端和滑动端之间的电阻，从零开始，观察阻值的变化是否平稳，调至最大时阻值是否与标称值相符。

注意：测量电阻时应保证被测电阻为开路状态。

2. 电容的测试

(1) 用万用表的欧姆挡测量所给电容器的性能，观察其充电现象，说明电容器的性能是否完好；用数字万用表测量所给电容器容量的大小，并与标称值相比较；

(2) 用万用表判断电解电容的极性。

3. PN 结（二极管、三极管、LED 稳压管）好坏及极性的判别

(1) 用万用表的欧姆挡判别二极管的极性，测量并记录其正向电阻和反向电阻；

(2) 用数字万用表的二极管测量挡判别二极管的极性，说明如何区别锗管和硅管。

4. 三极管的管型及电极的判别

(1) 用万用表判别所给三极管的管型，是 NPN 管还是 PNP 管？

（2）用万用表判别三极管的 e、b、c 三个电极。

思考题： ✒

（1）如何用万用表测量电阻的阻值，测量时应注意什么？为什么用指针式万用表不同的欧姆挡测量电阻时，测出的电阻值不同？

（2）如何用万用表判别二极管的极性？可以有哪些方法？二极管的电击穿和热击穿有区别吗？

（3）如何用万用表大致判断电容性能的好坏与容量的大小？

（4）如何用万用表判断三极管的管型和三个电极？

（5）在维修和调试中是否可以剪掉三极管的电极 c 或电极 e，将其当二极管使用？反过来，是否可以用二个二极管拼接来代替一个三极管？

（6）技术人员在调试电路时会在刚断电的电路板上用螺丝刀找较大电容的两脚碰一下，再检查处理其他器件，为什么？

（7）有一个电阻需要用色标法读出其阻值，但是电阻太小，无法分清色环间隔，但可以看出某一边第一环颜色是金色，请问读色环应该从那一边读起？

（8）电感线圈匝与匝之间存在着分布电容，这个分布电容和线圈电感是串联还是并联？

（9）与晶体管相比，场效应管的特点是什么？场效应管的栅极和漏极是否可以互换？

（10）电解电容有什么特点？为什么电解电容的顶部平面上都有一个十字凹槽？

2.2　常用电路实验仪器

电路实验中，为了达到实验目的需要借助不同的电子仪器与仪表。了解电路实验常用仪器仪表的功能，正确掌握仪器仪表的使用方法，对于实验中各种电信号的观察、测量以及电路性能的分析是非常重要的。

2.2.1　常用仪器与仪表的分类

直流稳压电源、信号发生器、万用表、交流毫伏表、示波器是电子技术工作人员最常使用的电子仪器仪表。根据在电路中所起作用的不同，可将常用电子仪器仪表分为电源及信号供给类仪器和信号检测与分析类仪器两大类。电路与电子实验中，常用的电源及信号供给类仪器包括直流稳压电源和信号发生器；常用的信号检测与分析类仪器包括万用表和示波器等。

本节主要介绍在电路实验中常用到的一些仪器仪表，包括它们的基本组成、工作原理及使用方法。由于篇幅所限，本节只介绍电路实验中将要使用的部分产品型号的仪器仪表，其他不同型号的同类产品的使用方法基本相同，读者参考本节内容和相应的仪器、仪表说明书，便不难掌握其使用方法。

2.2.2　电源与常用信号源

一、直流稳压电源

直流稳压电源是能够为负载提供稳定直流电源的装置，各种电子电路都需要直流电源来供电。给电路供电的直流电源可分为化学电源和直流稳压电源。化学电源为常见的干电池、蓄电池、微型电池、燃料电池等，直流稳压电源则是由交流电源供电，通过内部的一系列电路，将交流电转变为稳定的、输出功率符合要求的直流电的设备。

1. 直流稳压电源的组成及工作原理

直流稳压电源是可以将输入的交流电压转变成为恒定的直流电压输出的电子设备。直流稳压电源通常由电源变压器、整流电路、滤波电路和稳压电路四部分组成，其原理框图如图 2.2.1 所示。

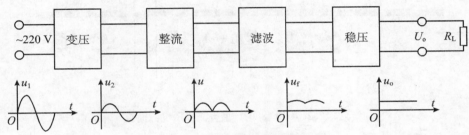

图 2.2.1　直流稳压电源组成框图

各部分的作用及工作原理如下：

（1）电源变压器。改变电压的大小，将交流市电电压（220 V～）变换为符合整流需要的电压数值。

（2）整流电路。利用二极管的单向导电性，将交流电压变换为单向脉动直流电压。常用桥式整流电路来实现。

（3）滤波电路。利用动态元件（电感、电容）的频率特性，将脉动直流电压中的交流分量滤去，使脉动的直流电压转变成为平滑的直流电压。可利用由电容、电感、电阻组成的滤波电路来实现。

（4）稳压电路。稳压电路可以在交流电网出现电压波动或负载变化时，保证输出稳定的直流电压。稳压电路可采用稳压管来实现，在稳压性能要求高的场合，可采用串联反馈式稳压电路，或是通用的三端集成稳压电路，如 78×× 系列。

2. GPD-3303D 型直流稳压电源

GPD-3303D 型直流稳压电源是一种有三路输出的高精度直流稳压电源。其中两路（**CH1、CH2**）为输出 0 ～ 30 V/3 A 可调、稳压与稳流可自动转换的稳定电源，另一路 **FIXED** 为输出电压可切换为 2.5V/3.3V/5V/3A 的稳压电源。使用时两路可调电源可以单独使用，也可以串联或并联使用。在串联或并联时，只需对主路（**CH1**）电源的输出进行调节，从路（**CH2**）电源的输出严格跟踪主路。

（1）面板介绍及功能说明

GPD-3303D 型直流稳压电源面板如图 2.2.2 所示。

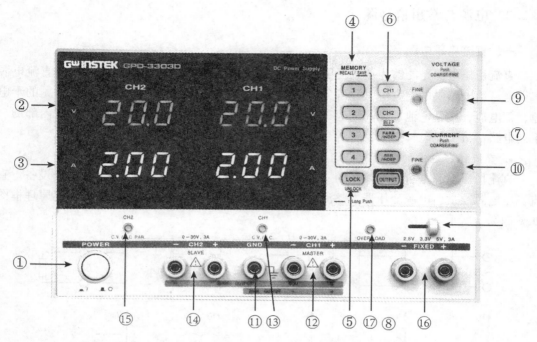

图 2.2.2　GPD-3303D 型直流稳压电源面板

控制面板区域：

①**POWER** 电源键，电源开关。按下时打开电源，弹出时关闭电源。

②**VoltMeter** 电压表头，分别显示 **CH1**、**CH2** 的输出电压（3 位）。

③**AmMeter** 电流表头，分别显示 **CH1**、**CH2** 的输出电流（3 位）。

④**MEMORY** 存储，呼叫或存储 **MEMORY** 中的数值。4 组设定值，1～4，可选择。

⑤**LOCK** 锁定键，短按可锁定/长按可解除前面板设置。锁定时，指示灯点亮。

⑥**CH1/CH2**/蜂鸣器，选择对应的输出通道（**CH1/CH2**），选中该通道时，对应的通道按键灯亮，方可调值。常按 **CH2** 键，可打开或关闭按键蜂鸣声。

⑦**Parallel/Series** 并联/串联键，切换 **PARA/INDEP** 键可启动 **CH1** 通道和 **CH2** 通道并联模式（**PARA/INDEP** 按键灯亮），或恢复独立模式状态（**PARA/INDEP** 按键灯灭）；切换 **SER/INDEP** 键可启动 **CH1** 通道和 **CH2** 通道串联模式（**SER/INDEP** 按键灯亮），或恢复独立模式状态（**SER/INDEP** 按键灯灭）。

⑧**OUTPUT** 键，输出开关。按下此开关，按键灯亮，有电压和电流输出。（注：输出键不受锁定键控制。）

⑨**VOLTAGE** 电压旋钮，可针对 **CH1** 通道或 **CH2** 通道调整输出电压值（最大为 30 V）。按下此旋钮开关可切换粗调（每旋动 1 格，设定电压变化 1 V）或细调（每旋动 1 格，设定电压变化 0.1 V）。当选通细调模式时，此旋钮左侧"FINE"指示灯点亮。

⑩**CURRENT** 电流旋钮，可针对 **CH1** 通道或 **CH2** 通道调整最大输出电流值（最大为 3 A）。按下此旋钮开关可切换粗调（每旋动 1 格，设定电流变化 0.1 A）或细调（每旋动 1 格，设定电流变化 0.01 A）。当选通细调模式时，此旋钮左侧"FINE"指示灯点亮。

端子区域：

⑪GND 接地端，接大地线（机壳漏电保护接地端）。

⑫CH1 输出端，输出 CH1 电压与电流。右侧 "＋" 端为 CH1 通道电源正极输出端子，左侧 "－" 端为 CH1 通道电源负极输出端子。

⑬CH1 C. V. /C. C. 指示灯，指示 CH1 通道恒压/恒流状态。当 CH1 输出在恒压源状态时，C. V. /C. C. 灯亮绿色。当 CH1 输出在恒流源状态时，C. V. /C. C 灯亮红色。

⑭CH2 输出端，输出 CH2 电压与电流。右侧 "＋" 端为 CH2 通道电源正极输出端子，左侧 "－" 端为 CH2 通道电源负极输出端子。

⑮CH2 C. V. /C. C. PAR. 指示灯，指示 CH2 通道恒压/恒流状态，或并联操作模式。当 CH2 输出在恒压源状态时，C. V. /C. C. 灯亮绿色。当 CH2 输出在恒流源状态，或 CH1 与 CH2 工作在并联模式时，C. V. /C. C. PAR 灯亮红色。

⑯FIXED 输出端，输出 FIXED 电压与电流。右侧 "＋" 端为 FIXED 通道电源正极输出端子，左侧 "－" 端为 FIXED 通道电源负极输出端子。

⑰OVER LOAD 过载指示灯，当 FIXED 输出电流过载时，红灯亮，且 FIXED 通道工作模式由恒压源状态切换至恒流源状态。

⑱FIXED 电压选择开关，选择输出电压为 2.5 V、3.3 V 或 5 V。

（2）使用方法

1）CH1/CH2 独立模式（Independent Mode）

此时，CH1 和 CH2 输出端将工作在各自独立状态。独立模式主要用于输出两路不同大小的电源电压，如可分别单独输出 12 V 和 9 V 电源电压。

操作步骤如下：

①确定并联和串联键⑦均关闭（按键灯不亮）。

②分别连接负载到前面板端子，CH1 输出端⑫和 CH2 输出端⑭。请注意电源极性，切勿接反。

③设置 CH1 输出电压和电流，按下 CH1 开关⑥（灯点亮）后，使用电压旋钮⑨和电流旋钮⑩。通常，电压和电流旋钮工作在粗调模式。如需启动细调模式，按下旋钮，"FINE" 灯亮。请注意：此时电流表头③显示的电流数值为 CH1 通道实际对外供电时，可输出的最大电流值。

④设置 CH2 时，按下 CH2 开关，重复以上操作。

⑤按下 OUTPUT 输出键⑧。此时，"OUTPUT" 按键灯点亮，且 C. V. /C. C. 指示灯⑬和⑮亮绿灯。请注意：此时电流表头③显示的电流数值为 CH1 通道对外供电时，实际输出的电流大小。

在独立模式，也可以用两路电源构成正负电压输出，如±15 V 电压。操作方法为：先将两路可调电压源 CH1 和 CH2 电压均调至 15 V，然后把 CH2 通道的 "＋" 输出端与 CH1 通道的 "－" 输出端用一根导线相连，并用另一导线将其引出作为电路的参考地。此时，CH1 通道 "＋" "－" 端子间输出＋15 V 电压，CH2 通道的 "＋" "－" 端子间输出－15 V 电压。

2）**FIXED** 独立模式

FIXED 有三档额定电压输出值，分别为 2.5 V、3.3 V 和 5 V，最大输出电流 3 A。**FIXED** 没有串联/并联模式，且 **FIXED** 输出独立于 **CH1** 和 **CH2** 模式，不受它们的影响。

操作步骤如下：

①连接负载到前面板 **FIXED** 端子⑯。请注意电源极性，切勿接反。

②通过 **FIXED** 电压选择开关，选择输出电压为 2.5 V、3.3 V 或 5 V。

③按下 **OUTPUT** 输出键⑧，"OUTPUT" 按键灯点亮。当 **FIXED** 通道输出电流值超过 3 A 时，**OVER LOAD** 过载指示灯⑰显示红灯，此时 **FIXED** 操作模式从恒压源转变为恒流源。（请注意：**FIXED** 的 "OVER LOAD" 这种情况并不意味着异常操作。）

3）**CH1/CH2** 串联追踪模式（Tracking Series Mode）

串联追踪模式时，此直流稳压电源能够输出 2 倍电压能量，它通过内部连接 **CH1**（主）和 **CH2**（从），串联合并输出为单通道。其中，**CH1**（主）控制合并输出电压值。**CH2** 的输出电压将严格跟踪 **CH1**，此时从 **CH1** 的 "＋" 端和 **CH2** 的 "一" 端输出的最大电压为 60 V。当单个通道电源电压不能达到所需的电压大小时，可采用串联追踪模式，以提高电源的输出电压。

操作步骤如下：

①连接负载的正端到前面板 **CH1** 通道⑫的 "＋" 输出端，连接负载的负端到前面板 **CH2** 通道⑭的 "一" 输出端。

②按下 **SER/INDEP** 按键⑦，启动串联模式（按键灯亮）。此时，**CH2** 输出端的正极 "＋" 将自动与 **CH1** 输出端子的负极 "一" 连接，两路电源串联，即由 **CH1**＋&**CH2**一构成一组电源。

③按下 **CH2** 开关⑥（灯点亮）后，使用电流旋钮⑩来设置 **CH2** 输出电流到最大值（3.0 A）。通常，电压和电流旋钮工作在粗调模式。如需启动细调模式，按下旋钮，"FINE" 灯亮。

④按下 **CH1** 开关⑥（灯点亮）后，使用电压旋钮⑨和电流旋钮⑩来设置输出电压和电流值。

⑤按下 **OUTPUT** 输出键⑧，按键灯点亮。此时，**C. V. /C. C.** 指示灯⑬和⑮亮绿灯。

⑥实际输出电压值的读取，读 2 倍 **CH1** 电压表头显示值；实际输出电流值的读取，读 **CH1** 电流表头显示值。（**CH2** 电流控制在最大 3.0 A）。

本书仅介绍了 "无公共端串联" 模式，欲了解更多信息，可查阅相关技术资料。

4）**CH1/CH2** 并联追踪模式（Tracking Parallel Mode）

并联追踪模式时，此直流稳压电源能够输出 2 倍电流能量，它通过内部连接 **CH1**（主）和 **CH2**（从），并联合并输出为单通道。其中，**CH1** 控制合并输出，**CH2** 的输出电压、电流将严格跟踪 **CH1**。**CH1** 电压表头显示输出端的额定电压值，两路电源输出电流相同，总的最大输出电流为 6.0 A。采用并联追踪模式可提高电路的输出电流。

操作步骤如下：

①连接负载到前面板 **CH1** 通道⑫的 "＋" "一" 输出端，请注意电源极性，切勿接反。

②按下 **PARA/INDEP** 按键⑦，启动并联模式（按键灯亮）。此时，**CH2** 输出端的"＋"极和"－"极自动与 **CH1** 输出端的"＋"极和"－"极两两相互并联接在一起，两路电源并联后构成一组电源。

③按下 **CH1** 开关⑥（按键灯亮）后，使用电压旋钮⑨和电流旋钮⑩来设置输出电压和电流值。**CH2** 输出控制失去作用。通常，电压和电流旋钮工作在粗调模式，如需启动细调模式，按下旋钮，"FINE"灯亮。

④按下 **OUTPUT** 输出键⑧，按键灯点亮。此时，**CH1 C. V. /C. C.** 指示灯⑬亮绿灯，**CH2 C. V. /C. C. PAR.** 指示灯⑮亮红灯。

⑤实际输出电压值的读取，读 **CH1** 电压表头显示值；实际输出电流值的读取，读 2 倍 **CH1** 电流表头显示值。

图 2.2.3 为常用的电源电压输出模式接线图。

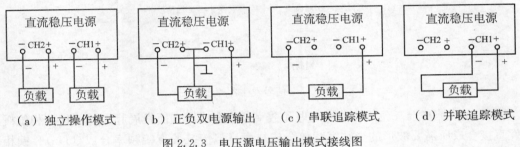

（a）独立操作模式　　（b）正负双电源输出　　（c）串联追踪模式　　（d）并联追踪模式

图 2.2.3　电压源电压输出模式接线图

（3）使用注意事项

GPD-3303D 型直流稳压电源具有较完善的保护功能，三路电源具有可靠的限流和短路保护。可调电源的使用中，当电路的实际电流大于设定的保护电流，或电路中存在短路情况时，接通电源后，输出指示灯⑬或⑮亮红灯（并联追踪模式时请参考相关说明），输出电压相应下降。虽然不会对电源造成损坏，但是电源仍有功率损耗，此时可增大相应通道的电流调节旋钮⑩。若红灯仍然亮，为了减少不必要的能量损耗和机器老化，应尽早关掉电源，查找原因，排除故障。

二、信号发生器

信号发生器是一种能够产生多种波形的信号发生装置。它可以输出波形（正弦波、方波、三角波、脉冲波等）、频率、幅度、直流电平、对称度均可调的电信号，是一种常见的电信号发生装置，在教育、研发、生产、测试等行业均有广泛应用。

信号发生器在市场上主要划分为两大类：专用信号发生器和通用信号发生器。专用信号发生器主要指音频信号发生器、视频信号发生器、噪声信号发生器、码型发生器和脉冲信号发生器等，此处不详细介绍。高校电子类实验室主要使用的是通用信号发生器，较为常见的是采用直接数字频率合成（Direct Digital Frequency Synthesis，即 DDFS，一般简称 DDS）技术的任意函数发生器（Arbitrary Function Generator，AFG）。它可以输出波形（正弦波、方波或三角波）、频率、幅度、直流电平、对称度可调的电压信号，以及频率、占空比可调的 TTL 的数字信号，还可以测量周期性信号的频率，是一种用途广泛的通用仪器。

1. 信号发生器的基本组成

信号发生器的基本原理框图如图 2.2.4 所示。该信号源由单片机、DDS 模块、低通滤波器、按键、LCD 显示屏、外部参考时钟源、放大器和稳压电源等组成。其中，稳压电源的电压经过电平转换后为单片机和 DDS 模块提供合适的电源电压；外部参考时钟源选用有源晶振；单片机与 DDS 模块采用串行通信方式连接；数/模转换电路用于将前端所获得的一连串数字信号转换成符合波形基本形状的模拟信号；低通滤波器负责滤除信号中的高频、杂散信号和谐波信号；放大器可以根据所需的幅值大小提供用户所需的输出波形。

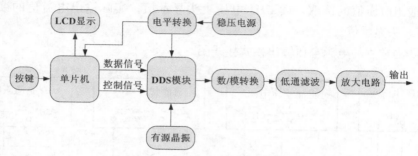

图 2.2.4　信号发生器原理框图

DDS 技术是基于奈奎斯特抽样定理和数字波形合成原理而发展起来的一种从相位概念出发直接合成所需要波形的全数字频率合成技术。与传统的直接频率合成（DS）、锁相环间接频率合成（PLL）方法相比，它具有很多优点：频率切换时间短、频率分辨率高、相位变化连续、容易实现对输出信号的多种调制等。DDS 的基本原理是利用采样定理，通过查表法产生波形。其原理框图如图 2.2.5 所示。

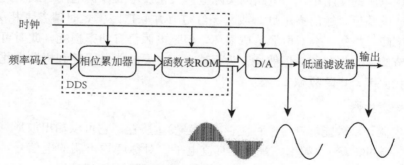

图 2.2.5　DDS 原理框图

以产生正弦波为例，相位累加器由 N 位加法器与 N 位累加寄存器级联构成。每来一个时钟脉冲，加法器将频率码 K 与累加寄存器输出的累加相位数据相加，把相加后的结果送至累加寄存器的数据输入端。累加寄存器将加法器在上一个时钟脉冲作用后所产生的新相位数据反馈到加法器的输入端，以使加法器在下一个时钟脉冲的作用下继续与频率控制字相加。这样，相位累加器在时钟作用下，不断对频率码进行线性相位累加。由此可以看出，相位累加器在每一个时钟脉冲输入时，把频率码累加一次，相位累加器输出的数据就是合成信号的相位，相位累加器的溢出频率就是 DDS 输出的信号频率。用相位累加器输出的数据作为波形存储器（函数表 ROM）的相位取样地址，这样就可把存储在波形存储器内的波形抽样值（二进制编码）经查找表查出，完成相位到幅值转换。波形存储器的输出送到 D/A 转换器，D/A 转换器将数字量形式的波形幅值转换成所要求合成频率的模拟量形式信号。低通滤波器用于滤除不需要的取样分量，以便输出频谱纯净的正弦波信号。

2. DG1032Z 型函数/任意波形发生器

DG1032Z 型函数/任意波形发生器是一款集函数发生器、任意波形发生器、噪声发生器、脉冲发生器、谐波发生器、模拟/数字调制器、频率计等功能于一身的多功能信号发生器，是一种用途广泛的通用仪器。

DG1032Z 型函数/任意波形发生器的最高输出频率达 30 MHz；最大采样率为 200 MSa/s；它包含丰富的调制功能（AM、FM、PM、ASK、FSK、PSK 和 PWM）；内置 8 次谐波发生器功能和 7 digits/s、200 MHz 带宽的频率计；标配等性能双通道，相当于两个独立信号源；标准配置接口（USB Host、USB Device、LAN）；多达 160 种内建任意波形，囊括了工程应用、医疗电子、汽车电子、数学处理等各个领域的常用信号。

（1）面板操作区域及功能说明

DG1032Z 型函数/任意波形发生器前面板如图 2.2.6 所示。

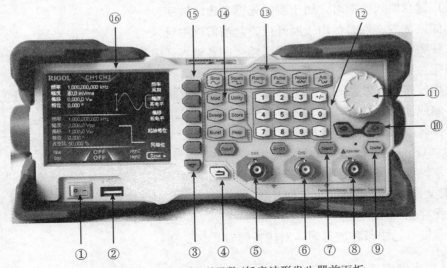

图 2.2.6　DG1032Z 型函数/任意波形发生器前面板

①电源开关：用于开启或关闭信号发生器。

②**USB Host** 端口：支持 FAT32 格式 Flash 型 U 盘。可用于读取 U 盘中的波形文件或状态文件，或将当前的仪器状态或编辑的波形数据存储到 U 盘中，也可以将当前屏幕显示的内容以图片格式（*.bmp）保存到 U 盘。

③菜单翻页键：打开当前菜单的下一页或返回第一页。

④返回上一级菜单键：退出当前菜单，并返回上一级菜单。

⑤**CH1** 输出端口：当按键"**Output1**"打开时（背景灯变亮），该端口以 **CH1** 当前配置输出波形。

⑥**CH2** 输出端口：当按键"**Output2**"打开时（背景灯变亮），该端口以 **CH2** 当前配置输出波形。

⑦通道控制区：

用于控制 **CH1** 的输出。按下该按键，背景灯变亮，打开 **CH1** 输出。此时，**CH1** 输出端口以当前配置输出信号。再次按下该键，背景灯熄灭，此时，关闭 **CH1** 输出。

用于控制 **CH2** 的输出。操作与上文 **Output2** 类同。

用于切换 **CH1** 或 **CH2** 为当前选中通道，以配置相应通道的信号参数。

⑧**Counter** 测量信号输入端口：用于接收频率计测量的被测信号（注：输入阻抗为 1 MΩ）。

⑨**Counter** 频率计按键：用于开启或关闭频率计功能。按下该按键，背景灯变亮，左侧指示灯闪烁，频率计功能开启。再次按下该键，背景灯熄灭，此时，关闭频率计功能。（注：当 **Counter** 打开时，**CH2** 的同步信号将被关闭；关闭 **Counter** 后，**CH2** 的同步信号恢复。）

⑩方向键：

• 使用旋钮设置参数时，用于移动光标以选择需要编辑的位。

• 使用键盘输入参数时，用于删除光标左边的数字。

• 存储或读取文件时，用于展开或收起当前选中目录。

• 文件名编辑时，用于移动光标选择文件名输入区中指定的字符。

⑪旋钮：

• 使用旋钮设置参数时，用于增大（顺时针）或减小（逆时针）当前光标处的数值。

• 存储或读取文件时，用于选择文件保存的位置或选择需要读取的文件。

• 文件名编辑时，用于选择虚拟键盘中的字符。

• 在"**Arb**→选择波形→内建波形"中，用于选择所需的内建任意波。

⑫数字键盘：包括数字键（0 至 9）、小数点（.）和符号键（＋／－），用于设置参数。（注：编辑文件名时，符号键用于切换大小写；使用小数点键可将用户界面以" ＊. bmp"格式快速保存至 U 盘。）

⑬波形键（选中某种波形时，对应按键背景灯变亮）：

提供频率从 1 μHz 至 30 MHz 的正弦波输出。可以设置正弦波的频率/周期、幅度/高电平、偏移/低电平和起始相位。

提供频率从 1 μHz 至 25 MHz 并具有可变占空比的方波输出。可以设置方波的频率/周期、幅度/高电平、偏移/低电平、占空比和起始相位。

提供频率从 1 μHz 至 500 kHz 并具有可变对称性的锯齿波输出。可以设置锯齿波的频率/周期、幅度/高电平、偏移/低电平、对称性和起始相位。

提供频率从 1 μHz 至 15 MHz 并具有可变脉冲宽度和边沿时间的脉冲波输出。

可以设置脉冲波的频率/周期、幅度/高电平、偏移/低电平、脉宽/占空比、上升沿、下降沿和起始相位。

[Noise] 提供带宽为 30 MHz 的高斯噪声输出。可以设置噪声的幅度/高电平和偏移/低电平。

[Arb] 提供频率从 1 μHz 至 10 MHz 的任意波输出，支持采样率和频率两种输出模式，多达 160 种内建波形，并提供强大的波形编辑功能。可设置任意波的频率/周期、幅度/高电平、偏移/低电平和起始相位。

⑭功能键（选中某种功能时，对应按键背景灯变亮）：

[Mod] 可输出多种已调制的波形，提供多种调制方式 AM、FM、PM、ASK、FSK、PSK 和 PWM，支持内部和外部调制源。

[Sweep] 可产生正弦波、方波、锯齿波和任意波（直流除外）的 **Sweep**（扫频）波形，支持线性、对数和步进三种 **Sweep** 方式，支持内部、外部和手动三种触发源，提供频率标记功能，用于控制同步信号的状态。

[Burst] 可产生正弦波、方波、锯齿波、脉冲波和任意波（直流除外）的 **Burst** 波形。支持 N 循环、无限和门控三种 **Burst** 模式，噪声也可用于产生门控 **Burst**，支持内部、外部和手动三种触发源。

[Utility] 用于设置辅助功能参数和系统参数。

[Store] 可存储或调用仪器状态或者用户编辑的任意波数据，内置一个非易失性存储器（C 盘），并可外接一个 U 盘（D 盘）。

[Help] 可获得任何前面板按键或菜单软键的帮助信息。按下该键后，"Help"背灯点亮，然后再按下你所需要获得帮助的功能按键或菜单软键，仪器界面显示该键的帮助信息。当仪器界面显示帮助信息时，用户按下前面板上的返回键，将关闭当前显示的帮助信息并返回到进入内置帮助系统之前的界面。（注：该键可用于锁定和解锁键盘。长按"Help"键，可锁定前面板按键，此时，除"Help"键，前面板其他按键不可用；再次长按该键，可解除锁定。当仪器工作在远程模式时，该键用于返回本地模式。）

⑮菜单软键：与其左侧显示的菜单一一对应，按下该软键激活相应的菜单。

⑯LCD 显示屏：3.5 英寸 TFT 彩色液晶显示屏，显示当前功能的菜单和参数设置、系统状态以及提示消息等内容。

（2）用户界面说明（双通道参数模式）

DG1032Z 型函数/任意波形发生器用户界面如图 2.2.7 所示。

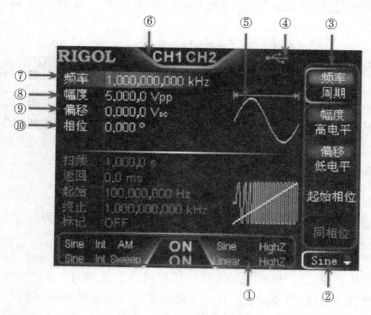

图 2.2.7　DG1032Z 型函数/任意波形发生器用户界面

①通道输出配置状态栏：显示各通道当前的输出配置，如图 2.2.8 所示。（注：上行黄色字体为 **CH1** 通道输出配置状态，下行蓝色字体为 **CH2** 通道输出配置状态。）

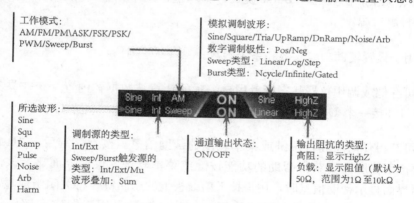

图 2.2.8　通道输出配置状态栏

②当前功能及翻页提示：显示当前已选中功能的名称。例如："**Sine**"表示当前选中正弦波功能，"**Edit**"表示当前选中任意波编辑功能。此外，功能名称右侧的上、下箭头用来提示当前是否可执行翻页操作。

③菜单：显示当前已选中功能对应的操作菜单（已选中菜单背景光高亮显示）。

④状态栏：

　　仪器正确连接至局域网时显示；

　　仪器工作于远程模式时显示；

⬄　仪器前面板被锁定时显示;

⬱　仪器检测到 U 盘时显示;

PA　仪器与功率放大器正确连接时显示。

⑤波形: 显示各通道当前选择的波形。

⑥通道状态栏: 指示当前通道的选中状态和开关状态。选中 **CH1** 时,状态栏边框显示黄色;选中 **CH2** 时,状态栏边框显示蓝色;打开 **CH1** 时,状态栏中"**CH1**"以黄色高亮显示;打开 **CH2** 时,状态栏中"**CH2**"以蓝色高亮显示。(注: 可以同时打开两个通道,但不可同时选中两个通道。)

⑦频率: 显示各通道当前波形的频率。按相应的"频率/周期"菜单,使"频率"突出高亮显示,通过数字键盘或方向键和旋钮改变该参数。

⑧幅度: 显示各通道当前波形的幅度。按相应的"幅度/高电平"菜单,使"幅度"突出高亮显示,通过数字键盘或方向键和旋钮改变该参数。

⑨偏移: 显示各通道当前波形的直流偏移。按相应的"偏移/低电平"菜单,使"偏移"突出高亮显示,通过数字键盘或方向键和旋钮改变该参数。

⑩相位: 显示各通道当前波形的相位。按相应的"起始相位"菜单后,使"相位"突出高亮显示,通过数字键盘或方向键和旋钮改变该参数。

(3) 使用方法(此处仅介绍输出基本波形方法)

DG1032Z 型函数/任意波形发生器可从单通道或同时从双通道输出基本波形(包括正弦波、方波、锯齿波、脉冲和噪声)。开机时,双通道默认配置为频率为 1kHz,幅度为 5Vpp 的正弦波。用户可以配置仪器输出各类基本波形。

①选择输出通道: 前面板"**CH1 | CH2**"键用于切换 **CH1** 或 **CH2** 为当前选中通道。开机时,仪器默认选中 **CH1**,用户界面中 **CH1** 对应的区域高亮显示,且通道状态栏的边框显示为黄色。此时,按下前面板"**CH1 | CH2**"键可选中 **CH2**,用户界面中 **CH2** 对应的区域高亮显示,且通道状态栏的边框显示为蓝色。选中所需的输出通道后,可以配置所选通道的波形和参数。(注: **CH1** 与 **CH2** 不可同时被选中。可以先选中 **CH1**,完成波形和参数的配置后,再选中 **CH2** 进行配置。)

②选择基本波形: DG1032Z 型函数/任意波形发生器可输出 5 种基本波形,包括正弦波、方波、锯齿波、脉冲和噪声。前面板提供 5 个功能按键用于选择相应的波形,按下相应的按键即可选中所需波形,此时按键背灯点亮,用户界面右侧显示相应的功能名称及参数设置菜单。开机时,仪器默认选中正弦波。

③设置频率/周期: 频率是基本波形最重要的参数之一,默认值为 1 kHz。屏幕显示的频率为默认值或之前设置的频率。按"频率/周期"软键,使"频率"突出高亮显示。此时,使用数字键盘输入所需频率的数值,然后在弹出的单位菜单中选择所需的单位(可选的频率单位有 MHz、kHz、Hz、mHz 和 μHz)。再次按下此菜单软键,将切换至周期设置,此时"周期"突出高亮显示(可选的周期单位有 sec、msec、μsec 和 nsec)。用户也可以使用方向键和旋钮设置参数的数值,使用方向键移动光标选择需要编辑的位,然后旋转旋钮修改数值。

④设置幅度/高电平：幅度的可设置范围受"阻抗"和"频率/周期"设置的限制，默认值为 5 Vpp。屏幕显示的幅度为默认值或之前设置的幅度。按"幅度/高电平"软键，使"幅度"突出高亮显示。此时，使用数字键盘输入所需幅度的数值，然后在弹出的单位菜单中选择所需的单位（可选的幅度单位有 Vpp、mVpp、Vrms 和 mVrms）。对于不同的波形，Vpp 与 Vrms 之间的关系不同。以正弦波为例，两者之间的换算满足如下关系式：$Vpp = 2\sqrt{2}Vrms$。再次按下此菜单软键，将切换至高电平设置，此时"高电平"突出高亮显示（可选的高电平单位有 V 和 mV）。用户也可以使用方向键和旋钮设置参数的数值，使用方向键移动光标选择需要编辑的位，然后旋转旋钮修改数值。

⑤设置偏移/低电平：直流偏移电压的可设置范围受"阻抗"和"幅度/高电平"设置的限制，默认值为 0 VDC。屏幕显示的 DC 偏移电压为默认值或之前设置的偏移。按"偏移/低电平"软键，使"偏移"突出高亮显示。此时，使用数字键盘输入所需偏移的数值，然后在弹出的单位菜单中选择所需的单位（可选的直流偏移电压单位有 VDC 和 mVDC）。再次按下此菜单软键，将切换至低电平设置，此时"低电平"突出高亮显示（可选的低电平单位有 V 和 mV）。低电平应至少比高电平小 1 mV。用户也可以使用方向键和旋钮设置参数的数值，使用方向键移动光标选择需要编辑的位，然后旋转旋钮修改数值。

⑥设置起始相位：起始相位的可设置范围为 0° 至 360°，默认值为 0°。屏幕显示的起始相位为默认值或之前设置的相位。按"起始相位"软键，使其突出高亮显示。此时，使用数字键盘输入所需起始相位的数值，然后在弹出的单位菜单中选择单位"°"。用户也可以使用方向键和旋钮设置参数的数值，使用方向键移动光标选择需要编辑的位，然后旋转旋钮修改数值。

⑦同相位：DG1032Z 型函数/任意波形发生器可提供同相位功能。按下该键后，仪器将重新配置两个通道，使其按照设定的频率和相位输出。对于同频率或频率呈倍数关系的两个信号，通过该操作可以使其相位对齐。

⑧设置占空比：占空比定义为，方波波形高电平持续的时间所占周期的百分比。该参数仅在选中方波时有效。占空比的可设置范围受"频率/周期"设置的限制，默认值为 50%。按"占空比"软键，使其突出高亮显示。此时，使用数字键盘输入所需占空比的数值，然后在弹出的单位菜单中选择单位"%"。用户也可以使用方向键和旋钮设置参数的数值，使用方向键移动光标选择需要编辑的位，然后旋转旋钮修改数值。

⑨设置对称性：对称性定义为，锯齿波波形处于上升期间所占周期的百分比。该参数仅在选中锯齿波时有效。对称性的可设置范围为 0% 至 100%，默认值为 50%。按"对称性"软键，使其突出高亮显示。此时，使用数字键盘输入所需对称性的数值，然后在弹出的单位菜单中选择单位"%"。用户也可以使用方向键和旋钮设置参数的数值，使用方向键移动光标选择需要编辑的位，然后旋转旋钮修改数值。

⑩设置脉宽/占空比：脉宽定义为，从脉冲上升沿幅度的 50% 处到下一个下降沿幅度的 50% 处之间的时间间隔。脉宽的可设置范围受"最小脉冲宽度"和"脉冲周期"的限制，默认值为 500 μs。

脉冲占空比定义为，脉宽占脉冲周期的百分比。脉冲占空比与脉宽相关联，修改其中一个参数将自动修改另一个参数，默认值为 50%。

　　按"脉宽/占空比"软键，使"脉宽"突出高亮显示。此时，使用数字键盘输入所需脉宽的数值，然后在弹出的单位菜单中选择所需的单位（可选的脉宽单位有 sec、msec、μsec 和 nsec）。再次按下此菜单软键，可切换至脉宽占空比的设置。用户也可以使用方向键和旋钮设置参数的数值，使用方向键移动光标选择需要编辑的位，然后旋转旋钮修改数值。

　　⑪设置上升沿/下降沿：上升边沿时间定义为，脉冲幅度从 10% 上升至 90% 所持续的时间；下降边沿时间定义为，脉冲幅度从 90% 下降至 10% 所持续的时间。上升/下降边沿时间的可设置范围受当前指定脉宽的限制。当所设置的数值超出限定值，DG1032Z 型函数/任意波形发生器自动调整边沿时间以适应指定的脉宽。

　　按"上升沿"（或"下降沿"）软键，使"上升沿"（或"下降沿"）突出高亮显示，使用数字键盘输入所需数值，然后在弹出的单位菜单中选择所需的单位（可选的脉宽单位有 sec、msec、μsec 和 nsec）。上升边沿时间和下降边沿时间相互独立，允许用户单独设置。用户也可以使用方向键和旋钮设置参数的数值，使用方向键移动光标选择需要编辑的位，然后旋转旋钮修改数值。

　　⑫启动输出通道：完成已选波形的参数设置之后，用户需要开启通道以输出波形。开启通道之前，用户还可以使用"Utility"功能键下的"通道设置"菜单设置与该通道输出相关的参数，如阻抗、极性等。按下前面板"Output1"按键，按键黄色背景灯变亮，仪器从前面板相应的 CH1 输出端口输出已配置的 CH1 波形。（同理，按下前面板"Output2"按键，按键蓝色背景灯变亮，仪器从前面板相应的 CH2 输出端口输出已配置的 CH2 波形。）

【实例 1：输出正弦波】

　　此处介绍如何从"CH1"端口输出一个正弦波（频率为 16 kHz，幅度为 2.5 Vpp，偏移量为 500 mVDC，起始相位为 90°）。

　　①选择输出通道：按通道选择键"CH1 | CH2"选中 CH1。此时通道状态栏边框以黄色标识。

　　②选择正弦波：按"Sine"选择正弦波，背景灯变亮表示功能选中，屏幕右方出现该功能对应的菜单。

　　③设置频率：按"频率/周期"菜单软键，使"频率"突出高亮显示，通过数字键盘输入 16，在弹出的菜单中选择单位"kHz"。

　　④设置幅度：按"幅度/高电平"菜单软键，使"幅度"突出高亮显示，通过数字键盘输入 2.5，在弹出的菜单中选择单位"Vpp"。

　　⑤设置偏移电压：按"偏移/低电平"菜单软键，使"偏移"突出高亮显示，通过数字键盘输入 500，在弹出的菜单中选择单位"mVDC"。

　　⑥设置起始相位：按"起始相位"菜单软键，通过数字键盘输入 90，然后在弹出的菜单中选择单位"°"。起始相位值范围为 0° 至 360°。

　　⑦启用通道输出：按"Output1"键，黄色背景灯变亮，"CH1"输出端口以当前配置输出正弦波信号。

【实例 2：输出方波】

　　此处介绍如何从 **"CH2"** 端口输出一个方波（频率为 200 Hz，高电平为 5 V，低电平为 0 VDC，占空比为 50%）。

　　①选择输出通道：按通道选择键 **"CH1｜CH2"** 选中 **CH2**。此时通道状态栏边框以蓝色标识。

　　②选择方波：按 **"Square"** 选择方波，背景灯变亮表示功能选中，屏幕右方出现该功能对应的菜单。

　　③设置频率：按 **"频率/周期"** 菜单软键，使 **"频率"** 突出高亮显示，通过数字键盘输入 200，在弹出的菜单中选择单位 **"Hz"**。

　　④设置高电平：按两次 **"幅度/高电平"** 菜单软键，使 **"高电平"** 突出高亮显示，通过数字键盘输入 5，在弹出的菜单中选择单位 **"V"**。

　　⑤设置低电平：按两次 **"偏移/低电平"** 菜单软键，使 **"低电平"** 突出高亮显示，通过数字键盘输入 0，在弹出的菜单中选择单位 **"V"**。

　　⑥设置占空比：按 **"占空比"** 菜单软键，通过数字键盘输入 50，然后在弹出的菜单中选择单位 **"%"**。起始占空比值范围为 0.016% 至 99.965%。

　　⑦启用通道输出：按 **"Output2"** 键，蓝色背景灯变亮，**"CH2"** 输出端口以当前配置输出方波信号。

　　（4）使用注意事项

　　①使用时，切勿将信号发生器输出导线的红黑夹子短接，以免损坏仪器。

　　②输出阻抗的设置影响输出振幅和 DC 偏移。前面板 **"CH1"** 和 **"CH2"** 各有一个 50 Ω 的固定串联输出阻抗。如果实际负载与指定的值不同，则显示的电压电平将不匹配被测部件的电压电平。要确保正确的电压电平，必须保证负载阻抗设置与实际负载匹配。用户可以按 **"Utility"** → **"通道设置"** → **"输出设置"** → **"阻抗"**，选择 **"高阻"** 或 **"负载"**。默认为 **"高阻"** 状态。

2.2.3　常用测量仪表与示波器

一、万用表

　　万用表是一种可以测量多种电量和多量程的便携式电工测量仪表。一般的万用表可测量电阻、直流电流、交流电压、直流电压、音频电平，有的万用表还可以用来测量交流电流、二极管正向压降、电容量、电感量和晶体管的 β 值等。由于其便于携带，使用方便，可以测量多种电量，且量程范围广，因而它是电子电路测试中最基本的工具，也是一种最常见、使用最为广泛的电路测量仪表。

　　万用表分为指针式（模拟）万用表和数字万用表两种。

　　1. 指针式万用表

　　指针式万用表通过指针在表盘上摆动的大小来指示被测量的数值。

　　（1）组成

　　常见的指针式万用表面板如图 2.2.9 所示。

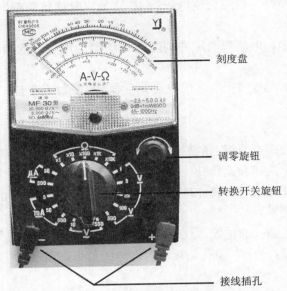

刻度盘

调零旋钮

转换开关旋钮

接线插孔

图 2.2.9　指针式万用表面板

　　指针式万用表在结构上主要由表头（指示部分）、测量电路、转换装置三部分组成，面板上有带有多条标度尺的刻度盘、转换开关旋钮、调零旋钮和接线插孔等。

　　①表头。万用表的表头是一只高灵敏度的磁电式直流电流表（微安表），它是万用表的关键部件，万用表性能如何，很大程度上取决于表头的性能。表头内阻、灵敏度和直线性是表头的三项重要技术指标。表头内阻越高，万用表性能越好。表头的灵敏度是指表头指针满刻度偏转时流过表头的直流电流值，这个电流值越小，表头的灵敏度越高，表头特性就越好。在通电测试前表针必须准确地指向零位。表头直线性是指表针偏转幅度与通过表头电流强度幅度相互一致。

　　②测量电路。万用表的测量电路是将各种被测量转换到适合表头测量的微小直流电流的电路，它由电阻、半导体元件及电池组成。它能将各种不同的被测量（如电流、电压、电阻等），经过一系列的处理（如整流、分流、分压等）统一变成一定量限的微小直流电流送入表头进行测量。

　　③转换装置。转换装置用来选择不同的测量内容和量程，以满足不同种类和不同量程的测量要求。主要由转换开关、接线柱、旋钮、插孔等组成。转换开关由固定触点和活动触点两大部分组成。当转换开关转到某一位置时，可动触点就和某个固定触点闭合，从而接通相应的测量电路。

　　（2）表盘

　　万用表可以测量多种电量，并且每种电量具有多个测量量程。

　　一般万用表表盘上印有四条刻度线，并附有各种符号加以说明。第一条（最上面一条）标有符号 R 或 Ω，指示的是电阻值。当转换开关在欧姆挡，进行电阻测量时，读此条刻度线。第二条标有≈和 V. mA，指示的是交、直流电压和直流电流值。当测量交流电压、直流电压和直流电流时，应将转换开关拨在表盘上相应的挡位，根据此条刻度线读相应的电压值和电流值。第三条标有 10 V，指示的是 10 V 的交流电压值，当被测量为 10 V

以下的交流电压，转换开关拨在交流电压挡 10 V 量程时读此条刻度线。第四条标有 dB，指示的是音频电平。

上述四条刻度线中，电流和电压的刻度线为均匀刻度线，欧姆挡刻度线为非均匀刻度线。

为便于读数，有的刻度线上有多组数字。多数刻度线没有单位，以便于在选择不同量程时使用。

（3）使用方法

①万用表的类型较多，面板上的旋钮、开关的布局也有所不同，使用前应先熟悉表盘上各符号的意义及各个旋钮和选择开关的主要作用。

②使用前应先检查万用表的表针是否在零位，如不在零位，需用螺丝刀调节表盖上的调零器，进行"机械调零"。

③应正确选择表笔插孔的位置。红表笔放在面板上插孔的"＋"端，黑表笔放在插孔的"－"端。另需注意："＋"插孔是接表内电池的负极，而"－"插孔是接表内电池的正极。

④根据被测量的不同，应正确选择量程转换开关的挡位和量程，否则可能会损坏表头。

⑤在测量电流或电压时，如果事先不清楚被测量的大小，应先拨到最大量程上试测，如果指针偏转太小，无法读数，再逐渐减小量程直到合适的挡位。量程的选择应尽量使指针偏转到满刻度的 2/3 左右，以减小测量误差。注意，不可带电转换量程开关。

⑥在测量直流电压时应将红表笔接在被测电压正端，黑表笔接在负端；测量直流电流时，应先断开电路，将万用表串联在电路中，其中红表笔应接在电路中电流流入的一端，否则指针会反偏。

⑦万用表只能用来测量一定频率范围内的正弦交流电压。交流量的频率一般不超过 1 kHz。

⑧进行电阻测量时，应保证被测电阻开路，并不要用双手分别接触电阻两端，防止人体电阻与被测电阻并联造成测量误差。测量时首先要选择适当的倍率挡，然后将表笔短路，调节面板上的"调零"旋钮，使指针指向 0 Ω 处。如"调零"电位器不能将表针调到零位，说明电池电压不足，或者内部接触不，良需修理。每换一次量程，都要重新调零。表头的读数乘以倍率，即为所测电阻的阻值。注意：不能用欧姆挡直接测量微安表表头、检流计、标准电池等仪器仪表的内阻。

⑨万用表的表盘上有多条标度尺，读数时应注意要根据不同的被测量去读数。

⑩测量完毕后，为安全起见，应将转换开关拨到交流电压最高挡，防止他人误用而损坏万用表。

⑪测量高电压和大电流时，要采取相应措施，注意人身安全。

2. 数字万用表

随着计算机技术和集成电路技术的飞速发展，越来越多的数字式仪表代替了传统的模拟指针式仪表。与模拟指针式仪表相比，数字式仪表灵敏度高、显示清晰、没有读数误差、过载能力强、测量速度快、方便与计算机配合。正是由于数字式仪表的这些优点，数字式万用表已经逐步取代模拟指针式万用表。

（1）数字万用表的组成与工作原理

数字万用表是采用集成电路模/数转换器和液晶显示器，将被测量的数值直接以数字形式显示出来的一种电子测量仪表。它的基本结构如图 2.2.10 所示。

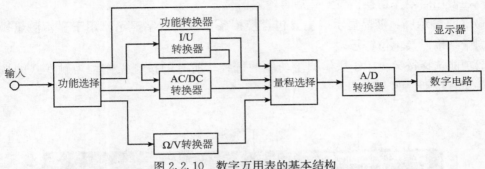

图 2.2.10 数字万用表的基本结构

数字万用表的结构主要由两部分组成：第一部分是将被测量，包括电流、电阻和交流电压经过转换电路转换为直流电压，该直流电压信号通过量程选择开关，经放大或衰减后，送至 A/D 转换器；第二部分是 A/D 转换电路及显示部分，经 A/D 转换电路将模拟量转换成数字量进行测量，再送至 LCD 或 LED 显示器显示测量值，这部分电路的构成与直流数字电压表相同。

根据内部结构的不同，数字万用表还可分为普通数字万用表和智能数字万用表。普通数字万用表主要采用数字电路或低档单片机来实现各种功能，它的集成芯片外围电路简单，功能较多，测量准确，读数方便直观。智能数字万用表主要利用数字信号处理器（DSP）和高级单片处理器 ARM 芯片组成的系统来实现各种测量功能，电路相对较复杂。智能数字万用表除功能全面、测量精度高以外，其功能还可以扩充。

常用的数字万用表显示数字位数有三位半、四位半和五位半等之分，对应的数字显示最大值分别为 1 999、19 999 和 199 999，并由此构成不同型号的数字万用表。

（2）面板介绍、功能说明及使用方法

1）MS8040 型数字万用表面板介绍及功能说明

MS8040 型数字万用表是一种操作方便、读数准确、功能齐全、体积小巧、携带方便的台式液晶屏显示四位半数字万用表，具有 22 000 的计数测量能力。可用来测量直流电压/电流、交流电压/电流、频率、峰值、电阻、电容、二极管正向导通压降、电路通断及温度等，还具有低通滤波功能和 RS232 接口通信功能。此款数字万用表提供三种供电方式：220 V/110 V 交流电源、9 V 碳酸电池、1.5 V×6 节 AA 干电池。所有功能和量程都具备过载保护。

MS8040 型数字万用表面板如图 2.2.11 所示。

①VΩ ⊣⊢Hz⇥端子：除电流测量外，所有其他测量功能的输入端，使用红色表笔进行连接。

②COM 端子：所有测量功能的公共输入端（接地），使用黑色表笔进行连接。

③μA/mA 端子：小电流测量输入端。交、直流电流（200 mA 以下）测量功能的正输

入端，使用红色测试表笔进行连接。其保护电流为 0.3 A。

④**A 端子**：大电流测量输入端。交、直流电流（10 A 以下）测量功能的正输入端，使用红色表笔进行连接。其保护电流为 15 A。

⑤**功能/量程选择旋钮**：切换测量信号，不同的输入信号需要切换到相应的挡位。请注意，在使用时要先切换挡位，然后再输入信号。

⑥**LCD 显示屏**：液晶显示屏主要包含模拟条显示和数字显示，用于显示测量操作功能、测量结果以及单位符号。

⑦**功能选择按键**：用于操作测量功能的选择。所有的按键操作均为触发式的按键操作，除非有特别说明。

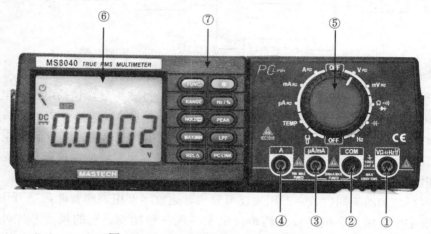

图 2.2.11　MS8040 型数字万用表面板图

各按键操作功能如下：

FUNC（蓝色按键）**FUNC** 功能切换键。用于在不同的输入信号间切换，如在大电压测量挡≂测试时，按此键可以进行交流电压和直流电压测量功能的相互切换。具体切换功能描述如表 2.2.1 所示。

表 2.2.1　FUNC 键切换功能描述

旋转开关	功能切换
V≂	DCV⇔ACV
mV≂	DCmV⇔ACmV
Ω·ͽ)▸▪	Ω⇔·ͽ) ⇨ ▸▪（三者之间循环切换）
廿	DCA⇔ACA
TEMP	℃⇔℉
μA≂	DCμA⇔ACμA
mA≂	DCmA⇔ACmA
A≂	DCA⇔ACA

✳（黄色按键）背光源键（唤醒键）。按此键打开或关闭背光源。在直流电源供电

工作时，背光源点亮约 8 s 后自动熄灭。当仪表自动关闭待机后，按此键仪表重新进入工作状态。

RANGE 量程切换键。仪表电源开关打开时，仪表默认为自动量程状态（显示屏显示"AUTO"标志符号），这时仪表会根据被测的电参数自动选择合适的量程。若自动量程下显示"OL"，表示被测值超过了仪表的最大量程。仪表在自动量程（显示"AUTO"）时，按此键进入手动量程（显示屏显示"MANU"标志符号），再按 RANGE 键少于 1 s 时，可在各量程之间切换。在手动量程下若显示"OL"，则表示测量值超过所选量程。仪表在手动量程时，按下此键超过 1 s 时，仪表切换到自动量程。

Hz/% 频率/占空比测量键。测量交流电压时，按此键，仪表在电压值、频率、占空比之间循环切换；在测量频率时，按此键，仪表在频率、占空比之间循环切换。

HOLD H 数据保持键。按此键，仪表进入或退出数据保持功能状态。当进入数据保持状态时，显示屏显示的数据不再更新（显示屏显示"H"标志符号）。当所测数据超量程时，显示屏显示超载符号"OL"。

PEAK 峰值测量键。仪表利用内部的电容自动保持输入信号的最大峰值和最小峰值。按此键，仪表在最大峰值与最小峰值之间切换，按下此键长达 1 s，仪表退出峰值显示状态。（注：在峰值测量过程中，如果没有进行校准，仪表自动进入校准状态，此时仪表显示"CAL"字样）。

MAX/MIN 最大值/最小值记录保持键。仪表在正常测量状态时，连续按此键，仪表显示在最大值（显示屏显示有"MAX"），最小值（显示屏显示有"MIN"），以及当前测量值之间（显示屏上"MAX"与"MIN"同时闪烁显示）循环切换；按下此键长达 1 s，仪表则返回正常测量状态。

LPF 低通滤波功能键。测量交流电压时，为了消除高频噪声，获得更加准确而稳定的读数，可使用低通滤波功能。用此款万用表测量交流电压时，按下此键，可激活低通滤波功能。仪表将对高频输入信号进行衰减（如对 1 kHz 的输入信号大约衰减－3 dB）。此时显示屏有"AC"标志符号闪烁显示。再次按下此键，仪表退出低通滤波状态。

REL△ 相对测量功能键。按下此键，仪表激活相对测量显示功能状态。仪表先记录下按键瞬间的测量值（以下简称初值），在相对测量状态下，显示屏的显示值＝当前测量值－初值，此时显示屏显示"REL"标志符号。再按此键，退出相对测量功能。相对测量功能可以用来观测测量值的变化，也可用于小电阻的测量（消除引线电阻）。（注：相对测量只对应于数字显示，而模拟条显示当前测量值。）

PC-LINK 数据传输键。按下此键，仪表进入通信功能状态，开始向 PC 机传送测量数据和状态，显示屏显示"RS232"标志符号。只要将仪表配备的 RS232 电缆线的一端插入仪表后侧插座，另一端插到计算机的 RS232 接口，并且运行仪表配备的记录作图软件，即可在计算机上记录、分析、绘制、打印所有的测量数据。再按下此键，仪表停止向计算机传送数据，显示屏上的"RS232"标志符号熄灭。

2）常用功能使用方法

①直流/交流电压的测量

· 将红色、黑色表笔分别插入 ①"VΩ ⊣⊢HzᏌ"端和②"COM"输入端。

· 打开万用表背面的电源开关，将功能/量程选择旋钮⑤旋转到 V ⁓位置，此时仪表显示"DC"字样，根据被测电压的性质，如果测量交流信号，按 FUNC 键切换到交流测量状态，此时显示屏显示有"AC"字样。

· 电压的测量量程初始默认为自动量程，也可通过按量程切换键 RANGE（进入手动量程）得到想要的量程。当不知道被测电压的大小时，应从最高的量程开始。

· 将红色和黑色表笔并联到被测电路两端。

· 从显示屏上读取测量值。按 RANGE 键可以手动选择量程，手动量程测量时显示"OL"，需选择更大的量程后再进行测量。在最大量程下显示"OL"，说明电压超过1 000 V，应立即将红色和黑色从被测电路上移开。

· 进行直流电压的测量时，注意应将红色表笔连接到被测电路的正端，黑色表笔连接到被测电路的负端。如果测试线反向连接，数值前会增加一个负号'—'。读数时需要注意电压数值的正负。

· **注：表笔悬空时，仪表内部是高阻输入，测试线感应的电压可能使显示屏有不稳定的读数，但不影响测量时的精度。**

②直流毫伏/交流毫伏的测量

· 红色和黑色表笔的连接方式与上述"直流/交流电压的测量"部分相同。

· 当需要测量小电压信号时，可将功能/量程选择旋钮切换到 mV ⁓档，此时显示屏显示"DC"字样。如果测量交流信号，按 FUNC 键切换到交流测量状态，此时显示屏显示"AC"字样。

· 从显示屏上读取测量值。若仪表显示"OL"，说明被测电压超过仪表该挡位的量程（200 mV），应立即将红色和黑表笔从被测电路上移开。然后将功能/量程选择旋钮⑤旋转到 V ⁓位置，重新测量。

· **注：测量时不要测量超出量程上限的电压，以免损坏仪表。**

③电阻/通断测试/二极管的测量

· 将红色、黑色表笔分别插入 ①"VΩ ⊣⊢HzᏌ"端和②"COM"输入端。

· 将功能/量程选择旋钮旋转到 位置。

· 按 FUNC 键选择 Ω 电阻测量模式，或 ·ⁱ)) 通断测试模式，或 ⊶ 二极管测量模式。

· 测量电阻时，将红色、黑色表笔接到电阻两端，从显示屏上读取电阻值。通断测量时，将红色、黑色表笔分别接到两个被测点，若两个点之间的电阻小于约 30 Ω，蜂鸣器将发出声音，显示屏显示电阻值；若显示"OL"，说明两点间电阻大于 220 MΩ。二极管测量时，将红色表笔接二极管阳极、黑色表笔接二极管阴极，二极管正向偏置，显示屏将显示二极管的正向电压降。若显示屏显示"OL"，则表示二极管反偏或开路。

· 在电阻测量模式时，按 RANGE 键可以选择量程。量程指示器指示量程值。手动量程测量若显示"OL"，要选择更大的量程来测量。通断测量模式时按 RANGE 键无效。

· **注：在电路板上测量电阻和通断时，应先关断被测电阻的所有电源，电容全部放**

电，在进行电阻测量时任何电压出现都会引起测量读数不准确。由于可能存在其他电路的并联，故测量电阻器的电阻时需保持电阻器断电且开路测量。另外，测量时不要用双手捏住电阻两端，以免造成测量误差。

④电容的测量

测量电容的范围为 10 pF～220 mF。测量方法如下：

• 将红色、黑色表笔分别插入① "VΩ ⊣⊢Hzʊ" 端和② "COM" 输入端。

• 将功能/量程选择旋钮旋转到 ⊣⊢ 位置。

• 所有的电容在测量前必须全部放电。（注：电容放电的一个安全途径是在电容两端跨接一个 100 kΩ 的电阻）。

• 将红色、黑色表笔接到电容器两端，若测量的电容器是有极性电容，应将红色表笔接电容器正极，黑色表笔接电容器负极。

• 从显示屏上读取电容值。若电容值＞220 mF，仪表将显示 "OL"。若电容值＜10 pF，将显示 "0"。

• 按 RANGE 键可以手动选择量程，量程指示器显示量程值。手动量程测量时若显示 "OL"，需选择更大的量程再测量。若已经是最大量程，说明电容值＞220 mF。一般情况下，选择能给出最精确的测量读数的测量量程或设置为自动量程。

• 注：（1）测量 220 μF～220 mF 电容器时，为保证测量精度，仪表需用较长时间对电容器放电，所以测量值的刷新比较慢；（2）不要在有其他器件并联的电路板上测量电容，以免导致误差过大；（3）电容的残留电压、绝缘阻抗、电介质吸收等都可能引起测量误差。

⑤直流毫安/交流毫安的测量

• 将红色表笔插入③ "μA/mA" 输入端，黑色表笔插入② "COM" 输入端。

• 将功能/量程选择旋钮旋转到 mA ⁓ 位置。

• 通过按 FUNC 键实现交、直流电流 mA 测量功能的切换；

• 先关闭被测电路的电源，以串联方式将红色表笔和黑色表笔接到被测电路中，再打开被测电路电源。

• 由显示屏读取测量值。测量直流时，若显示为正，表示电流由红色表笔流入仪表。若显示为负，表示电流由黑色表笔流入仪表。若显示 "OL"，说明实测电流已超过量程。

• 测量直流电流或交流电流时，按 RANGE 键可以手动选择量程。

• 注：测量电流时，注意不可将红、黑色表笔并联到被测电路两端。

⑥直流微安/交流微安的测量

• 将红色表笔插入③ "μA/mA" 输入端，黑色表笔插入② "COM" 输入端。

• 将功能/量程选择旋钮旋转到 μA ⁓ 位置。其余操作同上述电流 mA 的测量。

⑦直流安培/交流安培的测量

• 将红色表笔插入④ "A" 输入端，黑色表笔插入② "COM" 输入端。

• 将功能/量程选择旋钮旋转到 A ⁓ 位置。其余操作同上述电流 mA 的测量。

⑧自动关机

• 仪表无操作 15 min 以上时，仪表自动关机，关机前，蜂鸣器鸣叫 3 声。仪表自动关机后，其他按键和旋钮均不起作用，需触发 ☀ 键唤醒仪表。

（3）使用注意事项

①通断测试时，当测量超过量程范围时，仪器将发出蜂鸣声。

②不要在电流测量挡测电压值，以免损坏仪器。

③实验结束后，应将旋钮开关旋至 **OFF** 挡，并关闭数字万用表背面的电源开关。

二、交流毫伏表

交流毫伏表是一种可用来测量毫伏级或微伏级的正弦电压有效值的交流电压表。交流毫伏表具有输入阻抗高、精度高、灵敏度高、可靠性强等特点，广泛应用于测量音频放大电路、电视机和收音机的天线输入电压等。与数字万用表相比，交流毫伏表通常在测量高频交流小信号时的精度更高。使用方法可参阅相应型号厂商的使用说明。

三、示波器

示波器是一种用途广泛的电子仪器，是观察电路工作状态和各种电现象的非常直接和方便的工具。它可以直接观察周期性电压信号的波形，测量电压的幅值、周期、频率等电量参数。用双踪示波器还可测量两个信号之间的时间差或相位差。配合各种传感器，它还可用来观测非电学量（如压力、温度、磁感应强度、光强等）随时间的变化过程。

按对信号的处理方式，示波器可以分为模拟示波器、数字示波器和数模混合示波器三种。目前市面上使用比较广的是数字示波器，此处主要介绍一款数字示波器，其他类型示波器的信息可参阅相关仪器使用手册。

1. 数字示波器的组成及工作原理

数字示波器的原理如图 2.2.12 所示，输入数字示波器的待测信号先经过一个电压放大与衰减电路，将待测信号放大（或衰减）到后续电路可以处理的范围内，接着由采样电路按一定的采样频率对连续变化的模拟波形进行采样，然后由模数转换器 A/D 将采样得到的模拟量转换成数字量，并将这些数字量存放在存储器中。这样，可以随时通过 CPU 和逻辑控制电路把存放在存储器中的数字波形显示在显示屏上供使用者观察和测量。为了能够实时稳定地显示待测输入信号的波形，要做到示波器自身的扫描信号与输入信号同步，让每次显示的扫描波形的起始点都在示波器屏幕的同一位置。示波器内部有一个触发电路，如果选择经过放大与衰减后的待测输入信号作为触发源，则触发电路在检测到待测输入信号达到设定的触发条件（一定的电平和极性）后，会产生一个触发信号，其后的逻辑控制电路接收到这个触发信号后将启动一次数据采集、转换和存储器写入过程。显示波形时，数字示波器在 CPU 和逻辑控制电路的参与下将数据从存储器中读出并稳定地显示在显示屏上。由于已将模拟信号转换成数字量存放在存储器中，利用数字示波器可对其进行各种数学运算（如两个信号相加、相减、相乘、快速傅里叶变换）以及自动测量等操作，也可以通过输入/输出接口与计算机或其他外设进行数据通信。

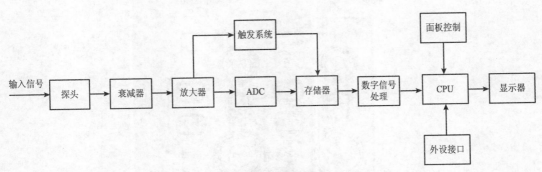

图 2.2.12　数字示波器原理图

2. DS2102A-EDU 型数字示波器

DS2102A-EDU 型数字示波器是一款含双通道，带宽 100 MHz，采样率高达 2 GSa/s，同时兼具标配 14 Mpts 存储深度和 50 000 wfms/s 波形捕获率的通用数字示波器。此款示波器采用 8.0 英寸 TFT LCD 宽屏，波形亮度可调，自动测量 24 种波形参数（可选择带统计的测量功能），内嵌 FFT 功能，包含多重波形数学运算功能，支持硬件实时的波形录制、回放、分析功能，支持 U 盘存储和 PictBridge 打印机等实用功能。

（1）面板操作键及功能说明

DS2102A-EDU 型数字示波器的面板如图 2.2.13 所示。面板可分为显示器控制、垂直控制、水平控制和触发控制四部分。

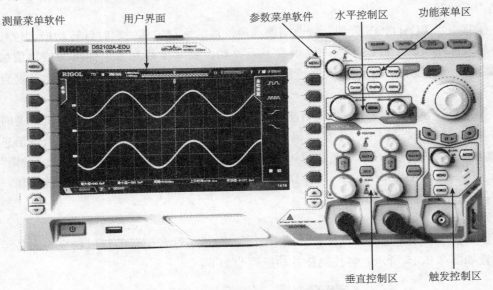

图 2.2.13　DS2102A-EDU 型数字示波器前面板

1）垂直控制

垂直控制旋钮及按键用于选择通道是否开启，以及设置各信号在垂直方向上的显示。垂直控制区各控制钮的位置如图 2.2.14 所示。

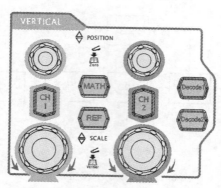

图 2.2.14　DS2102A-EDU 型数字示波器垂直控制区

各控制钮的功能说明如下：

①**CH1、CH2** 按键，模拟输入通道。两个通道标签用不同颜色标识（黄色代表 **CH1** 通道，蓝色代表 **CH2** 通道），并且屏幕中的波形和通道输入连接器的颜色也与之对应。按下任一通道按键开启相应通道，并打开相应的通道设置菜单，屏幕右侧显示耦合、带宽限制、探头比等设置菜单；再次按下通道按键将关闭该通道。

②**MATH** 按键，按下该键打开数学运算菜单。可进行加、减、乘、除、FFT、逻辑、高级运算。

③**REF** 按键，按下该键打开参考波形功能。可将实测波形和参考波形比较，以判断电路是否有故障。

④垂直 POSITION 旋钮，修改当前通道波形的垂直位移。顺时针转动增大位移，逆时针转动减小位移。修改过程中波形会上下移动，同时屏幕左下角弹出的位移信息（如 POS:930.0mV ）实时变化，修改完成后位移信息将自动隐藏。按下该旋钮可快速将垂直位移归零。

⑤垂直 SCALE 旋钮，修改当前通道的垂直挡位。顺时针转动减小挡位，逆时针转动增大挡位。修改过程中波形显示幅度会增大或减小，同时屏幕左下方的挡位信息（如 500mV ）实时变化。按下该旋钮可快速切换垂直挡位调节方式为"粗调"或"微调"。

⑥**Decode1、Decode2** 按键，解码功能按键。按下相应的按键打开解码功能菜单。此款示波器支持并行解码和协议解码。

2）水平控制

水平控制可用于选择时基操作，调节水平挡位、位移和信号的延迟扫描等。各控制钮的位置如图 2.2.15 所示。各控制钮的功能说明如下：

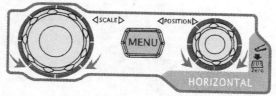

图 2.2.15　DS2102A-EDU 型数字示波器水平控制区

①**MENU** 按键，按下该键打开水平控制菜单。可开关延迟扫描功能，切换不同的时基

模式，切换挡位的微调或粗调，以及修改水平参考设置。

②水平 ◎ **SCALE** 旋钮，修改水平时基。顺时针转动减小时基，逆时针转动增大时基。修改过程中，所有通道的波形被扩展或压缩显示，同时屏幕左上方的时基信息（如 `H 5.000ns`）实时变化。按下该旋钮可快速切换至延迟扫描状态。

③水平 ◎ **POSITION** 旋钮，修改触发位移。转动旋钮时触发点相对屏幕中心左右移动。顺时针转动触发点向右位移，逆时针转动触发点向左位移。修改过程中，所有通道的波形左右移动，同时屏幕右上角的触发位移信息（如 `D 5.800000000ns`）实时变化。按下该旋钮可快速复位触发位移（或延迟扫描位移）。

3）触发控制

触发控制可设置触发方式、触发类型和触发电平等参数。各控制钮的位置如图 2.2.16 所示。

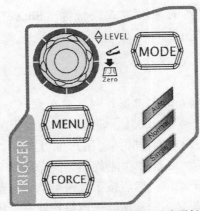

图 2.2.16　DS2102A-EDU 型数字示波器触发控制区

①**MODE** 按键：按下该键切换触发方式为 **Auto**（自动触发）、**Normal**（正常触发）或 Single（单次触发），当前触发方式对应的状态背灯会变亮。

②触发 ◎ **LEVEL** 旋钮：修改触发电平。顺时针转动增大电平，逆时针转动减小电平。修改过程中，触发电平线上下移动，同时屏幕左下角的触发电平消息框（如 `Trig Level:1.30 V`）中的值实时变化，修改完成后触发电平信息将自动隐藏。按下该旋钮可快速将触发电平恢复至零点。

③**MENU** 按键：按下该键打开触发操作菜单。此款示波器提供丰富的触发类型（如边沿触发、脉宽触发、欠幅脉冲触发、斜率触发、码型触发、**RS232 触发**、**SPI 触发**等）。

④**FORCE** 按键：在 Normal 和 Single 触发方式下，按下该键将强制产生一个触发信号。

4）电源键

`⏻`：当示波器处于通电状态时，按前面板左下角的电源键即可启动示波器；开机过程中示波器执行一系列自检，自检结束后出现开机画面。示波器处于通电状态时，前面板左下角的电源键呈呼吸状态。

5）全部清除键

CLEAR ：按下该键清除屏幕上所有的波形。如果示波器处于"RUN"状态，则继续显示新波形。

6）波形自动显示

AUTO ：按下该键启用波形自动设置功能。示波器将根据输入信号自动调整垂直挡位、水平时基以及触发方式，使波形显示达到最佳状态。（注：在实际检测中，应用自动设置时，要求被测信号的频率不小于 25 Hz，占空比大于 1%，且幅度至少为 20 mVpp。如果不满足此参数范围，按下该键后屏幕上可能不能显示稳定的波形。）

7）运行控制

RUN STOP ：按下该键将示波器的运行状态设置为"运行"或"停止"。"运行"状态下，该键黄色背景灯点亮。而"停止"状态下，该键红色背景灯点亮。

8）单次触发

SINGLE ：按下该键将示波器的触发方式设置为"Single"。单次触发方式下，按下 **FORCE** 按键立即产生一个触发信号。

9）多功能旋钮

：一是调节波形亮度。非菜单操作时（菜单隐藏），转动该旋钮可调整波形显示的亮度。亮度可调节范围为 0% 至 100%。顺时针转动增大波形亮度，逆时针转动减小波形亮度。按下旋钮将波形亮度恢复至 50%。用户也可按下"**Display** 按键"→"波形亮度"，使用该旋钮调节波形亮度。二是多功能旋钮。菜单操作时，按下某个菜单软键后，转动该旋钮可选择该菜单下的子菜单，然后按下旋钮可选中当前选择的子菜单。还可以用于修改参数、输入文件名等。若多功能旋钮处于可操作状态，旋钮上方的"↻"背景灯变亮；若多功能旋钮处于不可操作状态，旋钮上方的"↻"背景灯熄灭。

10）功能菜单区

功能菜单区可设置测量、采样、存储、光标测量、显示和系统辅助功能等参数。功能菜单区各控制钮的位置如图 2.2.17 所示。

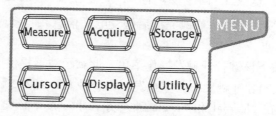

图 2.2.17　DS2102A-EDU 型数字示波器功能菜单区

①**Measure** 按键：按下该键进入测量设置菜单。可设置信源选择、移除测量、全部测量和统计功能等。按下屏幕左侧的 **MENU** 按键，可打开 24 种波形参数测量菜单，然后按下相应的菜单软键快速实现"一键"测量，测量结果将出现在屏幕底部。

②**Acquire** 按键：按下该键进入采样设置菜单。可设置示波器的获取方式、存储深度和抗混叠功能。当测量信号幅值较小时（如 10 mVpp），可启动 **Acquire** 设置信号滤波方

式（普通、平均、峰值检波、高分辨率），如选择平均或高分辨率，显示波形可更加清晰稳定。

③**Storage** 按键：按下该键进入文件存储和调用界面。可存储的文件类型有轨迹存储、波形存储、设置存储、图像存储和 CSV 存储。支持内、外部存储和磁盘管理。（注：按下此按键，然后按下屏幕右侧"默认设置"对应的菜单软键，可快速恢复出厂设置。）

④**Cursor** 按键：按下该键进入光标测量菜单。示波器提供手动测量、追踪测量、自动测量和 X-Y 四种光标模式。注意：X-Y 光标模式仅在水平时基为 X-Y 模式时可用。

⑤**Display** 按键：按下该键进入显示设置菜单。设置波形显示类型、余辉时间、波形亮度、屏幕网格、网格亮度和菜单保持时间。

⑥**Utility** 按键：按下该键进入系统功能设置菜单。设置系统相关功能或参数，例如接口、扬声器、语言等。此外，还支持一些高级功能，例如通过/失败测试、波形录制和打印设置等。

11）内置帮助系统

：本示波器的帮助系统提供了前面板各功能键（包括菜单键）的说明。按下 **Help** 键打开帮助界面，再次按下则关闭。帮助界面主要分两部分，左边为"帮助选项"，可使用"**Button**"或"**Index**"方式选择，右边为"帮助显示区"。在 **Button** 方式下，可以直接按面板上的按键，或者旋转多功能旋钮选择按键名称，即可在"帮助显示区"中获得相应的帮助信息。在 **Index** 方式下，使用多功能旋钮选择需要获得帮助的选项，当前选中的选项显示为棕色，按下旋钮，即可在"帮助显示区"中获得相应的帮助信息。

12）打印

：按下该键执行打印功能或将屏幕保存到 U 盘中。若当前已连接 PictBridge 打印机，并且打印机处于闲置状态，按下该键将执行打印功能。若当前未连接打印机，但连接 U 盘，按下该键则将屏幕图形以".bmp"格式保存到 U 盘中（若当前存储类型为图像存储时，会以指定的图片格式保存到 U 盘中）。同时连接打印机和 U 盘时，打印机的优先级较高。

13）导航

：对于某些可设置范围较大的数值参数，该旋钮提供了快速调节/定位的功能。顺时针（逆时针）旋转增大（减小）数值；内层旋钮可微调，外层旋钮可粗调。

14）波形录制

停止　回放/暂停　录制　：①录制，按下该键开始波形录制，按键背景灯为红色。此外，打开录制常开模式时，该按键背景灯点亮。②回放/暂停，在停止或暂停的状态下，按下该键回放波形，再次按下该键暂停回放，按键背景灯为黄色。③停止，按下该键停止正在录制或回放的波形，按键背景灯为橙色。

（2）用户界面说明

　　DS2102A-EDU 示波器提供 8.0 英寸 WVGA（800×480）160 000 色 TFT LCD 显示屏。其用户界面如图 2.2.18 所示。

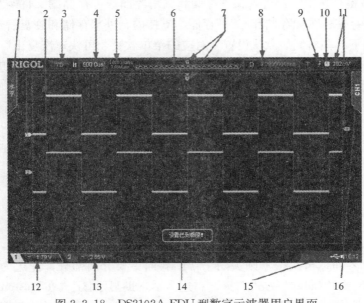

图 2.2.18　DS2102A-EDU 型数字示波器用户界面

　　1）自动测量选项：提供 12 种水平（HORIZONTAL）和 12 种垂直（VERTICAL）测量参数。按下屏幕左侧的软键即可打开相应的测量项，连续按下 **MENU** 按键，可切换水平和垂直测量参数。［注：若测量显示为"＊＊＊＊＊"，表明当前测量源没有信号输入，或测量结果不在有效范围内（过大或过小）。］

　　2）通道标记/波形：不同通道用不同的颜色标识，通道标记和波形的颜色一致。

　　3）运动状态：可能的状态包括 **RUN**（运行）、**STOP**（停止）、**T'D**（已触发）、**WAIT**（等待）和 **AUTO**（自动）。

　　4）水平时基：显示当前屏幕水平轴上每格所代表的时间长度。使用水平⊙ **SCALE** 旋钮可以修改该参数，可设置范围为 5.000 ns 至 1.000 ks。

　　5）采样率/存储深度：显示当前示波器使用的采样率以及存储深度。使用 **Acquire** 按键可以修改该参数。

　　6）波形存储器：提供当前屏幕中的波形在存储器中的位置示意图。

　　7）触发位置：显示波形存储器和屏幕中波形的触发位置。

　　8）触发位移：使用可以调节该参数。按下旋钮时参数自动设置为 0。

　　9）触发类型：显示当前选择的触发类型及触发条件设置。选择不同触发类型时显示不同的标识。例如，▊表示在"边沿触发"的上升沿处触发。

　　10）触发源：显示当前选择的触发源（**CH1**、**CH2**、**EXT** 或市电）。选择不同触发源时，显示不同的标识，并改变触发参数区的颜色。例如，[1]表示选择 CH1 作为触发源。

　　11）触发电平：屏幕右侧的▨为触发电平标记，右上角为触发电平值。使用触发⊙ **LEVEL** 旋钮修改触发电平时，触发电平值会随▨的上下移动而改变。

12）**CH1** 垂直挡位：显示屏幕垂直方向 **CH1** 每格波形所代表的电压大小。使用垂直 ◎ **SCALE** 旋钮可以修改该参数。此外，还会根据当前的通道设置给出如下标记：通道耦合（如 ▦ ）、阻抗输入（如 Ω ）带宽限制（如 ▣ ）。

13）**CH2** 垂直挡位：显示屏幕垂直方向 CH2 每格波形所代表的电压大小。使用垂直 ◎ **SCALE** 旋钮可以修改该参数。此外，还会根据当前的通道设置给出如下标记：通道耦合（如 ▦ ）、阻抗输入（如 Ω ）带宽限制（如 ▣ ）。

14）消息框：显示提示消息。

15）通知区域：显示系统时间、声音图标和 U 盘图标。系统时间以"hh：mm（时：分）"的格式显示；声音图标，声音打开时，该区域显示 ◀ ；U 盘图标，当示波器检测到 U 盘时，该区域显示 ⇦ 。

16）操作菜单：按下屏幕右侧任一软键可激活相应的菜单。

（3）使用方法

1）手动方式显示波形

DS2102A-EDU 型数字示波器提供两个模拟输入通道 **CH1** 和 **CH2**，两个通道的设置方法基本相同，此处以 **CH1** 为例介绍常规的手动设置方法。操作步骤：

①接通电源：按下面板上的电源键，指示灯亮。

②触发设置：数字示波器在工作时，不论仪器是否稳定触发，总是在不断地采集波形，但只有稳定的触发才有稳定的显示。触发电路保证每次时基扫描或采集都从输入信号上与用户定义的触发条件开始，即每一次扫描与采集同步，捕获的波形相重叠，从而显示稳定的波形。触发设置应根据输入信号的特征进行，因此应该对被测信号有所了解，才能快速捕获所需波形。触发信源设置：按前面板触发控制区中的 **MENU** 按键→屏幕右侧"信源选择"菜单软键，选择 **CH1** 作为触发信源。触发控制区中，按下 **MODE** 按键或通过设置 **MENU** 按键→屏幕右侧"触发方式"菜单软键为 Auto（自动触发），下方对应的 Auto 状态背景灯变亮。

③由模拟通道 **CH1** 检测输入信号，按前面板垂直控制区中的 **CH1** 按键开启通道。

④打开通道后，根据输入信号调整通道的垂直挡位、水平时基以及触发方式等参数，使波形显示易于观察和测量。

⑤屏幕右侧显示通道设置菜单，同时屏幕下方的通道标签突出显示。通道标签中显示的信息与当前通道设置有关。

⑥通道耦合设置：设置合适的耦合方式可以滤除不需要的信号。例如，被测信号是一个含有直流偏置的方波信号，当耦合方式为"直流"时，被测信号含有的直流分量和交流分量都可以通过；当耦合方式为"交流"时，被测信号含有的直流分量被阻隔；当耦合方式为"接地"时，被测信号含有的直流分量和交流分量都被阻隔。按 **CH1** 按键→屏幕右侧"耦合"菜单软键，使用多功能旋钮 ↻ 选择所需的耦合方式（默认为"直流"）。当前耦合方式会显示在屏幕下方的通道标签中。也可以连续按"耦合"菜单软键切换耦合方式。

⑦探头比设置：用户可以手动设置探头衰减比。当不需要探头衰减时（即衰减系数为1：1），设置探头比为"1X"即可。

⑧输入阻抗设置：为减小示波器和待测电路相互作用引起的电路负载，本示波器提供

了两种输入阻抗模式，1 MΩ（默认）和 50 Ω。1 MΩ：此时示波器的输入阻抗非常高，从被测电路流入示波器的电流可忽略不计；50 Ω：使示波器和输出阻抗为 50 Ω 的设备匹配。按 **CH1** 按键→屏幕右侧"输入"菜单软键，设置示波器的输入阻抗。选择"50 Ω"时，屏幕下方的通道标签中会显示符号"Ω"。

⑨垂直幅度挡位设置：垂直幅度挡位的调节方式有"粗调"和"微调"两种。按 **CH1** 按键→屏幕右侧"幅度挡位"菜单软键，选择所需的模式。转动垂直◎ **POSITION** 旋钮调节垂直幅度挡位，顺时针转动减小挡位，逆时针转动增大挡位。调节垂直挡位时，屏幕下方通道标签中的挡位信息实时变化，垂直挡位的调节范围与当前设置的探头比有关。默认情况下，探头衰减比为 1X，垂直挡位的调节范围为 $500\ \mu V/div \sim 10\ V/div$。

⑩时基模式设置：按前面板水平控制区中的 **MENU** 按键后，再按屏幕右侧"时基"菜单软键，可以选择示波器的时基模式，包含 **Y-T** 模式（默认模式）、**X-Y** 模式和 **ROLL** 模式三种。在 **Y-T** 模式下，Y 轴表示电压量，X 轴表示时间量；在 **X-Y** 模式下，示波器将两个输入通道从电压－时间显示转化为电压－电压显示，其中，X 轴和 Y 轴分别跟踪 **CH1** 和 **CH2** 的电压，通过李沙育（Lissajous）法可方便地测量相同频率的两个信号之间的相位差；在 Roll 模式下，波形自右向左滚动刷新显示，水平挡位的调节范围为 200.0 ms～1.000 ks。

⑪水平挡位设置：水平挡位的调节方式有"粗调"和"微调"两种。按前面板水平控制区中的 **MENU** 按键→屏幕右侧"挡位条件"菜单软键，选择所需的模式。转动水平◎ **SCALE** 旋钮调节水平挡位，顺时针转动减小挡位，逆时针转动增大挡位。调节水平挡位时，屏幕左上角的挡位信息实时变化。粗调（逆时针为例）：按 1－2－5 步进设置水平挡位，即 5 ns/div、10 ns/div、20 ns/div、50 ns/div、…、1.000 ks/div。微调：在较小范围内进一步调整。

⑫触发电平设置：每个通道的触发电平需要单独设置，例如设置 **CH1** 的触发电平，先按"信源选择"键打开信源选择列表，选择当前信源为 **CH1**，再旋转触发◎ **LEVEL** 旋钮修改电平，直至波形稳定显示。

⑬按屏幕左侧的 **MENU** 按键，可打开多种波形参数测量菜单（频率、峰峰值、有效值 N 等）。按下相应的菜单软键快速实现"一键"测量，测量结果将出现在屏幕底部。也可以按功能菜单区的 **Measure** 按键打开"全部测量"（显示在屏幕中上方），或者使用 **Cursor** 按键进入光标测量菜单。

2）快捷方式显示波形（自动捕获）

操作步骤：

①接通电源，按下面板上的电源键，指示灯亮。

②当模拟通道 **CH1** 或 **CH2**（或同时）检测到输入信号时，按下 **AUTO** 按键，启用波形自动设置功能。示波器将根据输入信号自动调整垂直挡位、水平时基以及触发方式，使波形显示达到最佳状态。（注：在实际检测中，**AUTO** 要求被测信号的频率不小于 25 Hz，占空比大于 1%，且幅度至少为 20 mVpp。如果不满足此参数范围，按下该键后，屏幕上可能不能显示稳定的波形。）

③按下 **CH1**、**CH2** 按键进行通道设置，如通道耦合、带宽限制、探头比、输入阻

抗等。

④按屏幕左侧的 **MENU** 按键，可打开多种波形参数测量菜单（频率、峰峰值、有效值 N 等）。按下相应的菜单软键快速实现"一键"测量，测量结果将出现在屏幕底部。

3）无源探头和有源探头

示波器一般标配两套无源探头，用于连接被测试点和示波器，能将电信号从被测试点通过导线传输到示波器的输入端。无源探头由导线和连接器制成，由于探头中没有使用有源器件，因此不需为探头供电。

除了导线电缆外，大多数探头还有一个探头头部和带探针的把手，探头头部可以固定在示波器输入端口，用户可移动探针，与测试点接触，如图 2.2.19（a）所示。通常这一探针采用弹簧支撑的挂钩形式，可以把探头连接到测试点上，另需将示波器探头的接地夹与被测电路共地。这类示波器探头有衰减开关，常见的有"×10"和"×1"两种，"×10"表示衰减 10 倍，"×1"表示不衰减。所以测量信号大小时应注意输入信号的探头是否选择了衰减，须与示波器的探头比设置配合使用。无源探头价格优惠，使用便捷，广泛应用于各常规测试场合。对于测量精度要求不高的场合，有时为了便于测量，高校实验室采用 BNC 转双鳄鱼夹（红黑夹子）连接测试线作为示波器探头使用，如图 2.2.19(b)所示。

（a）常见普通无源探头　（b）BNC 转双鳄鱼夹连接线　（c）有源差分探头

图 2.2.19　示波器探头

在某些特殊测试场合，还需要使用有源差分探头，如图 2.2.19（c）所示。差分信号是互相参考的，而不是参考接地的信号。差分探头可满足浮地测量信号的需求，即可以用来测量均不接地的两点之间的信号。实质上它由两个对称的电压探头组成，分别对地端有良好绝缘和较高阻抗。差分探头可以在更宽的频率范围内提供很高的共模抑制比（CM-RR）。有源差分探头内含晶体管或放大器，因此需要单独供电，使用时请选择合适的电源适配器，根据说明书设定探头衰减系数，并与示波器的探头比设置保持一致。有源差分探头可将任意两点间的浮接信号转换成对地的信号，且带宽高，输入电容小，但因其价位高，使用并不广泛。

认识与实践 2：常用电路实验仪器的使用

要求：
(1) 了解常用电子仪器仪表面板上各开关、控制旋钮、按键的名称及作用。
(2) 学习直流稳压电源、信号发生器、万用表、示波器的使用方法。

（3）掌握常用信号的幅值、有效值、频率、周期及相位差的测量方法。

（4）根据实习内容撰写实习报告。

内容：

1. 直流稳压电源和万用表的使用

（1）调节直流稳压电源的相关旋钮，用万用表的直流电压档测量，使其输出两路相互独立的 6 V 和 12 V 电源电压。

（2）通过相关的连接，使稳压源输出±12 V 电源电压，并引出＋12 V、－12 V 和参考地三根电源线，分别用万用表的直流电压档测量。

（3）将两路可调电源串联，输出 32 V 直流电源电压，用万用表的直流电压档测量。

2. 信号发生器、示波器和万用表的使用

（1）直流量的测量

稳压电源的两路可调电源分别输出 6 V 和 12 V 电压，将其分别接至示波器的 CH1 和 CH2 通道，用示波器观察两个通道的信号，并测量电压。

（2）正弦波的测量

①由信号发生器产生频率为 500 Hz，有效值为 1 V 的正弦信号，用示波器观察其波形；

②用示波器、万用表完成幅值、有效值、频率和周期的测量，并将数据记入表 2.2.2 中。

表 2.2.2　正弦波的测量

测量项目	实验仪器					
	信号发生器		示波器		万用表	
	显示值	计算值	显示值	计算值	显示值	计算值
频率		/		/		/
周期		/		/	/	
峰-峰值	/			/		
有效值		/				

注：表格中"/"表示该项不需要测量或计算。

（3）含有直流分量正弦波的测量

由信号发生器产生含有 1 V 直流分量、交流分量峰-峰值为 2 V、频率为 1 kHz 的正弦信号，波形如图 2.2.20 所示。用示波器和万用表进行相关测量，并将数据填入表 2.2.3 中。

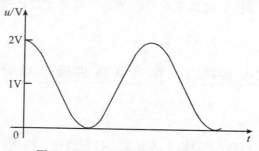

图 2.2.20　含有直流分量的正弦波

表 2.2.3　含有直流分量正弦波的测量

测量项目		实验仪器					
		信号发生器		示波器		万用表	
		显示值	计算值	显示值	计算值	显示值	计算值
交流分量	频率		/		/		/
	周期				/	/	
	峰-峰值	/					
	有效值		/		/		
直流分量							

注：表格中"/"表示该项不需要测量或计算。

（4）相位差的测量

按图 2.2.21 所示连接电路，取 $C=0.1\ \mu F$，$R=1\ k\Omega$，信号发生器输出有效值为 2 V 的正弦信号，当正弦波的频率 f 分别为表 2.2.4 中各值时，用示波器测量并记录输入信号 u_i 和输出信号 u_o 之间的相位差 Φ。

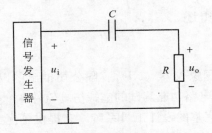

图 2.2.21　RC 串联交流电路

表 2.2.4　相位差的测量

相位差	$f=500\ Hz$	$f=1\ kHz$	$f=10\ kHz$	$f=20\ kHz$
Φ				

（5）几种周期信号参数的测量

调节信号发生器，使其分别输出频率为 30kHz，峰一峰值为 6V 的正弦波、方波和三角波信号，用示波器观察和测量它们的周期、峰一峰值和有效值，将数据填入表 2.2.5 中。说明正弦波、方波和三角波信号的峰值（最大值）和有效值之间的关系。

表 2.2.5　几种周期信号参数的测量

项目	参数	正弦波	方波	三角波
测量值	周期			
	峰-峰值			
	有效值			
计算值	$U_{有效值}/U_{峰值}$			

（6）根据上述实验谈谈对信号发生器、万用表、示波器的使用体会。

思考题：

（1）如何用信号发生器输出只有一个正极性的方波信号？

（2）万用表和交流毫伏表都可以用来测量正弦信号的有效值，在使用时有什么区别？

（3）一台四位半的数字式万用表和一台指针式万用表相比，哪一台的精度高？

（4）仪表的机械调零和电气调零有什么区别？

（5）用示波器观察信号时，如果屏幕上①无图像，②只有水平扫描线，③波形不稳定，④信号太小看不清或信号太大无法观察到完整的信号，这可能是什么原因？应该如何解决？

（6）示波器的探头在测量中有什么作用？

（7）如何用示波器测量两个信号的相位差？

2.3　电路仿真工具 Multisim 10.0 简介

2.3.1　Multisim 10.0 概述

一、简述

Multisim 10.0 是美国国家仪器（NI）有限公司推出的以 Windows 为基础的仿真工具，是实现原理电路设计和电路功能测试的虚拟仿真软件。

Multisim 10.0 有一个完整的设计工具系统，它提供了庞大的元器件库，以及原理图输入接口、全部的数模 SPICE（Simulation Program with Integrated Circuit Emphasis）仿真功能、CPLD（Complex Programmable Logic Device）/ FPGA（Field-Programmable Gate Array）综合、VHDL（Very-High-Speed Integrated Circuit Hardware Description Language）/Verilog HDL 设计接口与仿真功能、RF（Radio Frequency）射频设计能力和后处理能力，还可以进行从原理图到印刷电路板 PCB（Printed Circuit Board）布线工具包的无缝数据传输。

在设计中，Multisim 仿真软件可以使工程师非常方便地完成从理论到原理图的捕获与仿真，再到原型设计和测试的完整的综合设计流程。Multisim 也是一种非常优秀的电工技术和电子技术教学的训练工具，利用其庞大的元器件库和丰富的虚拟仪器库，可以使我们以一种比实际实验更为灵活和方便的手段，完成对电路电量的测量、电路现象的观察和对实验结果的各种分析，有利于学生综合分析能力、开发能力和创新能力的培养。

二、组成及特点

NI Multisim 10.0 用软件的方法虚拟电子与电工元器件以及仪器/仪表，通过软件将元器件和仪器/仪表集成为一体。它主要包含了以下四方面内容：

（1）元器件库

NI Multisim 10.0 的元器件库为用户提供了数千种电路元器件，而且可以根据需求新建或扩展已有的元器件库，便于在工程设计中使用。

（2）仪器/仪表

NI Multisim 10.0 的虚拟测试仪器/仪表种类齐全，有一般实验室使用的常规仪器，如万用表、双踪示波器、直流稳压电源、函数信号发生器等，也有普通实验室少有或者没有的仪器，如波特图示仪、频率计数器、逻辑分析仪、频谱分析仪等。

（3）电路分析功能

NI Multisim 10.0 具有强大的电路分析功能，可以实现电路的直流工作点分析、交流分析、瞬态分析、傅里叶分析、失真分析等多种电路分析。

（4）设计和测试电路

NI Multisim 10.0 可以设计和测试各种电路，包括模拟电路、数字电路、电工电路、射频电路以及某些微机接口电路等。

与传统的电子电路设计及实验方法相比，NI Multisim 10.0 具有如下特点：

①具有简单、直观的操作界面。

②虚拟元器件种类丰富，且不消耗实际元器件，实验成本低、效率高。

③提供的仪器/仪表品种繁多，除了具有很高的技术指标外，其外观、面板布置以及操作方法与实际仪器十分接近，便于掌握。

④可以非常方便地创建电路，并具有强大的仿真功能。

⑤具有强大的电路分析功能，可以方便地对电路参数进行测试与分析。

⑥设计与实验可以同步进行，修改、调试非常方便。

2.3.2　Multisim 10.0 的基本操作方法

一、操作界面

运行 Multisim 10.0 主程序后，屏幕上将出现 Multisim 10.0 的操作界面，如图 2.3.1 所示。其界面主要由电路窗口、状态栏、菜单栏、工具栏和设计工具箱组成，模拟了一个实际的电子工作台。

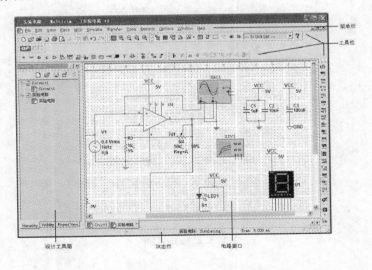

图 2.3.1　Multisim 10.0 操作界面

各部分的简单说明如下：

（1）电路窗口

该区域为 Multisim 10.0 的主要工作区域，所有电路的输入、连接、测试及仿真，均在该区域内完成。

（2）状态栏

该区域位于电路窗口的下方，显示了当前 Multisim 10.0 软件所处的状态。如图2.3.1 所示，"实验电路"处于仿真停止状态，之前仿真已运行的时间为 6.030 ms。若未进行仿真，该区域仅显示"—"。

（3）菜单栏

菜单栏位于电路窗口的上方，为下拉式菜单，共分为以下 12 类主菜单，分别是：File（文件）、Edit（编辑）、View（视图）、Place（放置）、MCU（微控制器）、Simulate（仿真）、Transfer（传输）、Tools（工具）、Reports（报表）、Options（选项）、Window（窗口）、Help（帮助）。

（4）工具栏

像大多数 Windows 应用程序一样，Multisim 10.0 把一些常用的功能以图标的形式排列成一条条工具栏，便于用户使用。工具栏常位于菜单栏以及电路窗口之间，也可将仪器库工具栏放置于电路窗口的右侧，如图 2.3.1 所示。

（5）设计工具箱

该区域在电路窗口的左侧，有三个选项卡，包括 Hierarchy（结构图）、Visibility（可

图 2.3.2　File 菜单

见度）和 Project View（工程视图）。其中 Hierarchy 以树形结构显示了目前打开的所有电

路原理图的导航，Visibility 列出了电路原理图中的引脚号、标注等细节是否显示为可见状态，而 Project View 为所建工程项目的导航。

二、菜单

1. File（文件）菜单

File 菜单主要用于管理所创建的电路文件及工程，其下拉菜单如图 2.3.2 所示。

2. Edit（编辑）菜单

Edit 菜单包括一些 Windows 应用软件常见的如 Cut、Copy、Paste 等编辑操作命令，以及元器件的位置操作命令，其下拉菜单如图 2.3.3 所示。

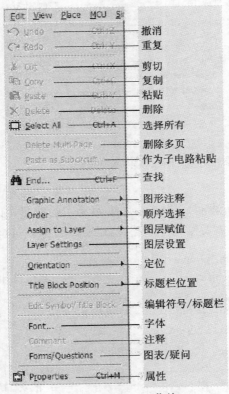

图 2.3.3 Edit 菜单

3. View（视图）菜单

View 菜单包括各类调整窗口视图的命令，包括界面的放大、缩小，是否在窗口界面中显示栅格、边框，工具栏的添加或隐藏等，其下拉菜单如图 2.3.4 所示。

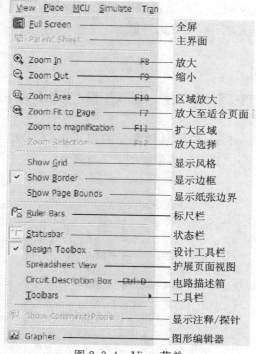

图 2.3.4　View 菜单

4. Place（放置）菜单

Place 菜单包括常用的元器件、节点、总线等元素的放置，以及创建新层次模块、选择层次模块、创建子电路等有关结构化电路设计的选项，其下拉菜单如图 2.3.5 所示：

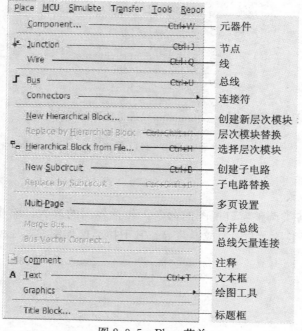

图 2.3.5　Place 菜单

5. MCU（微控制器）菜单

MCU 菜单包括一些用于 MCU 调试的选项，如调试视图格式、暂停、设置断点等，其下拉菜单如图 2.3.6 所示。

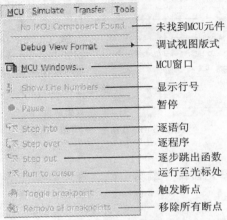

图 2.3.6　MCU 菜单

6. Simulate（仿真）菜单

Simulate 菜单包括与电路仿真有关的一些常用选项，如运行、暂停、停止、仪器、分析等，其下拉菜单如图 2.3.7 所示。

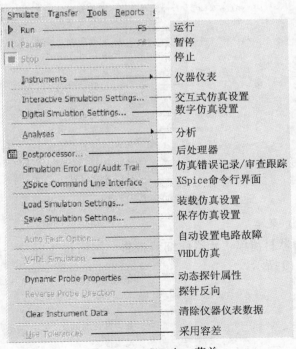

图 2.3.7　Simulate 菜单

7. Transfer（传输）菜单

Transfer 菜单用于将已搭建的电路和分析结果传输到 Ultiboard、PCB 等其他应用程序，也包含创建 Ultiboard 注释等选项，其下拉菜单如图 2.3.8 所示。

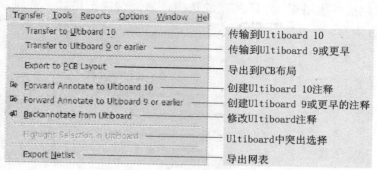

图 2.3.8　Transfer 菜单

8. Tools（工具）菜单

Tools 菜单主要用于编辑元器件、编辑电路、管理数据库等，其下拉菜单如图 2.3.9 所示。

图 2.3.9　Tools 菜单

9. Reports（报表）菜单

Reports 菜单包含器材清单、元器件细节报告、网络报表等与各类报表相关的选项，其下拉菜单如图 2.3.10 所示。

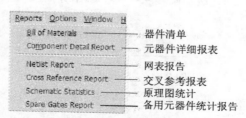

图 2.3.10　Reports 菜单

10. Options（选项）菜单

Options 菜单用于对 Multisim 10.0 程序的界面和运行条件进行设置，其下拉菜单如图 2.3.11 所示。

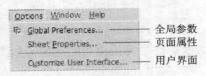

图 2.3.11 Options 菜单

11. Window（窗口）菜单

Window 菜单包含创建新窗口、关闭窗口，以及窗口的瀑布状、水平状、垂直状层叠等与窗口显示方式相关的选项，其下拉菜单如图 2.3.12 所示。

图 2.3.12 Window 菜单

12. Help（帮助）菜单

Help 菜单为用户提供 Multisim 10.0 程序的帮助文件。用户也可以通过按快捷键〈F1〉键来打开帮助文件，其下拉菜单如图 2.3.13 所示：

图 2.3.13 Help 菜单

三、工具栏

工具栏包括系统工具栏、元器件库工具栏和仪器库工具栏。系统工具栏一般是默认的，在打开 Multisim 10.0 程序时，就会出现在电路窗口的上方。系统工具栏包括标准工具栏、视图工具栏、主工具栏、仿真开关工具栏和仿真工具栏等。若用户需要隐藏这些常用工具栏或者展开其他工具栏，可以通过 View → Toolbars 来选择。

1. Standard（标准）工具栏

Standard 工具栏包含常见的新建、打开、保存、打印等快捷功能按钮，如图 2.3.14

所示。这些功能按钮也可在文件菜单和编辑菜单中找到。

图 2.3.14　Standard 工具栏

2. View（视图）工具栏

View 工具栏包括全屏、放大、缩小等快捷功能按钮，如图 2.3.15 所示。这些功能按钮也可在视图菜单中找到。

图 2.3.15　View 工具栏

3. Main（主）工具栏

Main 工具栏是 Multisim 10.0 设计的核心，它包含 12 个功能按钮，如图 2.3.16 所示。通过这些按钮可以进行电路的创建、仿真、分析、电气规则检查，并最终输出设计数据等。图中右侧的在用元器件列表（In Use List）将列出当前电路所使用的所有元器件。

图 2.3.16　Main 工具栏

4. Simulation Switch（仿真开关）工具栏

Simulation Switch 工具栏用来控制电路仿真程序的运行、停止或暂停，如图 2.3.17 所示。

图 2.3.17　Simulation Switch 工具栏

5. Components（元器件库）工具栏

Components 工具栏包含了用户在电路仿真过程中可以使用的所有元器件库，共 16 个分类库，如图 2.3.18 所示。其中每个元器件库中，集合了同一类型（Group）的元器件，供用户选择。后两个图标为设置层次栏和放置总线的功能按钮。

图 2.3.18　Components 工具栏

6. Simulation（仿真）工具栏

Simulation 工具栏包含了仿真的启停控制和微控制器的单步执行、设置断点等常用操作按钮，如图 2.3.19 所示。

图 2.3.19　Simulation 工具栏

7. Instruments（仪器仪表）工具栏

Instruments 工具栏提供了 21 种用于测试电路工作状态的仪器仪表，是进行虚拟电路实验、设计仿真的快捷通道，如图 2.3.20 所示。

图 2.3.20　Instruments 工具栏

四、元器件库

Multisim 10.0 元器件库中包含的元器件种类齐全，它们是用户设计电路的基础。用户可以通过点击元器件库工具栏或者打开 Place → Component 菜单看到所有系统提供的元器件，如图 2.3.21 所示。

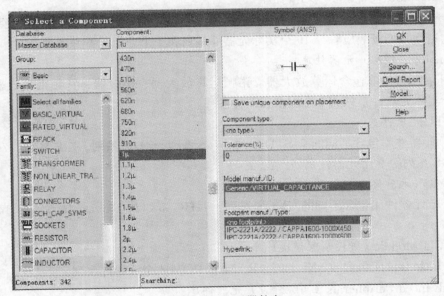

图 2.3.21　元器件库

图 2.3.21 中窗口各栏功能如下：

- Database：元器件所在的库；
- Group：元器件的类型；
- Family：元器件的系列；
- Component：元器件名称；
- Symbol：元器件的图形符号示意图；
- Component type：元器件的材质；
- Tolerance：元器件的容差；
- Model manuf. /ID：元器件的制造厂商/编号；
- Footprint manuf. /Type：元器件的封装厂商/模式；
- Hyperlink：超链接文件。

各元器件分类库说明如下：

1. Sources（电源）库

Sources 库为电路提供各种工作电源，包括普通电源系列、信号电压源系列、信号电流源系列、控制电压源系列、控制电流源系列和控制函数器件系列。

2. Basic（基本）元器件库

Basic 元器件库包括开关、变压器、电阻、电容、电感等 15 个实际元器件系列和基本、额定 2 个虚拟元器件系列（带有绿色衬底）。虚拟元器件系列中的元器件不需要选择，可以直接调用，然后再通过其属性对话框设置各项参数。

3. Diodes（二极管）元器件库

Diodes 元器件库包含二极管、齐纳二极管、肖特基二极管、晶闸管整流器等 10 个实际元器件系列和 1 个虚拟元器件系列。

4. Transistors（晶体管）元器件库

Transistors 元器件库包含双极结型 NPN 晶体管、达林顿 PNP 晶体管以及绝缘栅双极型、N 沟道增强型场效应管等 19 个实际元器件系列和 1 个虚拟元器件系列。

5. Analog（模拟）元器件库

Analog 元器件库包含运算放大器、诺顿运算放大器、比较器、宽频带放大器、特殊功能 5 个实际元器件系列和 1 个虚拟元器件系列。

6. TTL 元器件库

TTL 元器件库包含不同的 74STD 系列、74S 系列、74LS 系列、74F 系列、74ALS 系列和 74AS 系列等 9 个元器件系列。

7. CMOS 元器件库

CMOS 元器件库包含不同的 CMOS 系列、74HC 系列和 TinyLogic 系列等 14 个元器件系列。

8. MCU Module（微控制器模块）库

MCU Module 库包含 805X、PIC、RAM 和 ROM 4 个元器件系列。

9. Advanced Peripherals（高级外设）元器件库

Advanced Peripherals 元器件库包含键盘、液晶显示器和终端机 3 个元器件系列。

10. Misc Digital（其他数字）元器件库

Misc Digital 元器件库包含 DSP、CPLD、VHDL 和 MEMORY 记忆存储器等 12 个元器件系列。

11. Mixed（混合）元器件库

Mixed 元器件库包含定时器系列、模数/数模转换器系列、模拟开关和多谐振荡器等 5 个实际元器件系列和 1 个虚拟元器件系列。

12. Indicators（指示器）元器件库

Indicators 元器件库包含电压表系列、电流表系列、探针系列、十六进制显示器系列等 8 个用来显示电路仿真结果的元器件系列。其中，在仿真设计中常用的有电压表、电流表、七段译码显示器、蜂鸣器等。

13. Power（功率）元器件库

Power 元器件库包含保险丝、电压整形、PWM 控制器等 9 个元器件系列。

14. Misc（其他）元器件库

Misc 元器件库包含传感器、光耦合器、升压转换器等 13 个实际元器件系列和 1 个虚拟元器件系列。

15. RF（射频）元器件库

RF 元器件库提供了部分适合高频电路使用的元器件，包含射频电容、射频电感器、射频双极型 NPN 型晶体管等 8 个元器件系列。

16. Electro-Mechanical（机电类）元器件库

Electro-Mechanical 元器件库包含检测开关、瞬时开关、线性变压器等 8 个元器件系列。

2.3.3　Multisim 10.0 的常用操作

一、元器件的使用

1. 选取元器件

创建电路的第一步，是选择合适的元器件并将其放入电路窗口。

在选取元器件前，首先应对元器件的放置模式进行设置，打开 Option → Global Preference 命令，系统将弹出 Preference 对话框，选择 Parts 选项卡，如图 2.3.22 所示。

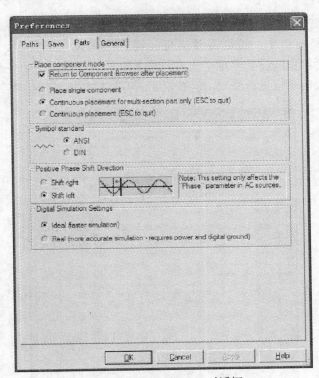

图 2.3.22　Preference 对话框

在上图的 Place component mode（元器件放置模式）选项组中，如果选中 Return to Component Browser after placement（放置某元器件后返回元器件浏览窗口）复选框，那么，当需要连续放置多个同类型的元器件时，在放置两个元器件的操作之间，免去了打开 Component 对话框或者去工具栏抓取元件的步骤。

选取元件时可以通过打开 Place → Component 命令打开 Select a Component 窗口，或

者通过电路窗口上方的元器件库工具栏浏览所有的元器件，然后单击相应的图标便可以打开某一系列的元器件浏览窗口。

　　根据需要先选择元器件的分类，然后在 Component 列表框中选中具体元器件，其相关信息将显示在对话框右侧。选定元器件后，单击对话框右上方的 OK 按钮，此时浏览窗口就会消失，相应地出现被选择元器件的影子跟随光标来回移动。可以根据电路窗口版面的设计，使光标带动元器件影子移动到工作区中合适的位置后点击鼠标左键，该元器件就被放置于此。

　　2. 元器件参数设置

　　通过下列方法之一可以打开元器件的属性设置对话框：

　　①选中此元器件，选择 Edit 菜单中的 Properties 选项；

　　②鼠标右键单击该元器件，在弹出式菜单中选中 Properties 选项；

　　③使用快捷键〈Ctrl＋M〉；

　　④双击元器件。

　　在元器件的属性设置对话框中，常见的选项如下：

　　①Label（标号）

　　该选项用于设置或改变元器件的参考编号（RefDes）和标识（Label），对话框如图 2.3.23 所示。在电路窗口中，是否需要出现元器件参考编号和标识，可通过 Options → Sheet Properties 对话框里的设置实现。注意，参考编号是由系统自动分配给每个元器件的，且具有唯一性，必要时可以进行修改，但必须保证不能有重复，参考编号不能被删除。

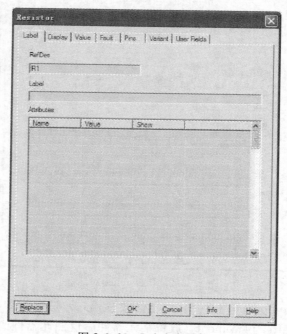

图 2.3.23　Label 选项卡

②Display（显示）

该选项卡用于为已放置的元器件设置显示识别信息，缺省设置是使用电路图选项中的全局设定，即选中 Use Schematic Global Setting 复选框，如图 2.3.24 所示。

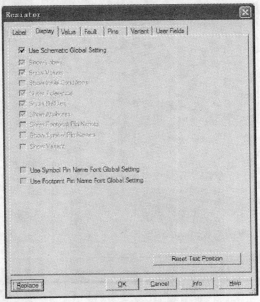

图 2.3.24　Display 选项卡

③Value（参数）

该选项用于设置元器件的参数，图 2.3.25 为电阻元件的参数设置选项卡。

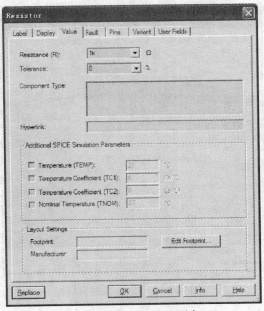

图 2.3.25　Value 选项卡

④Fault（故障）

使用该功能可以为元器件的接线端设置故障，如图 2.3.26 所示，故障类型有 None（无故障）、Open（开路）、Short（短路）和 Leakage（漏电流）四种。

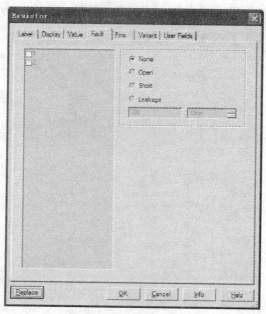

图 2.3.26　Fault 选项卡

⑤Pins（引脚）

该选项卡用于显示元器件的引脚分配情况和类型等，如图 2.3.27 所示为某一 NPN 型 BJT 三极管的 e、c、b 三个引脚的备注。

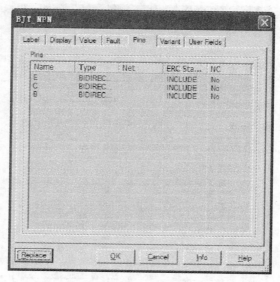

图 2.3.27　Pins 说明窗口

⑥Variant（变量）和 User Fields（用户区域）

这两个选项卡中包含了变量名称及状态、厂商、价格、超链接和制造商等用于用户备注的信息。

3. 元器件的其他操作

（1）使用 In Use List

每次在电路窗口中放置完一个元器件，该元器件都会被记忆在正在使用的元器件清单中，使用 In Use List，可以便于用户再次使用。

（2）移动元器件

元器件被放置到电路窗口中后，其图标和标号可以作为一个整体一起移动，也可以分别移动。方法是：先选中元器件，然后按住左键拖动鼠标，或按住键盘上的上下左右箭头键来移动元器件。若只想移动标号，仅选中其标号即可。

（3）改变元器件方向

可以通过 Flip Vertical（垂直翻转）、Flip Horizontal（水平翻转）、90 Clockwise（顺时针旋转）和 90 CounterCW（逆时针旋转）来改变元器件的方向。

用户可以通过下列方法之一来实现：

①使用 Edit 菜单中的 Orientation 命令；

②选中元器件，单击鼠标右键，使用弹出式菜单中的命令；

③使用快捷键旋转元器件：<Alt＋Y>为垂直翻转、<Alt＋X>为水平翻转、<Ctrl＋R>为顺时针旋转、<Ctrl＋Shift＋R>为逆时针旋转。

（4）设置元器件颜色

元器件被放置到电路窗口中后，可以对其颜色进行更改，方法是：鼠标右键单击该元器件，在弹出式菜单中选中 Change Color 选项，弹出 Colors 对话框，从调色板上选取一种颜色，再单击 OK 按钮即可。

（5）复制元器件

可以通过下列方法之一复制已放置好的元器件：

①选中此元器件，选择 Edit 菜单中的 Copy 选项，再选择 Edit → Paste；

②选中元器件，单击鼠标右键，使用弹出式菜单中的命令；

③使用快捷键复制元器件：<Ctrl＋C>为复制，<Ctrl＋V>为粘贴；

④在电路窗口上方的 In Use List 中，选中需要复制的元器件。

（6）查找已放置的元器件

当需要从电路窗口中快速查找已放置的元器件时，可以通过选择 Edit 菜单中的 Find 选项，或者使用快捷键<Ctrl＋F>打开 Find Component（查找元器件）对话框。在 Find what 一栏中输入需要查找的元器件序列号，点击 Find 按钮，查找的结果会显示在电路窗口下方的扩展栏中。双击查找结果，被查找到的元器件将会在电路窗口中突显出来，而电路窗口中的其余部分便会变为灰色。

二、仿真电路的建立

从元器件库中提取了元器件，并在电路窗口放好后，需要把它们连接起来组成电路。在建立电路的过程中，还可能涉及添加节点、添置总线、建立子电路等操作。

1. 连线

Multisim 10.0 为用户提供了自动连线和手动连线两个功能。其中自动连线能够自动找到一条避免穿过其他元器件或覆盖其他连线的路径。将光标指向需要连接的第一个元器件的引脚上，此时光标变成"✛"的图案，单击鼠标后移动，电路窗口中就会出现一根线条跟随此图案移动；到达第二个元器件的引脚上时，会出现一个红色小圆点，此时单击鼠标，系统将自动完成连线。而手动连线时，允许用户根据需要布置连线，即在移动鼠标的过程中，通过单击鼠标来控制导线的路径。

当需要修改已经画好的连线路径时，可先选中此连线，当出现双箭头的光标时，按住鼠标左键拖动至合适的位置松开鼠标即可。

与更改元器件颜色一样，用户也可以对连线颜色进行更改，具体方法：鼠标右键单击该连线，在弹出式菜单中选中 Change Color 选项，弹出 Colors 对话框，从调色板上选取一种颜色，再单击 OK 按钮即可。

2. 添加节点

一般来说，当两条连线是电气连接时，Multisim 10.0 会自动地在连接处添加一个节点，以区别单纯的连线交叉的情况。

当需要人为地添加一个新的节点时，可采取如下方法：选择菜单 Place → Junction 命令，或者单击鼠标右键，从弹出式菜单中选择 Place Schematic → Junction 选项，再单击需要放置节点的位置。

3. 添置总线

总线是电路图上的一组并行路径，一般为连接一组引脚和另一组引脚的公共通路。添置总线的具体方法是：选择菜单 Place → Bus 命令，在要绘制总线的起点处单击鼠标，需要转弯时单击鼠标左键再转弯即可，到达终点后双击鼠标左键完成该总线。总线设置好后，便可绘制元件各引脚与总线的连线。方法是：将光标指向要连接的元器件的引脚，当出现带十字的圆黑点时单击鼠标左键，然后拖动鼠标移向总线，当与总线相距一个栅格时会出现 Busline（总线分支）连接对话框，在对话框中输入单线的名称即可。

若需要更改总线的参考编号，可双击总线，在弹出的 Bus Properties 对话框中 Bus Name 一栏内修改。另外，用户也可对总线颜色进行更改，具体方法可参照上文中更改连线颜色的方法。

4. 子电路

为了使整个电路的外观简化，Multisim 10.0 允许用户把一个电路内嵌于另一个电路中，这个被内嵌的电路称为 Subcircuit（子电路），它在主电路中仅显示为一个图标，实际上相当于增加了一个新的集成电路。熟练和正确使用子电路可使复杂电路的设计模块化、层次化，从而提高电路的可读性。子电路也可以存放在 User Database（用户自定义库）中供其他设计重复使用。

添加子电路的步骤如下：

（1）选择菜单 Place → New Subcircuit 命令，输入子电路名称（本例中名称为 Sub1）。

（2）单击 OK 按钮，将子电路图标放到电路窗口的合适位置，此时在电路窗口左侧的设计工具箱中出现子文件 Sub1（X1），隶属于主电路 Circuit1，如图 2.3.28 所示。

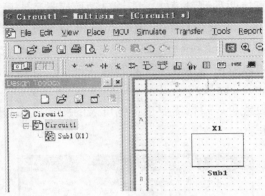

图 2.3.28　建立子电路

（3）双击子电路图标，打开 Hierarchical Block/Subcircuit 属性对话框，然后点击 Label 选项卡中的 Edit HB/SC 按钮，或者直接双击左侧设计工具箱中的子文件 Sub1（X1），可根据需要新建、复制、剪切或者替代部分电路至此空白子电路窗口内。

（4）为子电路添加输入/输出连接点。选择菜单 Place → Connectors → HB/SC Connector 选项，在子电路中，将输入/输出连接点放置于需引出至主电路的相关结点或元件引脚上即可。此连接点在主电路的子电路图标上会显示出来，如同其他元器件的引脚一样，可以用于连线。

三、仪器仪表的使用

采用 Multisim 10.0 软件提供的虚拟仪器仪表，可对仿真电路中的各种电参数和电性能进行测量。它们大多具有和真实仪器仪表相同的面板，使用时也几乎和实际的仪器仪表一样。

仪器仪表的选取方法与元器件类似，用鼠标单击仪器仪表栏中需要使用的仪器图标，其接线符号的影子将随光标移动，在电路窗口的合适位置放下。当需要测量电路中某个元器件或结点的电参数和电性能时，只需将仪器仪表的接线端连接至被测线路即可。

双击仪器仪表接线符号打开面板，可以选择在测量前或测量中完成仪器仪表的相关设置，常见的有更改量程、测量内容、坐标位置等，测量结果都将显示在该面板上。

Multisim 10.0 软件中的仪器仪表大致可以分为模拟仪器、数字（逻辑）仪器、探针、仿真实仪器（如 Agilent、Tektronix 仪器等）、射频仪器和 LabVIEW 仪器六类。一些常用的仪器仪表介绍如下。

1. 数字电压表

Multisim 10.0 软件的指示器件库（Indicators）中为用户提供了用于测量电路中两点之间电压值的数字电压表，其图标如图 2.3.29 所示。

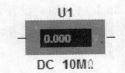

图 2.3.29　数字电压表图标

　　此电压表有交流及直流两种测量模式，能够自动切换量程，可显示 4 位数字，且在同一个电路中能够重复使用，十分便捷。使用时，用户可通过旋转操作或者选择 Select a Component 对话框中的不同 Component，以改变电压表的接线端位置和正负极性。

　　电压表在使用前，可以双击电压表图标对其属性进行设置，其属性对话框如图 2.3.30 所示。该对话框包含 Label（标号）、Value（标称值）、显示方式、故障模拟、引脚形式、变量状态等内容。通过设置可以根据需要选择电压表的测量模式：DC（直流）或 AC（交流），改变电压表的内阻等。

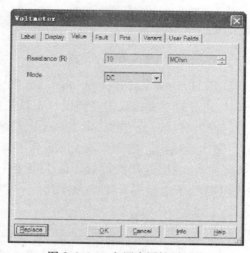

图 2.3.30　电压表属性对话框

　　电压表在使用时，其两个接线端应与被测元器件并联，若所测电压为直流电压，还应注意读数时电压数值的正负。

　　2. 数字电流表

　　数字电流表用于测量电路中某一支路的电流，其图标如图 2.3.31 所示。与电压表一样，电流表也有交流及直流两种测量模式，能够自动切换量程，显示 4 位数字，且在同一个电路中能够重复使用。使用时，可通过旋转操作或者选择 Select a Component 对话框中的不同 Component，来改变电流表的接线端位置和正负极性。

图 2.3.31　数字电流表图标

　　双击电流表图标，可以设置其属性。通过设置可以根据需要选择电流表的测量模式：直流或交流，改变电流表的内阻、Label（标号），设置故障模拟等。

　　电流表在使用时，应将其串联在被测电路中，若所测电流为直流电流，应注意电路电流的方向，读数时注意电流数值的正负。

3. 数字万用表

数字万用表主要用于测量直流和交流电路中的电流、电压、阻抗和分贝值。数字万用表的图标为 ，有正极和负极两个接线端，其接线符号、面板如图 2.3.32 所示。

图 2.3.32　数字万用表

（1）测量项目

数字万用表有四个测量项目，分别为电流测量 A、电压测量 V、阻抗测量 Ω 和分贝测量 dB。进行不同项目的测量时，可根据需要用鼠标点击对应的选项。各个仪表的内阻可以通过单击 Set 按钮，进入数字万用表的设置对话框进行更改。

（2）信号模式

仪器面板中的～和—按钮，分别用于选择交流信号和直流信号的测量。

4. 函数发生器

函数发生器是产生正弦波、三角波和方波的信号源，Multisim 10.0 软件提供的函数发生器可以通过设置更改波形、频率、占空比、幅值和直流偏置电压。函数发生器的图标为 ，有正信号输出端、负信号输出端和公共端三个接线端，其中公共端是信号的参考点，其接线符号、面板如图 2.3.33 所示。

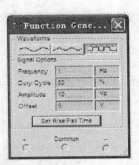

图 2.3.33　函数发生器

（1）波形选择

Multisim 10.0 软件提供的函数发生器和真实仪器一样，提供三种波形选择，分别是 ～～正弦波、～～三角波和 ⊓⊔ 方波，使用时只需单击仪器面板中对应的 Waveforms 按钮即可。

（2）信号选项

在 Signal Options（信号选项）中包括了 Frequency（频率）、Duty Cycle（占空比）、Amplitude（幅值）、Offset（直流偏置电压）和 Set Rise/Fall Time（设置上升/下降时间）的设置。其中，设置占空比只对三角波和方波有效，而设置上升/下降时间只对方波起作用。

5. 瓦特表

瓦特表用于测量电路的功率及电路的功率因数（Power Factor），其图标为▩，接线符号、面板如图 2.3.34 所示。

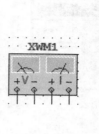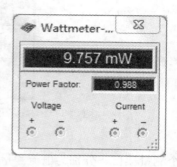

图 2.3.34　瓦特表

瓦特表有四个接线端，左侧两个接线端用于测量电压，右侧两个接线端用于测量电流。当将瓦特表的电压测量端和电流测量端连接至电路时，瓦特表面板上将显示该电路的功率及功率因数。

6. 双踪示波器

Multisim 10.0 软件提供的双踪示波器有 A、B 两个信号输入端，可以同时观察两路信号的波形，另有外触发信号端（Ext Trig）。双踪示波器图标为▩，接线符号、面板如图 2.3.35 所示。

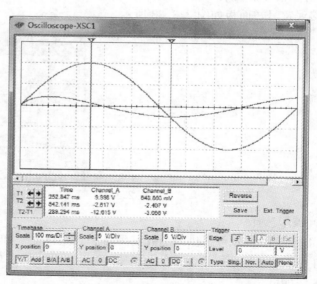

图 2.3.35　双踪示波器

双踪示波器的上方为测量信号显示窗口，测量到的波形将显示于此。当电路处于仿真状态时，单击 Reverse 按钮可切换窗口的黑白背景，单击 Save 按钮可保存仿真结果。

进行电路仿真后，可以通过拖动显示窗口中一红一蓝两根垂直游标到测量位置，窗口

下方会显示两个游标与信号波形交点的时间值、电压值及其差值（T2－T1），如图 2.3.36
所示。由此可以求出信号的幅值、周期、频率和同频率信号的相位差。

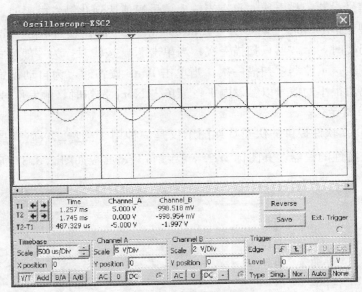

图 2.3.36　双踪示波器测量界面

双踪示波器面板上可设置的参数主要有以下几项：

（1）Timebase（时基）设置

Timebase 设置选项组内包含了扫描时间（Scale）、信号在 X 轴的起始点位置（X po-
sition）和信号显示方式。扫描时间长短设置合适与否，决定了示波器 X 轴方向波形显示
的清晰程度，信号频率与扫描时间成反比。信号显示方式分为 Y/T、Add、B/A 和 A/B
四种。当按下 Y/T 按钮时，显示的波形是关于时间轴的函数；当按下 Add 按钮时，显示
的波形是通道 A 和通道 B 信号叠加的结果；当按下 B/A 按钮时，显示的波形是把通道 A
作为 X 轴扫描信号，将通道 B 作为 Y 轴扫描信号；按下 A/B 按钮时，情况相反。

（2）Channel（通道）设置

Channel 设置选项组内包含了 Y 轴灵敏度（Scale）、信号在 Y 轴的起始点位置（Y po-
sition）和输入耦合方式。Scale 灵敏度设置合适与否，决定了示波器 Y 轴方向波形显示的
清晰程度。输入耦合方式包括 AC、0 和 DC 三种。当按下 AC 按钮时，示波器选择了交流
耦合方式，此时仅有信号的交流成分被显示；当按下 0 按钮时，示波器选择了内部接地，
等同于真实仪器的 GND 方式，用于调节信号的基准线；当按下 DC 按钮时，示波器选择
了直流耦合方式，此时显示屏上显示的波形中不仅包含信号的交流成分，还包含直流
成分。

（3）Trigger（触发）设置

Trigger 设置选项组内包含了触发边沿（Edge）、触发源、触发电平（Level）和触发
类型（Type）。触发边沿分为上升沿和下降沿，单击 ⤶ 按钮时，在波形的上升沿到来
时触发显示；单击 ⤵ 按钮时，在波形的下降沿到来时触发显示。示波器内部的通道 A

（单击按钮 A）和通道 B（单击按钮 B）可以作为信号的触发源，用户也可以选择外部触发源，即单击 Ext 按钮，此时必须保证外部信号的接地端与示波器的接地相连。触发电平的作用是给输入信号设置门槛电压，只有当输入信号幅值达到此触发电平时，示波器才开始扫描。触发类型包括"Sing.""Nor.""Auto""None"四种。当单击 Sing 按钮时，信号达到触发电平门槛时，示波器只扫描一次；当单击 Nor 按钮时，为一般模式，信号每达到触发电平门槛一次，示波器就扫描一次；当单击 Auto 按钮时，为自动模式，示波器可以较好地捕捉到幅值很小的信号以触发电平；当单击 None 按钮时，触发信号不用选择。

7. 伏安特性图示仪

Multisim 10.0 软件提供的伏安特性图示仪是一种用于测量二极管、三极管、场效应管等元器件伏安特性的仪器，其图标为 ▦ ，接线符号、面板如图 2.3.37 所示。

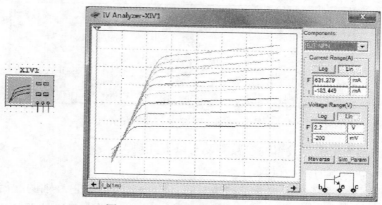

图 2.3.37　伏安特性图示仪

伏安特性图示仪面板的左侧为所测元器件伏安特性的显示窗口。面板右侧的 Components 器件下拉菜单中，用户可选择需要测试的元器件类型，包括 Diode、BJT PNP、BJT NPN、PMOS 和 NMOS 五大类，系统默认初始状态为二极管。当选择不同的元器件类型时，面板右下方会出现该类元器件在进行测量时的连接方式，对应到接线符号中的三个接线端。右侧中间的 Currents Range（A）和 Voltage Range（V）用于设置窗口中纵坐标电流范围以及横坐标电压范围。单击 Sim_Param 按钮，系统将自动弹出仿真参数设置对话框。Start 处可设置 V_pn 的起始电压，Stop 处可设置 V_pn 的终止电压，而 Increment 处可设置扫描步长，所显示图像曲线中测量点的疏密及光滑程度取决于步长的设置。

8. 波特图示仪

Multisim 10.0 软件提供的波特图示仪能够测量电路的幅频特性和相频特性，能够对电路进行频率分析。波特图示仪的频率测量范围非常宽，由于它没有信号发生电路，因此必须在电路中接入一个交流信号源，但对该信号源频率的设定没有特殊要求。波特图示仪图标为 ▦ ，接线符号、面板如图 2.3.38 所示。波特图示仪有 IN 和 OUT 两组接线端，其中 IN 端口连接电路的输入端，OUT 端口连接电路的输出端。

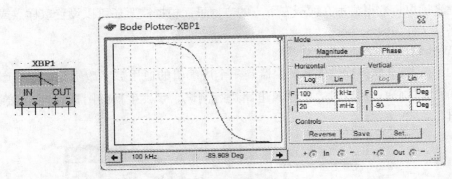

图 2.3.38　波特图示仪

　　波特图示仪横坐标和纵坐标比例尺的初值和终值根据实际情况可以修改，修改完后需重新运行电路。

　　波特图示仪面板上可设置的参数主要有以下几项：

　　(1) Mode（模式）设置

　　波特图示仪能够显示信号的 Magnitude（幅频）特性和 Phase（相频）特性。其中幅频特性是指在一定的频率范围内，两个测量点电压的幅度比值（电压增益，用 dB 表示）跟随频率改变的变化规律；相频特性是指两个测量点信号的相位差（用角度表示）跟随频率改变的变化规律。

　　(2) Horizontal（水平轴）和 Vertical（垂直轴）的设置

　　1）参考坐标

　　当两个测量点的比值有较大变化范围时，一般采用对数坐标系，如分析电路的频率响应等。当参考坐标系在对数（Log）和线性（Lin）之间切换时，可以不必对电路进行重新仿真，屏幕显示的特性曲线会自动刷新。

　　2）水平轴的设置

　　设置范围为 1 μHz ～ 1 000 THz。

　　水平轴（即 X 轴）通常显示的是频率，它的比例尺取决于 X 轴初始值（I）和最终值（F）的设置。由于频率响应分析需要的频率范围较大，所以水平轴一般常用对数的形式来表示。需要注意的是，设置水平轴初始值和最终值时，必须使得 $I<F$。

　　3）垂直轴的设置

　　设置范围：

　　测量幅频特性时 -200 dB ～ 200 dB（Log）；0 ～ 10 G（Lin）。

　　测量相频特性时 -720 ～ 720（Log 或 Lin）。

　　当测量幅频特性时，垂直轴表示电路的输出电压和输入电压之比。对于对数坐标系，单位是分贝（dB）；对于线性坐标系，只是一个比值，没有单位。当测量相频特性时，垂直轴表示电路两个信号的相位差，不管是对数坐标系还是线性坐标系，单位都是度。

　　(3) 数据的读取

　　移动波特图示仪屏幕垂直方向上的游标（初始位置与 Y 轴重合）可读取特性曲线上各点的频率、输入输出电压比值以及移相角，也可通过鼠标点击波特图示仪屏幕底部的左、右箭头键来读取。数据显示在面板左下方的方框里，根据需要还可以设置取样点或将数据保存，保存文件名为 ＊. bod。

9. Word Generator（字发生器）

Multisim 10.0 软件提供的字发生器是一个可编辑的通用数字激励源，能够产生并提供 32 位的二进制数，用以对数字逻辑电路进行测试。字发生器的图标为 ▨，接线符号、面板如图 2.3.39 所示。

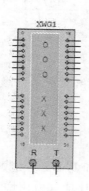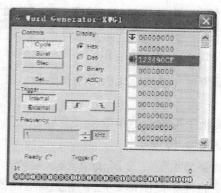

图 2.3.39　字发生器

字发生器的面板左侧是输出方式设置部分，包含 Controls（控制）、Display（显示）、Trigger（触发）、Frequency（频率）四个部分的设置，右侧为字值显示窗口，底部显示以32 位二进制数输出的当前值。

其常用功能和操作方法如下：

（1）Controls（控制）方式设置

Controls 区域用于设置字值的输出形式，即如何将面板右侧字符串值输到电路中去，共有三种方式。单击 Cycle（循环）、Burst（单帧）或 Step（单步）按钮，均可将 32 位的字信号加到电路中去，当前字值会显示在仪器面板底部的显示区内。单击 Cycle 按钮，输出一个循环的字信号流，即从被选择的起始行开始向电路输出字符串，到终止行后又重新跳回到起始行重复上述过程，直到仿真停止。单击 Burst 按钮，按顺序送出所有的字，且仅输出一次。单击一次 Step 按钮，输出光标所在行的字信号。

（2）Display（显示）方式设置

在 Display 区域中，有以下 4 种字值显示方式可供选择：Hex（8 位十六进制数）、Dec（10 位十进制数）、Binary（32 位二进制数）或 ASCII（ASCII 码的形式）。根据用户选择的不同显示方式，字值将以对应的形式显示在仪器面板右侧的窗口中。

（3）Trigger（触发）方式设置

在 Trigger 区域中，用户可以设置每行的字值输出到电路中采用何种触发方式。可以选择 Internal（内部时钟）或 External（外部时钟）；　⎍　（上升沿）或　⎍　（下降沿）。

（4）Frequency（频率）设置

此区域可以设置字发生器中每行的字值输出到电路的时钟频率，其单位为 Hz、kHz

或 MHz。

（5）字值显示窗口设置

仪器面板右侧为字值显示区，显示可编辑的 1 024 行字值序列（系统默认值）。当字发生器被激活后，字值被按照一定的规律逐行从底部的输出端送出，同时在面板的底部对应于各输出端的 32 个小圆圈内实时显示输出字各位的值。

在字值显示窗口单击鼠标右键，会弹出下拉菜单，可以设置光标位置、断点、删除断点，以及设置起始行位置、终止行位置等，常用于程序的调试。

四、电路的仿真

在 Multisim 10.0 上进行电路的仿真，实质上是用 SPICE 程序对所设计的电路进行模拟的过程。因此，为了进行仿真必须先启动 SPICE 程序（该程序已嵌入 Multisim 10.0 中）。用鼠标左键单击操作界面左上角的仿真程序运行启动开关 （O 为关，I 为开），或者选择 Simulate（仿真）→Run（运行）命令，然后双击实验电路中所用仪器，将其面板放大，再按需要调整仪器的设置，边调整边注意观察实验结果。在仿真运行过程中，若再次单击启动开关，则可使仿真程序停止运行。如果在仿真过程中需要暂停，可用鼠标左键单击启动开关右侧的 Pause（暂停）按钮 ，再单击一次可恢复仿真，通过按 F6 功能键也可以达到同样效果。

2.3.4　Multisim 10.0 的分析功能

Multisim 10.0 提供了包括基本分析、扫描分析、统计分析、高级分析在内的 18 种分析功能。采用 Multisim 10.0 提供的各种分析功能，可以对电路进行直流和交流的多种分析，完成电路动态特性的测量和元器件参数的性能指标检测，帮助我们确定电路的性能是否满足设计要求。此处仅列举部分常用分析功能的使用方法作介绍。

在 Multisim 10.0 的主菜单栏上，通过选择 Simulate（仿真）→Analyses（分析）命令，可以打开分析功能菜单栏，用户可根据需要选择其中的一种或者几种分析功能进行测试。

一、基本分析功能

基本分析功能包括直流工作点分析、交流分析、瞬态分析、傅里叶分析等。

1. DC Operating Point Analysis（直流工作点分析）

直流工作点分析主要用于确定电路的静态工作点，计算 DC 工作点并报告每个节点的电压。在进行 DC 工作点分析时，电容被视为开路，电感被视为短路，交流电源输出为零，电路中的数字器件对地将呈高阻态。

2. AC Analysis（交流分析）

交流分析能够在给定的频率范围内，计算电路中任意节点的小信号增益及相位随频率的变化关系，给出电路的幅频特性和相频特性。可用线性或对数（十倍频程或多倍频程）坐标。对模拟电路中的小信号电路进行 AC 分析时，系统将所有直流电源置零，电容和电感采用交流模型，且此时数字器件对地将呈高阻态。

以图 2.3.40 所示的 RLC 串联电路为例。

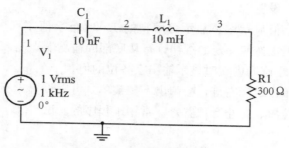

图 2.3.40　RLC 串联电路

在 Multisim 10.0 的主菜单栏上，选择 Simulate→Analyses→AC Analysis 命令，系统将会弹出如图 2.3.41 所示的交流分析设置对话框。

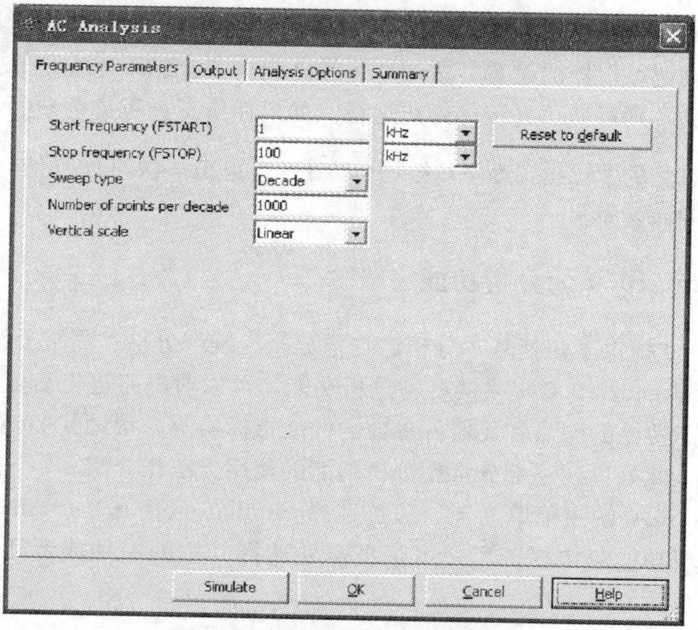

图 2.3.41　交流分析设置对话框

在 Frequency Parameters（频率参数）选项卡中，设置 Start frequency（扫描起始频率）为 1 kHz，Stop frequency（扫描终止频率）为 100 kHz；Sweep type（扫描类型）为 Decade（十倍频程）；Number of points per decade（每十倍频程的取样点数）为 1 000；Vertical scale（纵坐标刻度）的显示方式为 Linear（线性）。若希望将所有参数重新恢复到系统默认值，可点击选项卡右侧的 Reset to default 按钮。

当完成 Frequency Parameters（频率参数）选项卡的设置后，用户还需要对 Output（输出）选项卡设置输出节点。

打开交流分析设置对话框的 Output 选项卡，在左侧 Variables in circuit（电路中的变量）的备选栏中已列出电路中所有的变量和节点号，用户选择需要对其进行分析的变量和节点号单击，然后通过中间的 Add 按钮添加到右侧的被分析变量栏中即可。

本例中，需要测量输出端为 R1 两端的电压，即节点 3 的频率特性，因此只需选中 V(3)添加到被分析变量一栏即可。

完成上述交流分析设置后，单击 Simulate 按钮就能够对电路进行交流分析仿真。仿真分析的结果会显示在 Grapher View（图形显示）窗口中，如图 2.3.42 所示。图中上半部分为幅频特性，下半部分为相频特性。通过菜单栏中的 View→Show/Hide Cursors 命令或者单击工具栏中的 图标，图中会出现两个游标，并同时打开能显示两个游标对应 X、Y 坐标及其峰值等相关信息的窗口，如图 2.3.43 所示。

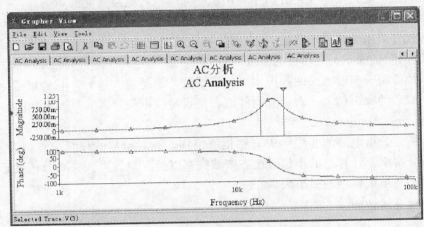

图 2.3.42　仿真分析结果曲线

AC Analysis	V(3)
x1	18.4374k
y1	712.7419m
x2	13.7049k
y2	706.8789m
dx	-4.7325k
dy	-5.8629m
1/dx	-211.3035μ
1/dy	-170.5631
min x	1.0000k
max x	100.0000k
min y	18.9209m
max y	999.9962m
offset x	0.0000
offset y	0.0000

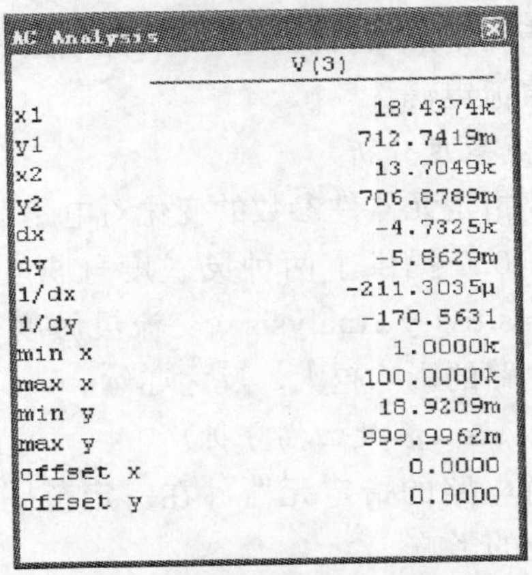

图 2.3.43 仿真分析结果数据

移动游标读数，便可从曲线图中找出电路的谐振频率 f_0 和上、下限频率 f_H 和 f_L，从而计算出串联谐振电路的通频带宽度 BW 和品质因数 Q 等。

3. Transient Analysis（瞬态分析）

瞬态分析可以反映电路的时域响应情况，能够在给定的起始与终止时间内，计算电路中任意节点上某变量随时间的变化关系。进行电路的瞬态分析时，直流电源被视为常量，交流电源以时间函数输出。

4. Fourier Analysis（傅里叶分析）

在给定的频率范围内，对电路的瞬态响应进行傅里叶分析，可将非正弦信号的瞬态响应分解成以下三部分之和：直流分量、基波分量以及各次谐波分量的幅值及相位。傅里叶分析的结果是幅度频谱和相位频谱，可以帮助我们直观地了解各次谐波的幅度或初相位与频率之间的关系。

5. Noise Analysis（噪声分析）

对于指定的电路输出节点、输入噪声源以及扫描频率范围，噪声分析能计算出指定元器件所贡献的噪声谱密度。噪声分析主要用于研究噪声对电路性能的影响。

6. Noise Figure Analysis（噪声系数分析）

噪声系数分析用于衡量电路输入/输出信噪比的变化程度，表示为：噪声系数 ＝ 输入端信噪比/输出端信噪比，其单位为 dB。

噪声系数可用于衡量电路的噪声水平，该系数并不是越大越好，它的值越大，说明在传输过程中掺入的噪声越大，表示元器件或者信道特性不理想。

7. Distortion Analysis（失真分析）

失真分析是分析电路的非线性失真和相位偏移，能对给定的任意节点以及扫频范围、扫频类型与分辨率，计算总的小信号稳态谐波失真以及互调失真。失真分析能显示出瞬态分析波形中不易被观察到的微小失真。

二、扫描分析功能

扫描分析功能包括直流扫描分析、参数扫描分析、温度扫描分析等。

1. DC Sweep Analysis（直流扫描分析）

直流扫描分析能反映出指定节点的直流工作状态随电路中一个或者两个直流电源变化的情况，此时的扫描对象是直流电源。

2. Sensitivity Analysis（灵敏度分析）

灵敏度分析可以反映电路指定元器件参数的变化对电路的直流工作点或交流频率响应特性的影响程度。Multisim 10.0 提供了两种灵敏度分析功能：DC Sensitivity Analysis（直流灵敏度分析）和 AC Sensitivity Analysis（交流灵敏度分析）。灵敏度越高，则表示该指定元器件参数的变化对电路的影响越大，反之亦然。

3. Parameter Sweep Analysis（参数扫描分析）

通过参数扫描分析可了解电路的指定元器件在一定范围内变化时对电路的直流工作点、交流频率特性或瞬态响应的影响。

仍以图 2.3.40 所示的 RLC 串联电路为例。

在主菜单栏上，选择 Simulate→Analyses→Parameter Sweep Analysis 命令，将弹出如图 2.3.44 所示的参数扫描分析设置对话框。

在 Analysis Parameters（分析参数）选项卡中，设置 Sweep Parameter（扫描参数）为 Device Parameter（元器件参数）；Device Type（扫描的元器件类型）为 Capacitor（电容）；Name（元器件名称）为 cc1，即电路中的 C1 元器件；Parameter（元器件参数）为 Capacitance（电容容量）；Sweep Variation Type（扫描类型）为 Linear（线性）；Start（扫描起始值）为 0.01 μF，Stop（扫描终止值）为 0.2 μF；# of points（扫描取样点数）

为 5，此时 Increment（扫描增量）将自动更新为 47.5 nF；Analysis to sweep（扫描分析类型）为 AC Analysis（交流分析）；并且选中 Group all trances on one plot，即所有仿真分析结果曲线将显示在同一个分析窗口中。

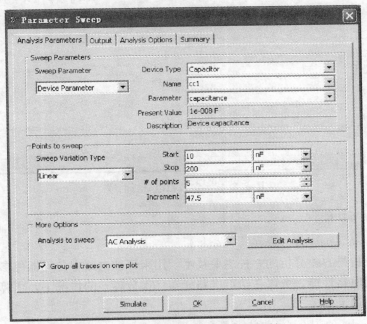

图 2.3.44　参数扫描分析设置对话框

当完成 Analysis Parameters（分析参数）选项卡的设置后，还需对 Output（输出）选项卡进行设置，本例中选择 V(3) 即电阻 R1 端电压作为输出节点来分析。

完成上述交流分析设置后，单击 Simulate 按钮就能够对电路进行交流分析仿真。仿真分析的结果会显示在 Grapher View（图形显示）窗口中，如图 2.3.45 所示。图中上半部分为幅频特性，下半部分为相频特性。

图 2.3.45 显示了电路中电容 C1 均匀地选取 0.01 μF 到 0.2 μF 之间的 5 个数值时电路的频率特性曲线，从中可以观察到电容 C1 参数的改变对电路谐振频率的影响，为电路的分析和设计提供帮助。

4. Temperature Sweep Analysis（温度扫描分析）

温度扫描分析能够反映温度变化对电路中指定节点的直流工作点、交流分析或瞬态响应的影响程度。温度扫描分析仅适用于半导体器件和部分虚拟器件等。

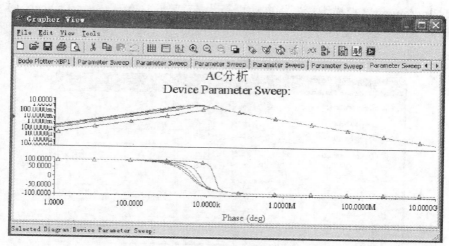

图 2.3.45　参数扫描分析曲线

三、统计分析功能

1. Worst Case Analysis（最坏情况分析）

最坏情况分析是容差分析的一种主要技术，用来评估电路中各元器件参数同时发生最坏情况变化时的电路性能。可以在给定电路元器件参数容差的情况下，估算出电路性能相对于标称值时的最大偏差。

2. Monte Carlo Analysis（蒙特卡罗分析）

在给定的容差范围内，蒙特卡罗分析能够计算出当元器件参数按照指定的容差分布规律随机变化时，对电路性能的影响程度。用户可以对元器件参数容差的随机分布函数进行选择，使分析结果更符合实际情况，目前常用的是均匀分布和高斯分布这两种概率分布情况。通过该分析可以预计由于制造过程中元器件的误差，而导致所设计的电路不合格的概率。

四、高级分析功能

1. Pole-Zero Analysis（零-极点分析）

对给定的输入与输出节点以及分析类型（增益或阻抗的传递函数、输入或输出阻抗），零-极点分析能够计算出交流小信号电路传递函数的极点和零点，从而可以获得有关电路稳定性的信息。

2. Transfer Function Analysis（传递函数分析）

对给定的输入源与输出节点，传递函数分析能够计算出电路的直流小信号传递函数，以及电压增益、电流增益、输入阻抗和输出阻抗等。

3. Trace Width Analysis（线宽分析）

线宽分析是 Multisim 10.0 针对 PCB 中有效传输电流所允许的导线最小宽度进行的分析，对于 PCB 设计人员掌握导线所能承受的最大电流、耗散功率等有一定帮助。

4. Batched Analysis（批处理分析）

批处理分析能将其他不同的分析功能组合在一起依次执行，而无需单独进行各项分析，以节省仿真时间。

5. User Defined Analysis（用户自定义分析）

用户自定义分析是一种利用 SPICE 语言建立电路和实现仿真分析的方法，它的存在使得用户可以自行扩充仿真分析功能，满足高端需求。

认识与实践3：仿真工具的使用

要求：

（1）学习如何从元器件库和仪器库中获取仿真电路所需的元器件和测量仪器，以及根据要求设定元器件参数、设置仪器仪表工作状态的方法。

（2）学习电路原理图的建立及电路的连接方法。

（3）学习利用 Multisim 10.0 仿真软件提供的测量仪器和分析工具观察电路现象、分析电路的方法。

（4）根据实习内容撰写实习报告。

内容：

1. 惠斯通电桥

按图 2.3.46 连接电路，其中 $R_1=1$ kΩ，$R_2=5.1$ kΩ，取 $R_x=10$ kΩ，设其为被测电阻。假设 R_3 为可调节的精密电阻，改变 R_3 的大小，观察 R_3 阻值变化时，检流计的电流变化情况。记录使电桥平衡时 R_3 的电阻值，根据平衡条件计算出被测电阻 R_x 的大小，并与理论值相比较。将 AB 之间的电流表换成万用表，用万用表的电压挡测量 A、B 之间的电压；改变 R_3 的大小，观察电压 U_{AB} 的变化情况；记录电桥平衡时 R_3 的值，并与利用检流计测得的电桥平衡时的 R_3 相比较。

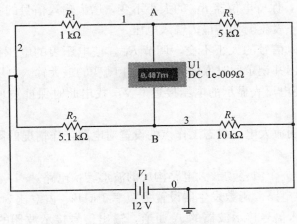

图 2.3.46　惠斯通电桥

2. 基本放大电路

图 2.3.47 是一个基本放大电路，按图示电路连接线路。其中输入信号由交流电源提供，正弦信号的频率为 1 kHz，有效值为 10 mV。将输入信号接示波器的 A 通道，输出信

号接示波器的 B 通道，为观察方便起见，建议将 A、B 通道的连接线设置为不同的颜色。

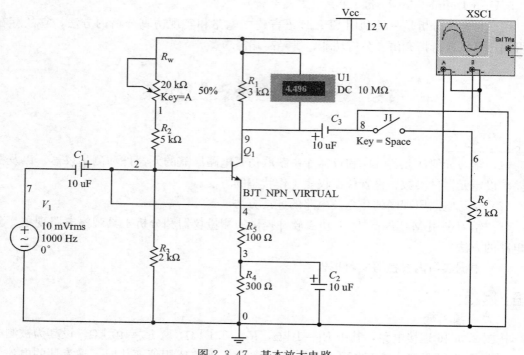

图 2.3.47   基本放大电路

(1) 调节电位器 R_w 的大小，使电压表显示的电压接近 6 V（该值也称为电路的静态工作点）。打开开关 J1，用示波器观察、记录输入信号和输出信号的波形，并根据测量值计算放大电路的电压放大倍数 A_{V1}。再将开关 J1 闭合，观察、记录输入输出波形，计算此时的电压放大倍数 A_{V2}，并与开关打开时的电压放大倍数比较。

(2) 打开开关 J1，保持电位器 R_w 的大小不变，增大输入信号的幅度，观察输入输出波形，记录保证波形不发生畸变的最大输入电压。

(3) 保持上述输入信号的大小不变，调节 R_w，使电压表的电压接近 2 V，观察、记录输入输出波形。找出并记录此时保证波形不发生畸变的最大输入电压。

(4) 调节 R_w，使电压表显示的电压接近 9 V，找出此时保证波形不发生畸变的最大输入电压。

(5) 通过实验说明放大电路静态工作点的设置对电路工作情况的影响。

3. 波形转换器

图 2.3.48 所示是一个由差动放大电路构成的波形转换电路。

按图 2.3.48 建立电路，函数发生器设置为频率 3 kHz、占空比 50%、峰-峰值 1 V 的三角波信号输出。输入信号接示波器的 A 通道，输出信号接示波器的 B 通道，为观察方便起见，建议将 A、B 通道的连接线设置为不同的颜色。调节电路中的电位器 R_{w1}，使电压表的读数为 0.3 V 左右，保持 R_{w1} 不变；调节电位器 R_{w2} 的大小，观察输出信号的变化情况。说明在什么情况下电路实现放大功能，什么情况下电路可以实现从三角波到正弦波的波形转换，观察并记录相应的波形。

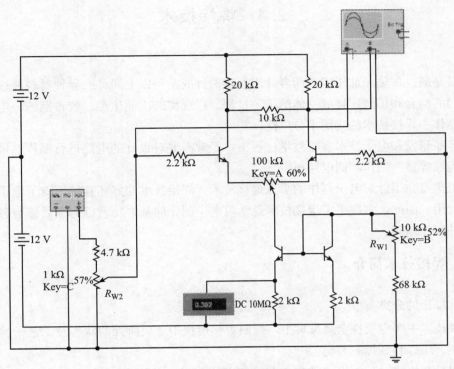

图 2.3.48　波形转换电路

4. 戴维南定理

（1）用参数扫描的方式分析当电阻 R_L 改变时，图 2.3.49 所示电路中电压 U_{ab} 和电阻 R_L 的关系，由得到的数据画出特性曲线。R_L 的范围为 $1\sim2.2$ kΩ，步长设置为 $200\ \Omega$。

（2）通过测量求出电路的戴维南等效电路，再用参数扫描的方式分析电压 U_{ab} 和电阻 R_L 的关系，画出特性曲线，并与原电路的特性曲线比较。

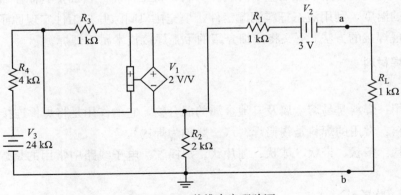

图 2.3.49　戴维南定理验证

2.4　焊接技术

　　焊接是通过加热、加压或者两者并用，将两种或两种以上同种或异种材料通过原子或分子之间的结合和扩散连接成一体的工艺过程。在现实的工业生产、装备制造、电子产品研发和制作中焊接技术的应用十分广泛。

　　在产品研发和电子技术实验教学过程中，经常需要对设计的电路进行制作、调试，这就要求能够焊接、制作印刷电路板。

　　这里重点介绍针对电子制作的手工焊接技术。焊接技术的好坏直接影响了电子制作的质量和应用，因此，掌握手工焊接技术是学习电子制作的基本功，也为今后参与各类研发提供硬件制作基础。

2.4.1　焊接技术简介

一、焊接的分类

　　焊接技术主要应用在金属母材上，按照焊接过程中金属所处的状态及工艺的特点，可分为熔焊、压焊和钎焊三大类。

　　熔焊是在焊接过程中将工件接口加热至熔化状态，不加压力完成焊接的方法。熔焊时，热源将待焊的两工件接口处迅速加热熔化形成熔池，熔池随热源向前移动，冷却后形成连续焊缝而将两工件连接成为一体。

　　压焊是在加压条件下，使两工件在固态下实现原子间结合，又称固态焊接。常用的压焊工艺是电阻对焊，当电流通过两工件的连接端时，该处因电阻很大而温度上升，当加热至塑性状态时，在轴向压力作用下连接成为一体。

　　钎焊是使用比工件熔点低的金属材料作钎料，将工件和钎料加热到高于钎料熔点、低于工件熔点的温度，利用液态钎料润湿工件，填充接口间隙并与工件实现原子间的相互扩散，从而实现焊接的方法。下文将详细介绍的手工焊接技术属于钎焊。

二、锡焊材料

1. 焊料

（1）作用：焊料是易熔金属及其他金属的混合物，它的作用是将焊件连接在一起。

（2）材料：常用的焊料是锡铅焊料（一般称为焊锡）。

（3）形状：条状、带状、球状、圆片状、焊锡丝。电子线路中常用的是焊锡丝，有粗细之分。

2. 焊剂（助焊剂）

（1）作用：净化焊材表面，清除氧化膜，减小焊料表面张力，提高焊料的流动性，以使焊接牢固、美观。

（2）要求：熔点比焊料低，有较强的去氧化性，高绝缘性，无毒性。

（3）材料：常用的有松香、松香酒精焊剂、焊锡膏。

三、锡焊机理

锡焊的形成机理：在焊接过程中，为了使焊料、焊件这两种不同材质的金属牢固地粘合在一起而形成的一种物理化学过程。在这个物理化学过程中，主要出现了润湿和合金结合层这两个概念，润湿的程度和结合层的强度决定了焊接质量的好坏。

1. 润湿

润湿是液体发生在固体表面的一种物理现象。如果液体能够在固体表面蔓延开来，我们就说该液体可以在该固体表面润湿，润湿的程度可以用润湿角来衡量。如图 2.4.1 所示液体和固体之间的接触角称为润湿角 θ，θ 的大小是定量表征润湿程度的物理量。如图 2.4.1 (a) 中，$\theta < 90°$，表示润湿良好、充分，此时焊接质量就好；图 2.4.1(b)中，$\theta > 90°$，表示润湿不足或没有润湿，此时焊接质量就差。在实际应用中，从量化的角度来说 θ 在 45°左右比较合适。

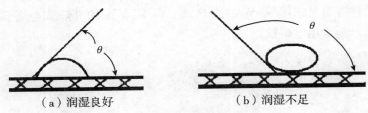

|（a）润湿良好　　　　　　　　　　（b）润湿不足|
图 2.4.1　润湿角度

影响润湿的因素有二个：一是焊件表面的氧化层，二是温度。

如果在焊件表面有一层氧化层，就不会产生润湿或者润湿较差，溶化的焊料在表面张力的作用下会形成球状，这样就减小了焊料的附着力。实际应用中需用砂纸或助焊剂来清除焊件表面的氧化物，从而减小焊料表面的张力，提高其润湿性。另外，只有在一定的温度下，金属分子才会具有一定的动能使得扩散得以进行，因此，达到一定的温度使得焊料液化，以在焊件上实现润湿是锡焊的必要条件。

2. 合金结合层

在上述润湿的过程中，还发生了液态焊料和固态焊件之间的原子扩散，这种扩散在焊料和焊件的交界处形成新的金属合金结合层，结合层的金属成分既不同于焊料也不同于焊件，而是形成了一种既有化学作用又有冶金作用的特殊层。由于这个特殊层的作用使焊料和焊件这两个不同的金属材料牢固地结合在一起并成为一个整体，实现金属的连续性。

合金结合层的成分和厚度取决于焊料和焊件的金属性质、助焊剂的物理化学性质、焊接时的温度和时间等。焊接的好坏取决于这一合金结合层的质量，它必须是严密且有一定厚度的合金层，以保证有牢固的物理强度和良好的导电性。

由此，我们知道锡焊的机理是将表面清洁的焊件与焊料加热到一定温度，焊料溶化并润湿焊件表面，从而在其界面上发生化学冶金作用而形成合金结合层，实现金属焊接的全过程。

2.4.2　手工烙铁焊接技术

虽然目前的批量电子产品生产中大多采用机器焊接，但在电子产品的维修、调试过程中，仍然需要进行手工焊接。手工焊接是保证电子产品质量和可靠性的基本工作，也是一项实践性很强的技能，需要通过多实践才能保证有较好的焊接质量，从而保证制作的质量和可靠性。

一、焊接前的准备

1. 工具

（1）电烙铁。合理地选用电烙铁，对提高焊接质量和效率有很大帮助。如果所选电烙铁的功率太大，容易使焊点过热，造成元器件损坏或者焊盘脱落；如果电烙铁的功率太小，则可能造成焊料熔化不完全，使焊点不牢固，形成虚焊。焊集成块、电阻、电容、二极管、三极管等元器件时可选用功率较小（20～35 W）的内热式电烙铁；焊较粗的导线、同轴电缆、接插件等时可选用 50 W 的内热式、45～75 W 的外热式电烙铁或者恒温电烙铁。图 2.4.2 所示为常用电烙铁。

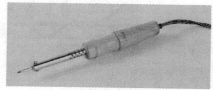

（a）普通电烙铁　　　　　　　　　（b）恒温电烙铁

图 2.4.2　电烙铁

（2）其他。焊接工具还需要准备操作时放置电烙铁的架子、拆焊用的吸锡器、夹集成块和元器件的镊子、剪管脚的斜口钳、剥线钳、剪刀等，如图 2.4.3 所示。

吸锡器大多是活塞式，每次可以对一个焊点进行拆焊，它具有使用方便、灵活、适用范围广的特点，使用时最好再备一个医用空心针头。另外还有一种吸锡电烙铁，它是将吸锡器与电烙铁合为一体的拆焊工具。

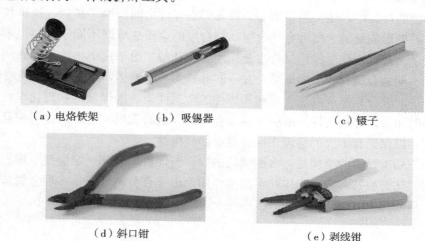

（a）电烙铁架　　　　（b）吸锡器　　　　　　　（c）镊子

（d）斜口钳　　　　　　　　　（e）剥线钳

图 2.4.3　其他焊接工具

2. 材料

（1）焊料。为了方便使用焊料通常都做成焊锡丝，焊锡丝由 60% 的锡和 40% 的铅混合制成，卷绕成一小筒，焊锡丝内一般都含有助焊的松香，熔点较低。

（2）松香。松香是一种助焊剂，在焊接时可以帮助焊接。松香可以直接使用，焊接前可用电烙铁在块状松香上蘸一下然后直接上锡，也可以将松香和酒精混合配制成松香溶液，焊接前将其涂在要焊接的印制板或元器件上。

（3）焊锡膏。其功能和松香类似，但与松香相比，时间长了较易发生虚焊，而且带有腐蚀性，不太适合电子制作。

图 2.4.4 所示为部分焊接材料。

（a）焊锡丝　　　　　　　　（b）松香　　　　　　　（c）焊锡膏

图 2.4.4　焊接材料

3. 镀锡

如果是多股导线在焊接前需要镀锡，首先用剥线钳剥去绝缘皮层，然后将剥好的导线朝同一个方向拧紧，再用电烙铁在拧好的导线表面镀上一层焊锡，以增加焊接的牢固度。

现在出厂的元器件大多已镀锡，可以直接焊接。但放置过久的元器件引线表面会产生氧化层，直接焊接会发生虚焊等情况，需用刀片或砂纸去除氧化层再镀锡。

4. 元器件安装

元件的安装方式通常有以下几种：

（1）卧式安装：元件与印制板水平安装，便于观察，但所占空间较大。

（2）立式安装：元件与印制板垂直安装，所占空间较小，但不便于观察。

（3）贴片安装：元件小，无引线，紧贴在印制板表面，占用空间小，焊接困难。

（4）大元件安装：较大的元件必须要加以固定，以免受震动后碰到其他元件或造成焊点松动。

（5）需要散热的元件应先把散热片和元器件固定在一起后再安装在电路板上。

在印制板上安装元器件时，不管是卧式还是立式均应按照其在印制板上的高度从低到高逐次安装。需要注意的是，安装元器件时，应根据焊盘孔的距离不同，将各元器件引线弯成相应的形状（主要针对卧式和立式安装）。注意不要将引线齐根弯折，而应留有一定距离，并弯曲成圆弧状，以免损坏元器件。所有元器件应排列整齐，同类元件要保持高度一致，各元器件的符号标志应置于便于查看的方位。

二、电烙铁与焊锡丝

1. 电烙铁的准备

新的电烙铁在首次使用时，需接通电源，待电烙铁头发热后，将焊锡丝放在电烙铁尖头上镀上锡，这样可使电烙铁不易被氧化。若电烙铁通电后不热，可用万用表检测电烙铁电阻，25 W 的电烙铁的电阻正常值应在 2 kΩ 左右，若发现为开路状态，则需要替换烙铁心。

在电烙铁的使用过程中，应注意尽量使烙铁头保持清洁，并保证烙铁的尖头上始终有焊锡。除了老式的全铜式烙铁头，现在常用的内热式和外热式烙铁头都有一层涂层，使用时不可随便使用锉刀锉烙铁头，以免破坏涂层，使烙铁头氧化腐蚀。

此外，小功率电烙铁使用时应注意环境温度，环境温度太低时不利于焊接。

2. 电烙铁的握法

电烙铁的握法有三种：反握法、正握法和握笔法，如图 2.4.5 所示。

（1）反握法：用五指把电烙铁柄握在手掌内，像一个拳头，且大拇指伸出，朝向导线方向。此方法适用于大功率的电烙铁，焊接散热量比较大的被焊件，长时间操作不易疲劳。

（2）正握法：与反握法相同，只是拳头和拇指方向与反握法正好相反。此法适用于较大的电烙铁，如弯型电烙铁头的大烙铁。

（3）握笔法：用握笔的方法握电烙铁，这个握法常常适用于小功率的电烙铁，焊接散热量小的被焊件。这也是实验室电子制作焊接时推荐的电烙铁握法。

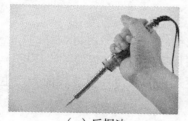  

　　（a）反握法　　　　　　　　（b）正握法　　　　　　　（c）握笔法

图 2.4.5　电烙铁握持方法

3. 焊锡丝的基本拿法

手工焊接时，一般是左手拿焊锡丝，右手握电烙铁。焊锡丝的基本拿法有二种，如图 2.4.6 所示。当进行连续焊接时，为方便连续向前送焊锡丝，可采用图 2.4.6（a）所示的拿法：用左手拇指和食指捏住焊锡丝，并让焊锡丝从手心通过。当只需要焊接几个焊点时，可采取如图 2.4.6（b）所示的拿法：用左手拇指和食指捏住焊锡丝，并让焊锡丝从手背跨过。

 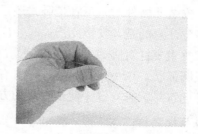

　　（a）连续焊接时　　　　　　　（b）只焊几个焊点时

图 2.4.6　焊锡丝的基本拿法

三、焊接方法

1. 焊接步骤

准备工作完成后，便可进行焊接。焊接时左手拿焊锡丝，右手握电烙铁，把它们放在印制板的焊盘和元器件的引脚处，如图 2.4.7 所示。

图 2.4.7　正确的操作方法

具体的焊接步骤如下：

（1）将电烙铁通电，待电烙铁发热后，可尝试用电烙铁头蘸一下松香，如松香马上熔化，说明已达到焊接温度要求，这时可将电烙铁头放在焊盘和元器件引脚处，使焊接点升温。

（2）当焊点达到适当温度时，及时把松香焊锡丝放在焊接点上熔化。

（3）焊锡熔化后，应将电烙铁头沿着元器件引脚，根据焊点形状稍加移动，带动焊锡均匀布满焊盘，并浸入被焊面的缝隙。此时应注意焊锡一定要润湿被焊工件表面和整个焊盘，使焊锡和元器件引脚形成一个"小山包"，待焊锡丝熔化适量后，迅速拿开焊锡丝，再沿元件引脚方向撤离电烙铁。

（4）拿开电烙铁后查看"小山包"是否光亮、圆滑、无毛刺。如果不好可以再次把电烙铁头靠上"小山包"让其熔化，然后将电烙铁头沿着元器件引脚方向迅速撤离。

（5）焊好后用斜口钳将"小山包"尖上过长的元器件引脚剪短，使元器件引脚稍露出"小山包"即可。

焊完几个焊点后，可用金属丝擦拭烙铁头，使烙铁头干净、光亮，以去除烙铁表面的氧化物，避免出现虚焊。此外，焊接时要注意元器件的焊接顺序，一般顺序是：二极管、电阻、电容、三极管、集成块、大功率管，形状也是从小到大、从低到高。焊接中还要注意被焊元件的极性，焊集成块时要检查型号以及摆放是否正确，焊接时先焊对角两个引脚使其定位，然后再从左到右、自上而下逐个焊接引脚。

2. 焊点连接形式

焊点的连接形式通常有插焊、弯焊、绕焊和搭焊四种，各种连接形式和特点如表 2.4.1 所示。

表 2.4.1　焊点的连接形式

连接形式	图　示	说　明
插焊		元器件的引脚直接插入焊孔最常用。但容易造成虚焊、脱焊，拆焊较方便
弯焊（钩焊）		引脚穿过印刷板后弯曲。焊点牢固，但费时，不宜拆焊
绕焊		常用于无固定点连接
搭焊		直接在印刷板表面焊接，方便，但强度与可靠性差

3. 焊点要求

合格的焊点应具备以下几个条件：焊点成圆弧形（圆锥形）；具有足够的机械强度；导电性能好；焊点表面光滑、无毛刺。如图 2.4.8 所示。

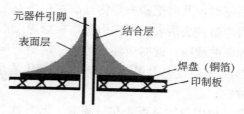

图 2.4.8　合格焊点

不合格的焊点主要有以下几种情况：

（1）焊锡过量：浪费焊锡，容易造成虚焊。

（2）焊锡不够：焊点不牢，容易脱焊。

（3）温度过高、时间过长：容易烫坏印刷板，若焊孔较大，容易漏焊锡。

（4）温度过低、时间过短：易造成虚焊，焊点毛糙。

常见的焊点问题如表 2.4.2 所示。

表 2.4.2　常见的焊点缺陷及原因

焊点缺陷	外形	现象	分析
虚焊		焊锡与焊盘之间有明显黑色界限，润湿差，导电性能差	焊件表面氧化层未清理干净，助焊剂不足或加热温度没达到
锡量过多		焊料面鼓出凸形	焊锡丝撤离过迟
锡量过少		焊料面未形成平滑连续面，机械强度不足	焊锡丝撤离过早
过热		焊点表面发白粗糙、无金属光泽	选用的电烙铁功率过大或者电烙铁在焊点上停留时间过长
冷焊		表面呈豆腐渣状散落颗粒且有时看见裂纹，造成机械强度低，导电性也不好	焊料未固化时焊件或焊料抖动
空洞伞形不对称		焊锡未流满焊盘导致强度不足	元器件引脚、焊盘部分未清洁干净，助焊剂助焊成分不足，加热不足以致焊料流动性不好
拉尖		出现一个或多个尖刺	助焊剂和焊料相比过少，加热时间过长使焊锡"附着性"增加
桥接		相邻焊盘搭接使电气短路	焊料堆积太多，电烙铁撤离方向不对，电烙铁上带锡过多
剥离		焊盘剥落造成电气断路	焊接时温度过高或电烙铁功率过大，焊接时间过长

4. 焊点的拆除

在电路的调试和维修中经常要更换元器件，这样就需要拆除一些焊点。拆除比焊接更困难，要求更高，拆除不当很容易损坏元器件和印制板，一般非集成块的元器件拆焊相对简单。拆焊时把印制板竖起，手持电烙铁在焊盘侧直接加热解焊，当电烙铁把焊料加热至溶化时，另一只手在元器件侧，用镊子或尖嘴钳夹住元器件引脚慢慢地轻轻拉出。

拆下元器件后，焊盘上的焊孔往往被余锡堵住，为焊接新的元器件，需要用专用吸锡器在焊点加热的同时把焊锡吸入吸锡器的内腔，以清除焊孔中的余锡。

在很多情况下，当手边没有专用吸锡电烙铁时，可以找临时替代品来处理少量的拆焊。比如可以用空心的医用针头放在焊盘上，当电烙铁把余锡加热到熔化时，一面用针尖轻轻把焊孔啄通，一面用力把余锡吹出焊孔。

当需要拆下多个焊点如集成块时，除了使用吸锡器等专用工具，还可以利用屏蔽电缆上的铜丝编织线作为吸锡材料。将铜丝编织线浸上助焊剂如松香水，贴敷到待拆焊点上，用电烙铁加热铜丝编织线，利用其将热传导到焊点上以熔化焊锡，使焊锡"爬上"编织线，如此再三，可以把所有焊点上的焊锡都去除掉。

5. 贴片式元器件的焊接、拆卸技巧

目前贴片式元器件的应用非常普遍，而对这类元器件的焊接和拆卸有更高的技术要求。

贴片式元器件更适合用焊接机器来焊接，工业上常采用波峰焊、回流焊等方法。但在现实的研发和维修过程中常常不可避免会遇到需要进行手工焊接的场合，在手工焊接中要充分了解贴片元器件的特点以进行正确的焊接。

贴片式元器件不少是由陶瓷材料做成的，如贴片电阻、贴片电容，比较脆，受硬物碰撞容易破裂，焊接时需要小心。而集成贴片元器件的焊脚多，而且相互之间的间距比较窄，因此在贴片元器件的焊接时一定要选用可以控温的尖头烙铁。焊接时，除了温控尖头烙铁外，还需准备防静电的镊子和焊锡丝，最好还有一个放大镜。焊接时温控烙铁的温度宜调到 220°～300°以刚好熔化焊锡丝，烙铁温度达到后轻轻在焊盘上上一层锡，注意不要太多，将芯片和电路板上的标识对齐，然后用镊子夹住元器件的一只脚放在焊盘上，把烙铁尖凑近将焊锡丝熔化在相应的管脚和焊盘上，然后迅速撤走烙铁，这样便完成一个元器件脚的焊接。注意焊接过程中焊锡不能多，焊接的速度要快以免烫坏元器件，必要时为保护元器件不被烫坏，焊接好一个元器件脚后先不焊其他脚，而是待元器件稍冷却后再焊。全部焊接完成后最好用放大镜检查一下有没有焊盘误连接在一起，并需要用酒精把印制电路板上焊点残渣清洗干净。

贴片元器件的拆焊有很多方法，比如可用专用的烙铁头、吸锡枪等，都是为了把各个焊脚上的锡均匀地熔化掉，使其从焊盘上脱落以达到拆焊的目的。

四、焊接操作注意事项

（1）电烙铁的温度很高（260～450 ℃），在焊接过程中，必须防止烫伤。

（2）焊接时要靠增加接触面积加快热量传递，即应该让电烙铁头与焊件形成面接触而非点接触。在焊锡凝固之前不要使焊件移动或振动，用镊子夹住焊件时，一定要等焊锡凝固后再移去镊子。

（3）如果遇到需要散热的元器件，如三极管，要用镊子夹住管脚以利散热，大功率的三极管还要预先装好散热片。焊接要轻巧、快速，这样不容易损伤元器件或焊盘。

（4）焊接中间，电烙铁暂时不用要放置在焊架上，长时间不用还要断开电源以免烙铁头氧化。同时导线等物不能碰到烙铁头，以免烫坏导线绝缘层。

（5）焊好后应用镊子检查是否有虚焊，检查完成后需从电路板上清除助焊剂，将硬毛刷浸上酒精沿引脚方向仔细擦拭，直到残余助焊剂消失为止，以防炭化后的助焊剂影响电路的正常工作。

（6）一般实验室电子制作选用的电烙铁都是为焊接电阻、二极管、三极管、集成块等的 20～25 W 内热式电烙铁，功率较小，因此使用时需要注意环境温度，夏天注意不要让电扇对着电烙铁吹，冬天若房间温度太低也不适合焊接。

（7）对于其他一些金属材料（如铝材料），必须采用一些特殊的方法才能进行焊接。

认识与实践 4：焊接与制作

要求：

在实习内容提供的二个电子产品（如图 2.4.9 所示）中，任选其一，完成从元器件的判别、性能检测、安装、焊接到电路板的调试及整个产品的装配工作。在自己动手制作和装配的过程中，要求能初步了解电路的工作原理，通过实际操作与练习，掌握元器件的识别及检测方法、基本手工电烙铁焊接技术及电路板的基本调试方法。

（a）花仙子USB桌面供电音箱　　　（b）光控板时钟　　　（c）木制音响

图 2.4.9　电子制作套件

内容：

1. 花仙子 USB 桌面供电音箱

音箱采用主音箱加副音箱的结构方式，采用 USB 接口供电，二喇叭单元设计，双声道 3D 音效技术。工作时首先通过音频线将 MP3、手机、电脑等设备的左、右二路音频信号输入到立体声盘式电位器的输入端，再将其耦合到功率放大电路，进行音频功率放大后分别输出左、右二声道音频信号推动二路扬声器工作。

2. 光控板时钟

该光控板时钟采用 5 V 电源供电（也可以使用手机充电器工作），其中主要包括有 51 单片机控制电路、时钟电路、温度采集电路、光强采集电路和显示电路。通过光敏电阻检测环境光，夜晚关灯时自动变成微亮，白天随着光线增强显示亮度增强。由热敏电阻检测环境温度并自动显示，每 30 s 显示一次，带整点报时和一路闹钟。

制作步骤：

（1）元器件的识别与检测。根据印制板和元器件表核对元器件，注意其数量和类别，采用数字式万用表的不同测量挡位检测各元器件的性能。

（2）元器件的安装和焊接。按照电路图和焊接要求将元器件安装至印制板上并焊接，安装时应注意元器件的极性，且需紧贴印制板，电解电容可以采用卧式安装的方式降低高度。

（3）焊接完成后，检查是否有虚焊、冷焊等焊点缺陷，剪短过长的引脚。

（4）完成其他一些固定件的安装及电路板的调试。

（5）将电路板放入产品外壳内，完成全部装配。

（6）产品功能测试。

第 3 章　电路实验

实验一　元件的伏安特性

一、实验目的

（1）掌握线性电阻、非线性电阻和有源元件的伏安特性及其测量方法。

（2）熟悉直流电压表、直流电流表和直流稳压电源的使用。

（3）熟悉伏安特性曲线的绘制。

二、原理与说明

一个两端元件的特性，可以用元件两端的电压 u 和流经它的电流 i 之间的函数关系来表示，u 和 i 之间的函数关系常被称为元件的伏安特性。它可以通过实验的方法来测得，并可以用 u-i 直角坐标平面内的一条曲线（伏安特性曲线）来表示。

1. 电阻元件的伏安特性

电阻元件可分为线性电阻和非线性电阻两大类。

线性电阻是指电阻值不随其两端的电压或流经它的电流的改变而变化的电阻，线性电阻的阻值是一个常数，线性电阻元件的伏安特性服从欧姆定律。它的伏安特性曲线是一条通过 u-i 平面原点的直线，直线的斜率与电阻元件阻值的大小有关，$\mathrm{tg}\,\theta = \dfrac{1}{R}$，如图 3.1.1（a）所示。该特性与元件电压、电流的大小和方向无关，故线性电阻也称为双方向性元件。

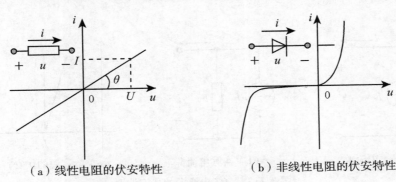

（a）线性电阻的伏安特性　　　　　　（b）非线性电阻的伏安特性

图 3.1.1　电阻元件的伏安特性

　　非线性电阻元件的电压和电流之间的关系不满足欧姆定律，其伏安特性可以用某种特定的非线性的函数关系来描述，在 u-i 平面上它的伏安特性曲线不是直线。如半导体二极管是一种典型的非线性电阻元件，它的伏安特性曲线如图 3.1.1(b)所示，对于坐标原点来说是非对称的，因此也称为非双方向性元件。此外在工程应用中，在检测、控制等场合常用到的光敏电阻、压敏电阻等也都是非线性电阻。

　　2. 有源元件的伏安特性

　　(1) 电压源

　　理想电压源的端电压是给定的时间函数，与流过的电流大小无关。如电压大小、方向不随时间变化，则该电压源为理想的直流电压源，也称为恒压源，如图 3.1.2(a)所示，其伏安特性如图 3.1.2(c)中曲线 1 所示。考虑到实际工作时电压源内部的功率损耗，实际电压源可等效为理想电压源 U_S 和电阻 R_0 的串联。实际直流电压源模型如图 3.1.2(b)所示。此时电压源输出端的电压 U 会随着输出电流 I 的增大而减小，其伏安特性如图 3.1.2(c)中曲线 2 所示。

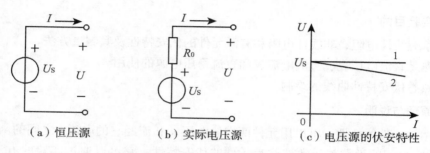

　　（a）恒压源　　　　　　　（b）实际电压源　　　　　（c）电压源的伏安特性

图 3.1.2　直流电压源的伏安特性

　　(2) 电流源

　　理想电流源是可以向外部电路提供电流的两端电路元件，其提供的电流是给定的时间函数，与电流源的端电压大小无关。如果电流源的电流大小、方向不随时间变化，则该电流源称为理想直流电流源或恒流源，如图 3.1.3(a)所示，其伏安特性曲线如图 3.1.3(c)中曲线 1 所示。实际直流电流源可等效为一个理想电流源 I_S 和一个电阻 R_0 的并联，实际直流电流源模型如图 3.1.3(b)所示。图 3.1.3(c)中曲线 2 显示的是实际电流源的伏安特性曲线，可见此时其输出电流和它两端的电压有关。在集成电路中广泛应用了电子电路构成的电流源。

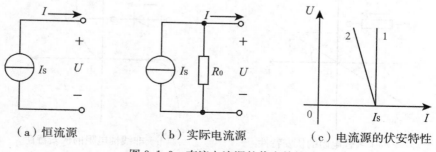

　　（a）恒流源　　　　　　　（b）实际电流源　　　　　（c）电流源的伏安特性

图 3.1.3　直流电流源的伏安特性

三、实验内容与步骤

1. 测定线性电阻的伏安特性

（1）直流电源电压的调试

打开数字万用表，将功能选择旋钮放在电压测量挡，按下 **FUNC** 键，选择直流 DC 测量。打开直流稳压电源，调节 **CH1**、**CH2** 的 **CURRENT** 旋钮，使其最大输出电流为 100 mA，调节 **VOLTAGE** 旋钮，按下 **OUTPUT** 键，用数字万用表测量，使 **CH1**、**CH2** 的输出电压为 13 V。

（2）连接线路及电量测试

按图 3.1.4 所示电路接线，完成线路的连接并检查无误后，按下直流稳压电源的 **OUTPUT** 键，输出直流电压。调节电位器 R_W，改变电阻 R_L 两端电压，使其为表 3.1.1 中各数值，记录相应电压下的电流数值，填入表 3.1.1 中。

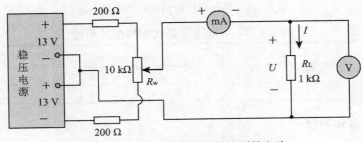

图 3.1.4　线性电阻伏安特性测量电路

表 3.1.1　线性电阻伏安特性的测量

U/V	−10	−8	−6	−4	−2	0	2	4	6	8	10
I/mA											

2. 测定非线性电阻（稳压管）的伏安特性

按图 3.1.5 所示电路接线，调节可调电位器 R_W，使电压分别为表 3.1.2 中所示数值，记录相应的电流数值和稳压管两端电压 U_D，填入表 3.1.2 中。

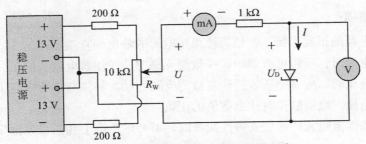

图 3.1.5　非线性电阻伏安特性测量电路

表 3.1.2　非线性电阻伏安特性的测量

U/V	−10	−8	−7	−6.5	−6	−5	0	0.5	0.7	1.0	1.2	1.5	1.7	3.8	5.8	8.8
I/mA																
U_D/V																

3. 测定电池元件的伏安特性

按图 3.1.6 所示电路接线，虚框中所示的实际电压源由两节 1.5 V 电池串联构成。按照表 3.1.3 中列出的各阻值，更换负载电阻 R_L，读取相应阻值下的电流表和电压表读数，填入表 3.1.3 中。

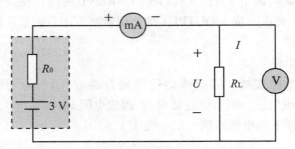

图 3.1.6　实际电压源伏安特性测量电路

表 3.1.3　实际电压源伏安特性的测量

R_L/Ω	75	100	200	300	400	500	1k	∞
I/mA								
U/V								

四、实验设备和器材

直流稳压电源	1 台
数字万用表	1 台
直流电流表	1 只
电池	2 节
稳压管	1 个
10 kΩ 电位器	1 个
九孔板	1 块
电阻、导线	若干

五、注意事项

(1) 注意电源的正确连接，勿使直流稳压电源的输出端直接短路。

(2) 测量电流时，应将电流表串联在被测支路中，并注意电流表的正、负端的连接。

(3) 测量电压时，应将电压表并联在被测支路两端，并注意电路中电压方向的规定。

(4) 读取电压、电流数据时注意数值的正负。

(5) 画非线性电阻元件的伏安特性曲线时，可考虑在第 Ⅰ 和第 Ⅲ 象限采用不同的坐标刻度。

六、思考

(1) 在实验内容 2 非线性电阻元件的伏安特性测量中，如果没有电流表，只用电压表能否测出电路中的电流？如果能，请说明方法。

(2) 请说明图 3.1.7 所示 (a)、(b)、(c) 各图中电阻 R 的存在对电路端口处的电压

U 和电流 I 有何影响，试定性作出各图中电路端口处的电压 U 和电流 I 之间的伏安特性曲线。

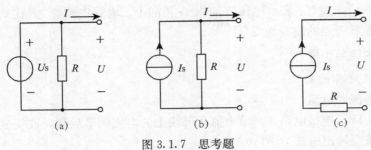

图 3.1.7　思考题

七、报告要求

（1）根据表 3.1.1、表 3.1.2、表 3.1.3 绘制各元件的伏安特性曲线。

（2）记录实验中的各种情况（如：观察到的特殊现象、仪器设备的使用情况等），提出对本次实验的意见、建议和心得。

实验二　基尔霍夫定律与电位测量

一、实验目的

（1）通过实验验证基尔霍夫电流定律和电压定律，进一步加深对基尔霍夫定律的理解。

（2）验证电路中电压的绝对性和电位的相对性。

（3）熟练使用直流电压表、直流电流表，加深对参考方向的理解。

二、原理与说明

1. 基尔霍夫定律的验证

基尔霍夫定律是电路的基本定律。基尔霍夫定律认为，对电路的任何一个结点，各支路电流的代数和为零，即 $\sum i=0$；对电路的任一个闭合回路，沿回路的绕行方向各支路电压的代数和为零，即 $\sum u=0$。测量电路中各支路的电压、电流便可验证基尔霍夫定律。

2. 电位与电压

电路中某点的电位是指该点和电路的参考点之间的电压。如设电路的参考点为 C 点，则电路中 D 点的电位 V_D 是 D 点指向参考点 C 点的电压，即 $V_D = U_{DC}$。

电位是标量，电路中某点电位的高低会依据所选参考点的不同而改变，因此电位是相对的。

电路中任意两点之间的电压是这两点电位的差，如 A、B 是电路中的两个结点，则这

两点之间的电压 U_{AB} 为这两点的电位 V_A 和 V_B 的差，即 $U_{AB}=V_A-V_B$，电压方向由 A 指向 B。电压是矢量，电压方向可以用电路图中的"＋""－"号或箭头表示，也可以用变量下方的字母表示，如 U_{AB} 表示电压方向由 A 指向 B。电路中两点之间的电压（电位差）是绝对的，不随参考点的改变而变化。

三、实验内容与步骤

1. 基尔霍夫定律的验证

（1）调节电流源电流

按图 3.2.1 所示连接电路，调节电流源模块上的电流调节旋钮，改变电流大小，用电流表测量使电流源输出电流为 10 mA。

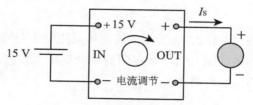

图 3.2.1　电流源电流调节示意图

（2）电路连接及测量

按图 3.2.2 所示电路接线，分别测量各支路的电流和各元件上的电压，将数据记录在表 3.2.1 中。

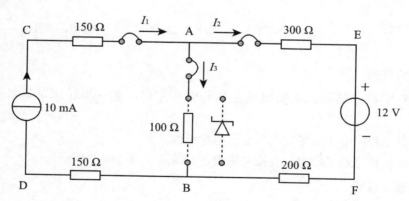

图 3.2.2　实验线路

表 3.2.1　线性电路基尔霍夫定律的验证

项目	I_1/mA	I_2/mA	I_3/mA	U_{AB}/V	U_{AC}/V	U_{BD}/V	U_{CD}/V	U_{AE}/V	U_{EF}/V	U_{FB}/V
测量值										
计算值										

（3）非线性电路基尔霍夫定律的验证

用非线性电阻（稳压管 ZPD6.2）代替图 3.2.2 中的 100 Ω 电阻，分别测量各支路的电流和各元件上的电压，将数据记录在表 3.2.2 中。

表 3.2.2　非线性电路基尔霍夫定律的验证

项目	I_1/mA	I_2/mA	I_3/mA	U_{AB}/V	U_{AC}/V	U_{BD}/V	U_{CD}/V	U_{AE}/V	U_{EF}/V	U_{FB}/V
测量值										

2. 电位与电压的研究

分别以电路中的 A、B 为参考点，测量电路中各点电位，记入表 3.2.3 中，并由此计算出表中所示各电压。

表 3.2.3　电位的测量

电位参考点	项目	V_A/V	V_B/V	V_C/V	V_D/V	V_E/V	V_F/V	U_{AB}/V	U_{AC}/V	U_{BD}/V	U_{CD}/V	U_{AE}/V	U_{EF}/V	U_{FB}/V
A	测量值													
	计算值													
B	测量值													
	计算值													

四、实验设备和器材

直流稳压电源	1 台
直流电流源	1 个
直流电流表	1 只
数字万用表	1 台
九孔板	1 块
电阻、短路片	若干

五、注意事项

(1) 实验过程中要注意电压源两端不能短路。

(2) 测量电流时应根据电路中的电流方向正确连接电流表，读取电流时注意电流值的正负。

(3) 用电压表测量电位时，应将黑色表笔放在参考点，红色表笔放在被测点，读数时注意电压值的正负。

六、思考

(1) 根据实验数据计算各支路电流，并与测量值相比较，产生误差的主要原因是什么？

(2) 基尔霍夫定律在非线性电路中是否成立？

(3) 电压和电位的区别是什么？

七、报告要求

(1) 根据实验数据验证基尔霍夫电流定律和基尔霍夫电压定律。

(2) 实验中是否遇到问题？是如何解决的？说明排除故障的过程。

实验三　电源的外特性和电源的等效变换

一、实验目的

(1) 加深对电流源及其伏安特性的认识和理解。

(2) 验证实际电压源模型和电流源模型的等效变换条件。

(3) 掌握电源外特性的测试方法。

二、原理与说明

(1) 理想直流电压源是指输出电压与外接负载无关，能输出恒定电压的电源。实际中一个直流稳压电源在一定的电流输出范围内，具有很小的内电阻，故常将其视为理想电压源，其伏安特性曲线如图 3.3.1(a)中曲线 1 所示。实际电压源可以用一个理想电压源 U_S 和电阻 R_0 串联的电路模型来获得，它输出的电压与外部所接负载有关，其伏安特性如图 3.3.1(a)中曲线 2 所示。若实际电压源的内阻与外部负载电阻相比小得多，可近似看作为理想电压源。

(2) 理想直流电流源是指输出电流与外接负载无关，能输出恒定电流的电源，也称为恒流源，其伏安特性曲线如图 3.3.1(b)中曲线 1 所示。实际电流源可以用一个理想电流源 I_S 和电阻 R_0 并联的电路模型来获得，它输出的电流与外部所接负载有关，其伏安特性如图 3.3.1(b)中曲线 2 所示。若实际电流源的内阻与外部负载电阻相比大得多，可近似看作为理想电流源。

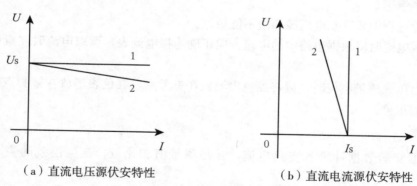

（a）直流电压源伏安特性　　　　　　（b）直流电流源伏安特性

图 3.3.1　直流电源的伏安特性

(3) 对外部电路来说，一个实际电压源模型和一个实际电流源模型之间是可以进行等效互换的。即在一定的条件下，这两种电路模型对外部电路表现出的特性是相同的，如图 3.3.2 所示，其中 $U_S = I_S \cdot R_0$。

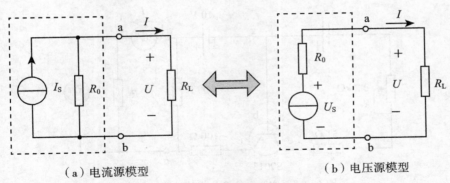

（a）电流源模型　　　　　　　　　　（b）电压源模型

图 3.3.2　电源的等效变换

三、实验内容与步骤

1. 测试理想电流源的伏安特性

按图 3.3.3 所示电路接线。（在一定条件下，该电路可作为理想电流源工作，实际中完全理想的电流源是不存在的。）先让 $R_L = 0$，调节电位器 R_w，使电流 $I = 20$ mA，按照表 3.3.1 中所列出的各阻值更换负载电阻 R_L，记录各电阻值下的电压和电流，填入表 3.3.1 中。

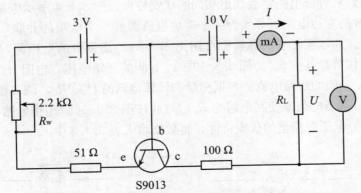

图 3.3.3　理想电流源伏安特性测试电路

表 3.3.1　理想电流源的伏安特性

R_L/Ω	10	75	100	150	200	300	∞
I/mA							
U/V							

2. 测试实际电流源的伏安特性

按图 3.3.4 所示电路接线。先让 $R_L = 0$，调节电位器 R_w，使 $I = 20$ mA，按照表 3.3.2 中所列出的各阻值更换负载电阻 R_L，记录各电阻值下的电压和电流，填入表 3.3.2 中。

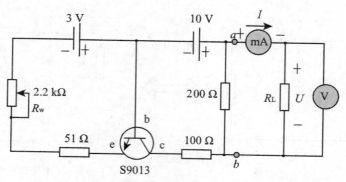

图 3.3.4　实际电流源伏安特性测试电路

表 3.3.2　实际电流源的伏安特性

R_L/Ω	10	75	100	150	300	∞
I/mA						
U/V						

3. 电压源模型和电流源模型的等效变换

当电路参数满足一定条件时，可以用电压源和电阻串联模型代替电流源和电阻并联模型，代替前后它们对外部电路将表现出相同的伏安特性。图 3.3.4 所示电路为实际电流源电路，端口 a、b 的左边电路可等效为一个理想电流源和一个电阻的并联，如图 3.3.5(a) 虚框中电路所示。而该实际电流源模型可用图 3.3.5(b) 虚框中的电压源 U_S 和电阻 R_0 的串联电路来等效代替。其中 U_S 为图 3.3.4 中 a、b 间的开路电压，电阻 $R_0 = U_S/I_S$，电流 $I_S = 20\text{ mA}$ 为 a、b 间的短路电流。根据测量和计算得到的 U_S、R_0，调节稳压电源使其产生一个 U_S 电压，调节电位器使其电阻为 R_0，然后按图 3.3.5(b) 连接电路，改变电阻 R_L 的大小，测量实际电压源模型的伏安特性，将数据填入表 3.3.3 中。

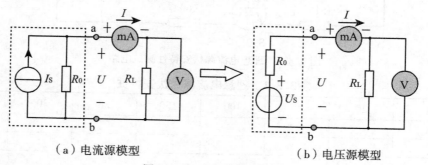

（a）电流源模型　　　　　　　　　　　（b）电压源模型

图 3.3.5　电源的等效变换

表 3.3.3　实际电压源的伏安特性

R_L/Ω	10	75	100	150	300	∞
I/mA						
U/V						

四、实验设备和器材

直流稳压电源	1 台
直流电流表	1 只
数字万用表	1 台
三极管	1 只
2.2 kΩ 电位器	1 只
九孔板	1 块
电阻、导线	若干

五、注意事项

(1) 注意电源的正确连接。连接图 3.3.3 和图 3.3.4 所示电路时要注意两个电源的极性和大小，不可以接错电源，并注意电源两端不要短路。

(2) 连接直流电表时要注意极性，读取数值时要注意数值的正负。

六、思考

(1) 根据实验结果说明理想电流源和实际电流源模型的伏安特性的不同。

(2) 根据实验结果说明理想电压源和理想电流源之间能否进行等效变换。

七、报告要求

(1) 根据表格中的数据绘制理想电流源、实际电流源模型和实际电压源模型的伏安特性曲线。

(2) 比较两种电源等效变换后的结果，可能产生误差的原因有哪些?

实验四 含受控源的直流电路

一、实验目的

(1) 学习受控电源转移特性和控制系数的测量方法。

(2) 通过实验加深对受控电源特性的理解。

二、原理与说明

受控电源是某些元件内部物理性能的等效模拟，它反映了电路中某处的电压或电流受另一处电压或电流控制的关系，是非独立电源。

受控电源可以表示成两端口网络，一为控制端口，另一为受控（被控）端口。按照控制量与被控制量的不同，受控电源有电压控制电压源（VCVS）、电压控制电流源（VCCS）、电流控制电压源（CCVS）和电流控制电流源（CCCS）四种。当受控量与控制量成正比时，受控源为线性受控电源，可以应用线性电路的有关定理进行电路分析。

由于运算放大器的理想电路模型就是一种受控电源，所以本实验中的几种受控电源是在运算放大器外部接入不同的电路元器件组成的。

1. 电压控制电压源（VCVS）

图 3.4.1（a）所示电路为由运算放大器构成的电压控制电压源电路。因为运算放大器的"+""−"端"虚短"的特性，所以有：$u_+ = u_- = u_1$，$i_{R_2} = \dfrac{u_1}{R_2}$。

又因"+"　"−"端"虚断"的特性，所以有：$i_{R_1} = i_{R_2}$，$u_2 = i_{R_1}R_1 + i_{R_2}R_2 = \left(1 + \dfrac{R_1}{R_2}\right)u_1 = \mu u_1$，即运算放大器的输出电压 u_2 受输入电压 u_1 的控制，其控制系数 $\mu = \dfrac{u_2}{u_1} = 1 + \dfrac{R_1}{R_2}$，$\mu$ 无量纲，又称电压放大倍数。其理想电路模型如图 3.4.1（b）所示。

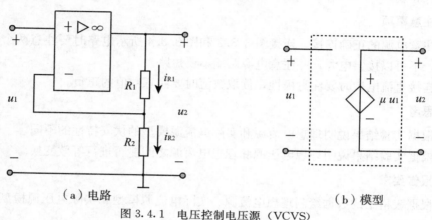

（a）电路　　　　　　　　　　（b）模型

图 3.4.1　电压控制电压源（VCVS）

2. 电压控制电流源（VCCS）

图 3.4.2（a）所示为由运算放大器构成的电压控制电流源电路。因为运算放大器的"虚短"和"虚断"特性，可知：$u_+ = u_1 = \dfrac{R_2}{R_2 + R_3}u_2$，$i_1 = \dfrac{u_1 - u_+}{R_1}$，$i_4 = \dfrac{u_2 - u_+}{R_4}$。

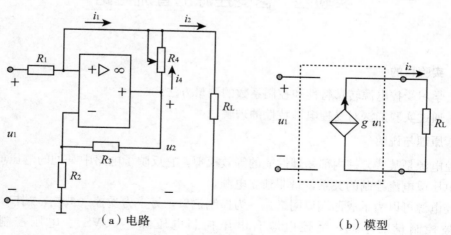

（a）电路　　　　　　　　　　（b）模型

图 3.4.2　电压控制电流源（VCCS）

当 $R_1 = R_2 = R_3 = R_4 = R$ 时，$i_2 = i_1 + i_4 = \dfrac{u_1 - u_2/2}{R_1} + \dfrac{u_2/2}{R_4} = \dfrac{u_1}{R}$。即电流 i_2 只受运算放大器输入电压 u_1 控制，与负载电阻 R_L 无关。所以是一个电压控制电流源，它的理

想电路模型如图 3.4.2(b)所示。其控制系数 $g = \dfrac{1}{R}$ ，又称为转移电导，具有电导的量纲。

3. 电流控制电压源（CCVS）

图 3.4.3 （a）所示为电流控制电压源电路。由运算放大器的"虚短"和"虚断"特性，可知：$u_- = u_+ = 0$，显然，流过电阻 R 的电流即为网络输入端口电流 i_1，运算放大器的输出电压 $u_2 = -i_1 R$，受电流 i_1 所控制。其理想电路模型如图 3.4.3(b)所示。其控制系数 $\gamma = -R$，又称为转移电阻，具有电阻的量纲。

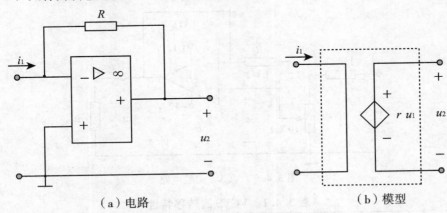

（a）电路　　　　　　　　　　　（b）模型

图 3.4.3　电流控制电压源（CCVS）

4. 电流控制电流源（CCCS）

图 3.4.4(a)所示电路为电流控制电流源电路。

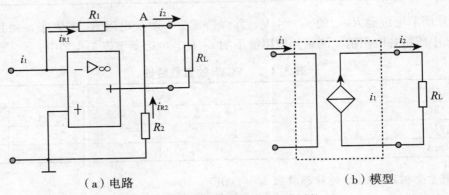

（a）电路　　　　　　　　　　　（b）模型

图 3.4.4　电流控制电流源（CCCS）

由运算放大器的"虚短"和"虚断"特性，可知：$u_- = u_+ = 0$，$i_{R_1} = i_1$，因此有：$u_A = -i_{R_1} R_1 = -i_1 R_1$，$i_{R_2} = \dfrac{-u_A}{R_2} = i_1 \cdot \dfrac{R_1}{R_2}$，$i_2 = i_{R_1} + i_{R_2} = \left(1 + \dfrac{R_1}{R_2}\right) \cdot i_1$。即输出电流 i_2 受网络输入端口电流 i_1 的控制，与负载电阻 R_L 无关。其理想电路模型如图 3.4.4(b)所示。其控制系数：$\alpha = \dfrac{i_2}{i_1} = 1 + \dfrac{R_1}{R_2}$，称为电流放大系数，$\alpha$ 无量纲，这个电路实际上起着电流放大的作用。

三、实验内容与步骤

1. 测量受控源 VCVS 的转移特性 $u_2 = f(u_1)$ 及负载特性 $u_2 = f(i_2)$

（1）实验电路如图 3.4.5 所示，连接好线路后，先调节电位器 R_W 使输入电压 $u_1 = 0$，测量此时的输出电压 u_2。若 u_2 不为零，则需先对运算放大器调零。

（2）调节电位器 R_W，使电压 u_1 分别为表 3.4.1 中各值，测量并记录相应的 u_2 值，填入表 3.4.1 中。

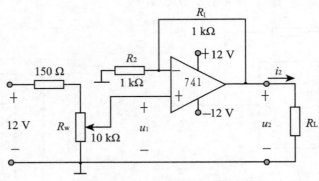

图 3.4.5　VCVS 实验电路

表 3.4.1　VCVS 的转移特性

项目		$R_L = 2\ \mathrm{k\Omega}$						
给定值	u_1/V	1	2	3	3.5	4	5	5.5
测试值	u_2/V							
计算值	$\mu = \dfrac{u_2}{u_1}$							

（3）调节电位器 R_W，使 $u_1 = 4$ V，并保持不变，改变电阻 R_L 的大小，使其分别为表 3.4.2 中所示各电阻值，测量相应阻值下的 u_2 及 i_2，记录于表 3.4.2 中。

表 3.4.2　VCVS 的负载特性

项目	$u_1 = 4$ V					
$R_L/\mathrm{k\Omega}$	1	2	3	4	5.1	10
u_2/V						
i_2/mA						

2. 测量受控源 VCCS 的转移特性 $i_2 = f(u_1)$

实验电路如图 3.4.6 所示，调节电阻 R_W 和 R_4，使电压 $u_1 = 6$ V 时，$i_2 = 30$ mA，保持 R_4 不变，再调节 R_W 使电压 u_1 分别为表 3.4.3 中各值，测量并记录相应的值，填入表 3.4.3 中。

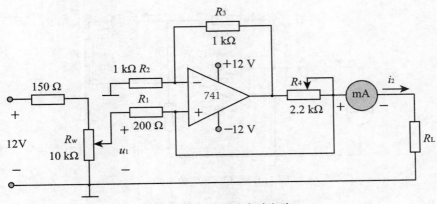

图 3.4.6　VCCS 实验电路

表 3.4.3　VCCS 的转移特性

项目		$R_L = 51\Omega$					
给定值	u_1/V	1	2	3	4	5	6
测试值	i_2/mA						
计算值	$g = \dfrac{i_2}{u_1}/\mathrm{S}$						

3. 测量受控源 CCVS 的转移特性 $u_2 = f(i_2)$

实验电路如图 3.4.7 所示，调节电流源的电流 i_S，使其分别为表 3.4.4 中各数值，测量并记录相应的输出电压 u_2，填入表 3.4.4 中。

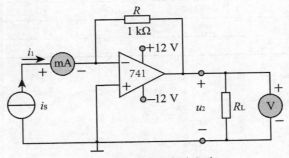

图 3.4.7　CCVS 实验电路

表 3.4.4　CCVS 的转移特性

项目		$R_L = 2\ \mathrm{k}\Omega$							
给定值	i_1/mA	3	4	5	6	7	8	9	10
测试值	u_2/V								
计算值	$\gamma = \dfrac{u_2}{i_1}/\Omega$								

4. 测量受控源 CCCS 的转移特性及负载特性

(1) 实验电路如图 3.4.8 所示，调节电流源的电流，使其分别为表 3.4.5 中各数值，测量并记录相应的输出电流，填入表 3.4.5 中。

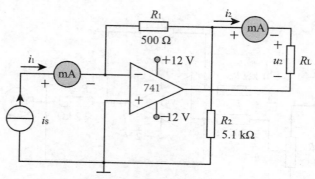

图 3.4.8　CCCS实验电路

表 3.4.5　CCCS 的转移特性

项目		$R_L=100\ \Omega$						
给定值	i_1/mA	2.5	3	4	5	6	7	8
测试值	i_2/mA							
计算值	$\beta=\dfrac{i_2}{i_1}$							

（2）调节电流源 i_S 的输出电流使 $i_1=60$ mA，并保持不变，改变电阻 R_L 的大小，使其分别为表 3.4.6 中所示各电阻值，测量相应阻值下的 u_2 及 i_2，记录于表 3.4.6 中。

表 3.4.6　CCCS 的负载特性

项目	$i_1=60$ mA				
R_L/Ω	100	150	200	300	1 000
$u_2//\text{V}$					
i_2/mA					

四、实验设备和器材

直流稳压电源	1 台
电流源	1 只
数字万用表	1 台
直流电流表	1 只
运算放大器 μA741	1 个
10 kΩ 电位器	1 个
九孔板	1 块
电阻、导线	若干

五、注意事项

（1）按图 3.4.9 正确连接正、负电源。

（2）运算放大器需 12 V 的直流工作电源，正、负极性切不可接错，以免损坏元件。

（3）运算放大器输入端电压（指反相端与同相端之间的电压）不得超过电源电压。运算放大器的允许功耗为电源电压与输出电流的乘积，为了运算放大器的安全运行，输出电流不宜过大。并且运算放大器输出端不能与地短接，否则将损坏运算放大器。

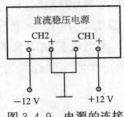

图 3.4.9　电源的连接

（4）实验时，必须按线路接线，经查无误，方可接通运算放大器供电电源，每次在运算放大器外部接电路元件时，必须事先断开供电电源。

（5）使用电压表和电流表进行测量时要注意表的极性，读数时应注意数值的正负。

（6）注意电流源的正确使用。

六、思考

（1）四种受控电源的控制系数的意义各是什么？如何测得？

（2）受控源的控制特性是否适合于交流信号？

（3）在由运算放大器构成的受控源电路中，如何改变受控电源的控制系数？

七、报告要求

（1）根据实验测得的数据，计算受控源的控制系数，绘出各受控源的转移特性曲线。

（2）根据实验数据分析受控电源的负载特性，绘出各受控源的负载特性曲线。

（3）根据实验结果谈谈你对受控电源的认识。

＊该实验中部分内容与实验五部分内容相同。该实验供未讲授过运算放大器内容的班级使用，讲授运算放大器内容的班级可选做实验五。

实验五　受控电源特性及运算放大器的应用

一、实验目的

（1）了解运算放大器的线性应用，加深对由运算放大器构成的受控电源特性的理解。

（2）学习由运算放大器构成的受控电源的转移特性和控制系数的测量方法。

（3）了解运算放大器非线性应用的原理和特点。

二、原理与说明

集成运算放大器在工业上得到了非常广泛的应用。运算放大器可以用来构成受控源电路和各种运算电路以实现信号的运算，此外在自动控制系统中还常用运算放大器来构成滤波电路、采样保持电路、比较器电路等以实现对信号的处理。

1. 电流控制电流源

受控电源是非独立电源，是某些元器件内部物理性能的等效模拟，它反映了电路中某处的电压或电流受另一处电压或电流控制的关系。

受控电源可以表示成二端口网络，一为控制端口，另一为受控（被控）端口。按照控制量与被控制量的不同，受控电源有电压控制电压源（VCVS）、电压控制电流源（VCCS）、电流控制电压源（CCVS）和电流控制电流源（CCCS）四种。图 3.5.1 为四种受控电源模型。当受控量与控制量成正比时，受控源为线性受控电源，可以应用线性电路的有关定理进行电路分析。

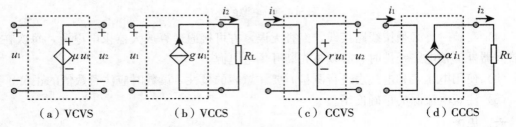

| （a）VCVS | （b）VCCS | （c）CCVS | （d）CCCS |

图 3.5.1　受控源模型

由于运算放大器的理想电路模型是一种受控电源，因此可以通过在运算放大器外部接入不同的电路元器件组成不同的受控源。

图 3.5.2(a)所示电路为电流控制电流源（CCCS）电路。由运算放大器的"虚短"和"虚断"特性可知：$u_- = u_+ = 0$，$i_{R1} = i_1$，因此有：$u_A = -i_{R1}R_1 = -i_1R_1$ ，$i_{R2} = \dfrac{-u_A}{R_2} = i_1\dfrac{R_1}{R_2}$，$i_2 = i_{R1} + i_{R2} = \left(1 + \dfrac{R_1}{R_2}\right) \times i_1$ 。即输出电流 i_2 受网络输入端口电流 i_1 的控制，与负载电阻 R_L 无关。其理想电路模型如图 3.5.2(b)所示。其控制系数 $\alpha = \dfrac{i_2}{i_1} = 1 + \dfrac{R_1}{R_2}$ 称为电流放大系数，α 无量纲，这个电路实际上起着电流放大的作用。

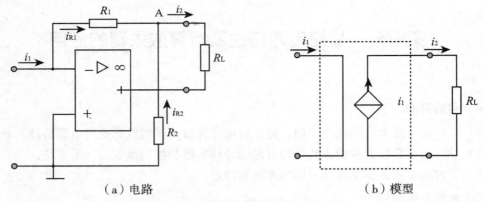

| （a）电路 | （b）模型 |

图 3.5.2　电流控制电流源（CCCS）

2. 比较器

利用集成运算放大器可以构成中低速的比较器。比较器是实现对二个电压进行比较的电路，可以看作是集成运算放大器的非线性应用。在比较器电路中，运算放大器通常工作在开环或正反馈的情况下。图 3.5.3(a)所示为单限反相电压比较器，其中 U_R 为参考电压

（基准电压），也称为阈值电压。u_i 为待比较的输入信号，因为运算放大器的开环电压放大倍数很高，因此当 $u_i > -U_R$ 时，$u_o = -U_{o(sat)}$；当 $u_i < U_R$ 时，$u_o = U_{o(sat)}$，$U_{o(sat)}$ 为运算放大器的输出饱和电压。比较器的输入信号为模拟信号，输出信号为数字信号。单限反相电压比较器的传输特性如图 3.5.3(b) 所示。

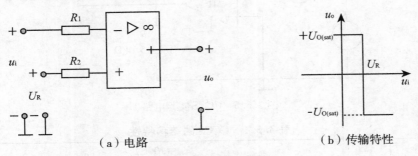

（a）电路　　　　　　　　　　　　　　（b）传输特性

图 3.5.3　电压比较器

图 3.5.4(a) 所示为双限电压比较器电路，也称为滞回比较器（施密特触发器、迟滞比较器），是一个带有正反馈的闭环电路。它有二个不同的参考电压（阈值电压）U'_+ 和 U''_+。当输出电压 $u_o = U_Z$ 时，$u_+ = U_+ = R_2 U_Z/(R_2 + R_4)$；当输出电压 $u_o = -U_Z$ 时：$u_+ = U_+ = -R_2 U_Z/(R_2 + R_4)$。若某一瞬时 $u_o = U_Z$，信号电压 u_i 增加，当 u_i 增大到 $u_i \geqslant U_+$ 时，输出电压转变为 $u_o = -U_Z$；当信号电压 u_i 减小，减小到 $u_i \leqslant U'_+$ 时，输出电压又转变为 $u_o = U_Z$。$\Delta U = U'_+ - U''_+$ 称为回差。滞回比较器的传输特性见图 3.5.4(b)。滞回比较器可以提高电路的抗干扰能力和改善输出波形的前后沿陡度。

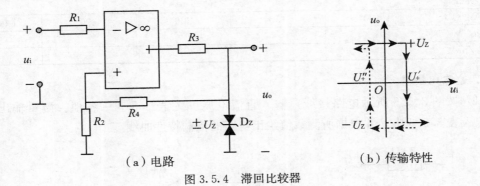

（a）电路　　　　　　　　　　　　　　（b）传输特性

图 3.5.4　滞回比较器

三、实验内容与步骤

1. 电流控制电流源

(1) 测量受控源 CCCS 的转移特性 $i_2 = -f(i_1)$

实验电路如图 3.5.5 所示，调节电流源 i_S 的电流，使其分别为表 3.5.1 中各数值，测量并记录相应的输出电流 i_2，填入表 3.5.1 中。

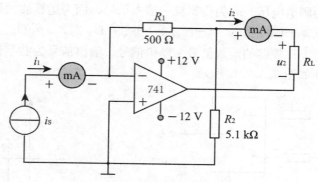

图 3.5.5　CCCS 实验电路

表 3.5.1　CCCS 的转移特性

项目		$R_L=100\ \Omega$						
给定值	i_1/mA	2.5	3	4	5	6	7	8
测试值	i_2/mA							
计算值	$\beta=i_2/i_1$							

（2）测量 CCCS 的负载特性 $u_2=f(i_2)$

图 3.5.5 所示电路中，调节电流源 i_S 的输出电流，使 $i_1=6$ mA，并保持不变，改变电阻 R_L 的大小，使其分别为表 3.5.2 中所示各电阻值，测量相应阻值下的 u_2 及 i_2，记录于表 3.5.2 中。

表 3.5.2　CCCS 的负载特性

项目	$i_1=6$ mA				
R_L/Ω	100	150	200	300	1 000
u_2/V					
i_2/mA					

2. 过零比较器

（1）按图 3.5.6 所示电路接线，输入直流电压 u_i 为表 3.5.3 中各值，测量输出电压 u_o，记入表 3.5.3 中，并根据所测数值绘出电路的传输特性曲线。

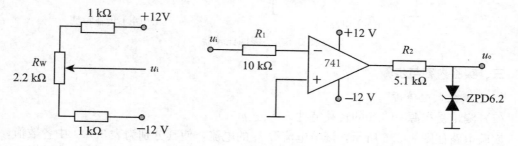

图 3.5.6　过零比较器实验电路

表 3.5.3

u_i/V	−3	−2	−1	0	1	2	3
u_o/V							

（2）输入信号 u_i 改为有效值 5 V，频率 1 000 Hz 的正弦交流信号，利用双踪示波器观察并记录输入、输出波形。

3．反相滞回比较器

按图 3.5.7 所示电路接线，输入信号为有效值 5 V、频率 1 000 Hz 的正弦交流信号，用双踪示波器观察并记录输入、输出电压的波形，测量并记录该电路的阈值电压。

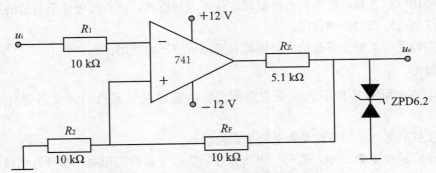

图 3.5.7　反相滞回比较器实验电路

四、实验设备和器材

直流稳压电源　　　　　　1 台
双踪示波器　　　　　　　1 台
信号发生器　　　　　　　1 台
电流源　　　　　　　　　1 只
数字万用表　　　　　　　1 台
直流电流表　　　　　　　1 只
运算放大器 μA741　　　1 个
2.2 KΩ 电位器　　　　　1 个
稳压管　　　　　　　　　2 个
九孔板　　　　　　　　　1 块
电阻、导线　　　　　　　若干

五、注意事项

（1）按图 3.5.8 正确连接正、负电源。

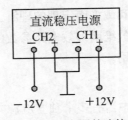

图 3.5.8　电源的连接

（2）运算放大器需要 ±12 V 的直流工作电源，正、负极性切不可接错，以免损坏元器件。

（3）运算放大器输入端电压（指反相端与同相端之间的电压）不得超过电源电压。运算放大器的允许功耗为电源电压与输出电流的乘积，为了运算放大器的安全运行，输出电流不宜过大。并且运算放大器输出端不能与地短接，否则将损坏运算放大器。

（4）实验时，必须按线路图接线，经查无误，方可接通运算放大器供电电源。改接电路时，必须事先断开供电电源。

（5）使用电压表和电流表进行测量时要注意表的极性，读数时应注意数值的正负。

（6）注意电流源的正确使用。

（7）实验前应了解并掌握信号发生器和双踪示波器的使用。

六、思考

（1）电路中可有几种形式的受控电源？受控电源控制系数的意义各是什么？如何测得？

（2）受控电源的控制特性是否适合于交流信号？

（3）在实验步骤 2(2) 中，若信号电压接在运算放大器的同相端，参考电压接在运算放大器的反相端，则输出信号的波形会有怎样的改变？

七、报告要求

（1）根据实验测得的数据，计算 CCCS 的控制系数，绘出其转移特性曲线。

（2）根据实验数据分析 CCCS 的负载特性，绘出其负载特性曲线。

（3）根据图 3.5.7 所示电路，计算比较器电路的阈值电压，并与实际测量值比较，分析误差原因，绘出其传输特性曲线。

＊该实验中受控源部分的内容与实验四部分内容相同。该实验供讲授过运算放大器内容的班级使用，未讲授运算放大器内容的班级选做实验四。

实验六　　叠加定理和戴维南定理

一、实验目的

（1）通过实验加深对叠加定理和戴维南定理的理解。

（2）学习线性含源一端口网络戴维南等效电路参数的实验测量方法。

（3）进一步熟悉直流电表的使用。

二、原理与说明

（1）叠加定理指出：线性电路中当有多个独立电源共同作用时，通过电路元件的电流或其两端的电压，可以看成是由各个独立电源分别单独作用时在该元件上所产生的电流或电压的代数和。（叠加定理只适用于线性电路中电压和电流的计算，不适用于功率的计算。）

（2）戴维南定理指出：任何一个含独立电源、线性电阻和受控源的一端口网络，对外电路来说可以用一个理想电压源和电阻串联的有源支路来等效置换，此理想电压源的电压等于含源一端口网络的开路电压，电阻等于含源一端口网络所对应的无源网络（所有电压源短接、电流源开路）的入端电阻，见图 3.6.1 所示。戴维南定理的应用要求一端口网络和外电路之间不存在耦合关系。

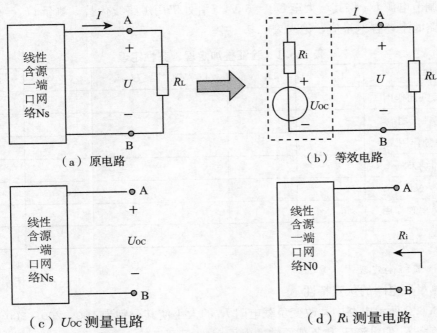

（a）原电路　　　　　　　　　　（b）等效电路

（c）U_{OC} 测量电路　　　　　　　（d）R_i 测量电路

图 3.6.1 戴维南定理

三、实验内容与步骤

1. 验证叠加定理和齐性定理

（1）按图 3.6.2 所示电路接线，连接时要注意电源的极性。

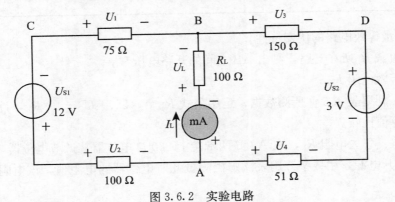

图 3.6.2 实验电路

（2）当 $U_{S1}=12$ V，$U_{S2}=3$ V 两个电源共同作用于电路时，测量电路中各电阻两端的电压 U_1、U_2、U_3、U_4、U_L 和流经 R_L 的电流 I_L，将测量值记入表 3.6.1 中。（注意：测量与记录时注意电压的极性。)

（3）移去电源 U_{S2}，电路中原 U_{S2} 处用导线连接，测量 $U_{S1}=12$ V 单独作用于电路时上述各电量值，记入表 3.6.1 中。

（4）移去电源 U_{S1}，电路中原 U_{S1} 处用导线连接，测量 $U_{S2}=3$ V 单独作用于电路时上述各电量值，记入表 3.6.1 中。

（5）调节电源 U_{S2} 将其增大至 $U_{S2}=6$ V，U_{S1} 处仍用短路线代替，测量 $U_{S2}=6$ V 单独作用于电路时上述各电量值，记入表 3.6.1 中。

表 3.6.1 验证叠加定理、齐性定理

项目	U_1/V	U_2/V	U_3/V	U_4/V	U_L/V	I_L/mA
U_{S1}、U_{S2} 共同作用						
U_{S1} 单独作用						
U_{S2} 单独作用						
叠加结果						
误差 ΔU						
$U_{S2}=6$ V 单独作用						
误差 ΔU						

2. 验证戴维南定理

（1）测量原电路的伏安特性

在图 3.6.2 所示电路中，改变负载电阻 R_L 的大小使其分别为 100、200、300 Ω 和∞，测量流过负载 R_L 的电流 I_L 和负载两端的电压 U_L，记录于表 3.6.2 中。

表 3.6.2 电路伏安特性的测量

R_L/Ω	100	200	300	∞
U_L/V				
I_L/mA				

（2）测量等效电路的伏安特性

①断开负载 R_L 所在支路，测出 AB 之间的开路电压 U_{OC}；

②计算等效电阻 R_{eq}。

公式法：利用表 3.6.2 所测数据，运用公式 $R_{eq}=(U_{OC}/U_L-1)R_L$，计算等效电阻并与理论计算值比较。

半电压法：移去电阻 R_L，在 A、B 两端接上 220 Ω 电位器，调节电位器，使电压 $U_{AB}=U_{OC}/2$。断开电源，用数字万用表欧姆挡测量此时电位器的电阻值，该电阻值即为等效电阻 R_{eq}。

短路电流法：用导线短接电阻 R_L，测量 AB 之间的短路电流 I_{SC}，则 $R_{eq}=U_{OC}/I_{SC}$。

将上述各测量数据记入表 3.6.3 中，并计算等效电阻 R_{eq}。

表 3.6.3　电路输入电阻的测量

方法	U_{OC}/V	U_L/V	I_{SC}/mA	R_L/Ω	R_{eq}/Ω
公式法			/		
半电压法			/	/	
短路电流法		/		/	

③根据上述测量数据，利用直流稳压电源、电位器和电阻自行设计、连接戴维南等效含源支路，测量该等效含源支路的伏安特性，并将测量结果记入表 3.6.4 中。

表 3.6.4　等效支路伏安特性的测量

R_L/Ω	100	200	300	∞
U_L/V				
I_L/mA				

四、实验设备和器材

直流稳压电源	1 台
数字万用表	1 台
直流电流表	1 只
220 Ω 电位器	1 个
九孔板	1 块
电阻、导线	若干

五、注意事项

(1) 用数字万用表测量电压时，注意电路图中电压的方向。

(2) 测量电流时注意电流表的极性，记录时注意电流值前的正、负号。

(3) 切勿使直流稳压电源的输出端直接短路。

(4) 用万用表的欧姆挡测量电阻元件的电阻时，应注意断开该电阻与其他支路的连接，开路测量。

六、思考

(1) 简述叠加定理及适用的条件。

(2) 简述戴维南定理及适用条件，可以有几种求等效电阻的方法？并具体说明这些方法。

七、报告要求

(1) 根据实验数据请在同一坐标系上分别绘出含源一端口网络和等效含源支路的外特性曲线，并进行讨论。

(2) 将实验测得的数据与理论计算结果进行比较，分析出现误差的原因。

实验七　交流阻抗参数的测量

一、实验目的

（1）学习常用的交流仪表（交流电压表、交流电流表、功率表及调压器）的使用方法。

（2）掌握用交流电压表、交流电流表和功率表测定交流电路等效参数的方法。

（3）通过实验加深对正弦电路中电压和电流相量概念的理解。

二、原理与说明

交流电路的等效参数为电阻、电感和电容，实际电路元件通常不是呈现单一参数的特性，在一定条件下实际电路元件可用一定的等效参数来表示。

1. 测量电路参数的三表法

在交流电路中，可用交流电压表、交流电流表和功率表测量实际电路元件的等效参数，这种方法也常称为三表法。如一个实际的电感线圈，在低频应用时通常可以略去线圈的匝间分布电容，而将其等效为电阻和电感元件的串联，如图 3.7.1 所示。

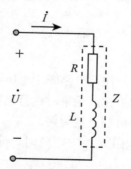

图 3.7.1　线圈等效电路

在正弦交流电路中，电感线圈的复阻抗：$Z = R + jX = R + j\omega L = \sqrt{R^2 + (\omega L)^2} \angle \varphi = |Z| \angle \varphi$ 线圈两端电压与电流间的关系为：$U = |Z| \times I$；线圈吸收的功率为：$P = IU\cos\varphi = I^2 R$。

因此，只要用交流电压表、交流电流表和功率表测出线圈的 U、I、P 就能计算出线圈的等效参数。

2. 测量电路参数的两表法

在只有电压表、电流表没有功率表的情况下，线圈的等效参数可以通过串联适当附加电阻器，再测量相应的电压和电流的方法得到，这种方法也常称为两表法。如图 3.7.2(a) 所示，将电阻 R_1 和线圈串联，用电压表、电流表测得电压 U、U_1、U_2 和电流 I，由图 3.7.2(b) 所示电路的相量图可知：

$\cos \varphi = \dfrac{U^2 + U_1^2 - U_2^2}{2UU_1}$ ，因为 $U_1 + IR = U\cos \varphi$ ，所以 $R = \dfrac{U\cos \varphi - U_1}{I}$ ；因为 IX_L

$= U\sin \varphi$ ，所以 $X_L = \dfrac{U\sin \varphi}{I}, L = \dfrac{X_L}{\omega}$ 。

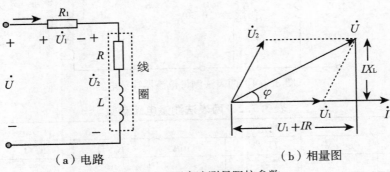

（a）电路　　　　　　　　　　　　（b）相量图

图 3.7.2　两表法测量阻抗参数

三、实验内容与步骤

1. 用三表法测量镇流器的等效电阻和电感

　　用交流电压表、交流电流表和单相功率表测量镇流器的等效电阻和电感。按图 3.7.3 所示电路接线，改变自耦调压器的电压 U ，使其分别为 30、40 和 50 V，测量各电压值下的电流 I 和有功功率 P ，记录在表 3.7.1 中，并由此计算镇流器的等效电阻和电感。

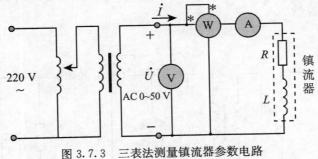

图 3.7.3　三表法测量镇流器参数电路

表 3.7.1　三表法测量电路参数

U/V	测量值		计算值	
	I/mA	P/W	R/Ω	L/H
30				
40				
50				

2. 用两表法测量镇流器的等效电阻和电感

　　按图 3.7.4 所示电路连接线路，用 4 个串联的白炽灯作为电阻 R_1 ，改变自耦调压器的电压 U ，使其分别为 30、40 和 50 V，测量并记录电路中的电流 I 和电压 U_1 、U_2 的大小，记录在表 3.7.2 中，并由此计算镇流器的等效电阻和电感。

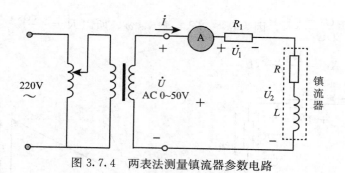

图 3.7.4 两表法测量镇流器参数电路

表 3.7.2 两表法测量电路参数

U/V	测量值			计算值		
	U_1/V	U_2/V	I/mA	R_1/Ω	R/Ω	L/H
30						
40						
50						

3. 用两表法测量电容的实际容量

将 2 个串联的白炽灯作为电阻 R，取标称值为 $C=9$ μF 的电容，按图 3.7.5 所示连接电路。改变自耦调压器的电压 U，使其分别为 30、40 和 50 V，测量各电压值下的电流 I、有功功率 P、无功功率 Q 和视在功率 S，分别记录在表 3.7.3 中，并由此计算电阻 R 的大小和电容 C 的实际容量。

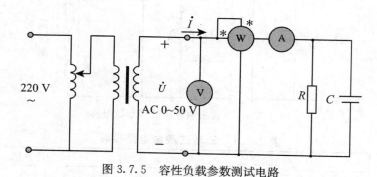

图 3.7.5 容性负载参数测试电路

表 3.7.3 三表法测量容性负载参数

U/V	测量值				计算值	
	I/mA	P/W	Q/var	S/VA	R/Ω	C/F
30						
40						
50						

四、实验设备和器材

多功能电路实验装置（包括：交流电压表、交流电流表、功率表、调压变压器、镇流器、电容器、灯泡等）。

五、注意事项

（1）操作时注意安全，改接线路时应先切断电源。

（2）实验中注意电压表、电流表和功率表的正确连接。

六、思考

若用三表法测量电路参数，可以用什么方法确定电路元件的性质？并加以说明。

七、报告要求

根据实验任务 1、2、3 测得的数据计算被测元件的等效参数，写明计算过程，分析出现误差的原因。

实验八　电路功率因数的提高

一、实验目的

（1）通过实验进一步了解提高电路功率因数的方法和实际意义。

（2）熟悉交流电压表、电流表和功率表的使用。

（3）通过实验进一步加深对交流电路中动态元件性质的理解。

二、原理与说明

工业中的负载大部分是感性负载，如交流异步电动机、变压器等，由于感性负载的存在造成电网的功率因数较低。而功率因数较低时，会使得发电设备的容量不能充分利用，同时也增加了线路和发电机绕组的功率损耗，因此从技术经济的观点出发，需要提高电网的功率因数。常用的方法是在感性负载两端并联电容。

本实验采用日光灯电路作为实验对象。因为电路中串联了镇流器，所以对电源来说日光灯电路是感性负载。日光灯电路的功率因数较低，通常为 0.5～0.6，不利于节约用电。为了更好地利用发电设备的容量和减少线路的损耗，可以通过并联电容来提高电路的功率因数，如图 3.8.1(a)所示。图 3.8.1(b)是图 3.8.1(a)所示电路的相量图，由相量图可见，并联电容后电路的电压和电流的相位差角由原来的 φ 减小到 φ'，因为在并联电容前后日光灯的端电压并没有改变，C 是储能元件，不消耗有功功率，因此并联电容后，电路的有功功率不变，而是利用电容、电感无功功率互补的特性，用电容的无功功率来补偿感性负载所需要的无功功率，从而提高了电路的功率因数。从图 3.8.1(b)可知：$I\sin\varphi' = I_L\sin\varphi - I_C$，因此，$UI\sin\varphi' = UI_L\sin\varphi - UI_C$，即 $Q' = Q - Q_C$，其中 Q、Q' 分别为并联电容前、后电路的无功功率，Q_C 为电容的无功功率。

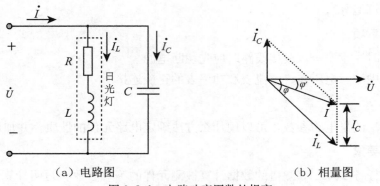

（a）电路图　　　　　　　　　　（b）相量图

图 3.8.1　电路功率因数的提高

三、实验内容与步骤

（1）按图 3.8.2 所示电路接线。为了测量方便，分别在总电路、日光灯支路和电容支路中串联了电流插口，用于各支路中电流、电压和功率的测量。（电流插口具体连接见图 3.8.3。）

（2）按图 3.8.4 所示连接实验面板上的电压表和电流表，注意应将两个仪表的"＊"端连在同一点。ab 之间为电流线圈，ac 之间为电压线圈，这样当将 a 端和 b 串联到被测支路中，a 端和 c 端并联到被测支路两端时，从电压表、电流表和功率表中便可读到相应支路的电压、电流和功率。

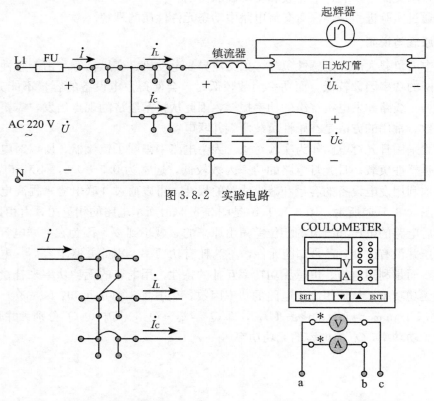

图 3.8.2　实验电路

图 3.8.3　电流插口接线图　　　　　　　　　图 3.8.4　仪表组接线图

（3）测量时将仪表组的 c 端放在电路的 N 点，将电流表分别串联到总支路、日光灯支路和电容支路中，便可测量总电路、日光灯支路、电容支路的电压、电流和功率。串联电流表时注意应将仪表组的 a 端接在电路中电流插口的进线端，b 端接在电流插口的另一端，然后拔去原电流插口上的连接线（环），再读取数据。改变电容 C 的大小，测量不同电容时各支路的电压、电流、功率，并将测量数据记入表 3.8.1 中。

表 3.8.1　测量记录

C/μF	日光灯支路			电容支路			总电路			
	U_L/V	I_L/A	P_L/W	U_C/V	I_C/A	P_C/W	U/V	I/A	P/W	$\cos\varphi$
0										
1										
2										
3										
4										
5										
5.7										
6.7										
7.7										
8.7										

四、实验设备和器材

多功能电路实验装置（包括：交流电压表、交流电流表、功率表、日光灯管、镇流器、起辉器、电容器、电流插口等）。

五、注意事项

（1）实验过程中需注意安全，连接线路经检查正确后方可接通电源。

（2）测量过程中注意测量仪表的正确连接，出现问题及时切断电源。

六、思考

（1）为什么改变电容 C 值时，总电流 I 随着改变，而有功功率则几乎不变？

（2）用串联电容器的方法是否也能提高感性负载的功率因数？为什么？

七、报告要求

（1）根据实验数据以 I 为纵坐标，以 C 为横坐标，绘制 $I = f(C)$ 曲线。

（2）根据实验数据以 I 为纵坐标，以 C 为横坐标，绘制 $\cos\varphi = f(C)$ 曲线。

（3）取 $\cos\varphi$ 值最大的一组数据作相量图。

实验九　串联谐振电路

一、实验目的

（1）通过实验观察电路的串联谐振现象，加深对其理论知识的理解。

（2）学习通过实验测定电路的谐振频率 f_0、品质因数 Q、通频带宽度 Δf 及谐振曲线的方法。

（3）研究电路参数对谐振特性的影响，了解电路的品质因数 Q 值的意义。

（4）熟悉信号发生器和双踪示波器的使用。

二、原理与说明

在图 3.9.1 所示的正弦交流电路中，网络的等效阻抗为：$Z = R + j\left(\omega L - \dfrac{1}{\omega C}\right)$，阻抗 Z 是电源频率 ω 的函数。若外施电压大小一定，改变电源频率，则当 $\omega L - \dfrac{1}{\omega C} = 0$ 时，电路中电压与电流同相位，电路发生谐振。谐振频率为：$\omega_0 = \sqrt{\dfrac{1}{LC}}$，或 $f_0 = \dfrac{1}{2\pi}\sqrt{\dfrac{1}{LC}}$。电路的特征阻抗为：$\rho = \omega_0 L = \dfrac{1}{\omega_0 C}$，特征阻抗 ρ 与电阻 R 的比值定义为品质因数 Q，即 $Q = \dfrac{\rho}{R} = \dfrac{\omega_0 L}{R} = \dfrac{1}{R}\sqrt{\dfrac{L}{C}}$，可见品质因数是一个由电路参数决定的量。

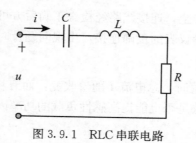

图 3.9.1　RLC 串联电路

谐振时电路的阻抗最小，而在端口电压一定时，电路电流最大，该电流只与电阻的大小有关，即 $I = I_0 = \dfrac{U}{R}$。谐振时电感电压和电容电压大小相等、相位相反，电抗电压为零，即 $U = U_R, U_L = U_C = QU$。

RLC 串联电路的电流是电源频率的函数，即 $I = \dfrac{U}{|Z|} = \dfrac{U}{\sqrt{R^2 + \left(\omega L - \dfrac{1}{\omega C}\right)^2}} = \dfrac{I_0}{\sqrt{1 + Q^2\left(\dfrac{\omega}{\omega_0} - \dfrac{\omega_0}{\omega}\right)^2}}$，如图 3.9.2 所示，该曲线也称为谐振曲线。为了研究电路参数对谐

振特性的影响，通常采用通用谐振曲线。将上式两边同除以 I_0 作归一化处理，得到通用

频率特性 $\dfrac{I}{I_0} = \dfrac{1}{\sqrt{1 + Q^2\left(\dfrac{\omega}{\omega_0} - \dfrac{\omega_0}{\omega}\right)^2}}$，与该频率相对应的曲线称为通用谐振曲线，通用谐

振曲线的形状只与品质因数 Q 值有关。图 3.9.3 绘出了不同 Q 值时的通用谐振曲线。由
图可见，电路的 Q 值越大，通用谐振曲线的形状越尖锐，表明电路的频率选择性越好。通
常也用通频带宽度来衡量电路选择性的好坏，所谓通频带宽度 Δf 是指谐振曲线幅度下降
至峰值的 0.707 倍时所对应的上、下频率之间的宽度，如图 3.9.2 所示，通频带宽度 Δf

$= f_{c2} - f_{c1}$，可以证明：$\Delta f = \dfrac{f_0}{Q}$。可见，通频带宽度是与品质因数成反比的。

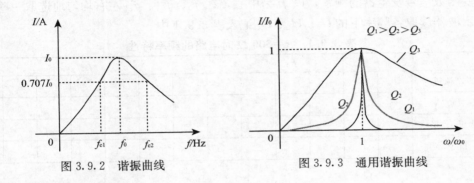

图 3.9.2　谐振曲线　　　　　　　图 3.9.3　通用谐振曲线

三、实验内容与步骤

1. 电路输入信号的选取

调节信号发生器使其输出电压有效值为 1 V 的正弦交流信号。

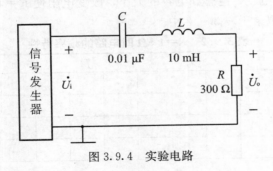

图 3.9.4　实验电路

2. 谐振频率的测量

取电感 $L = 10$ mH、电容 $C = 0.01$ μF、电阻 $R = 300$ Ω，按图 3.9.4 接线。将双踪示
波器的二个通道分别接在电路的输入端和电阻两端，用以观察信号发生器的输出电压 u_i 和
电阻两端电压 u_o 的大小。改变信号发生器输出信号的频率，从低到高，观察电阻 R 两端
的电压 u_o 的变化情况。注意：调试过程中应同时观察电路输入电压的大小，若发现 u_i 的值
发生变化，应适当调节信号发生器输出电压的幅度，保证输入电压 $U_i = 1$ V。当观察到电
阻电压 U_o 为最大时，电路处于谐振状态，此时信号发生器上显示的频率即为谐振频率 f_0，
将此谐振频率 f_0 和此时的 U_{omax} 记录于表 3.9.1 中。

3. 电感电压、电容电压的测量

分别将电路中电感 L 和电阻 R 的位置、电容 C 和电阻 R 的位置互换，以保证被测元件的一端与信号发生器共地，在示波器上读出谐振频率下 U_L、U_C 的值，记录于表 3.9.1 的相应位置。

4. 上、下限频率的测量

按图 3.9.4 所示电路连接电路，减小信号发生器频率，通过示波器观察电阻 R 两端的电压 u_o，当 $U_o = 0.707U_{o\,max}$ 时，记录下限频率 f_{c1}，并测量该频率下的 U_o、U_L 和 U_C，分别记入表 3.9.1 中。再增大输入信号频率，同样的方法找到电路的上限频率 f_{c2}，测量并记录该频率及该频率下的电压 U_o、U_L 和 U_C。

5. 其余各点频率及电压的测量

改变函数信号发生器的频率，以 f_0 为中心，在 f_0、f_{c1}、f_{c2} 左右均匀地选取一些测量点，由示波器读取各频率下的 U_o、U_L、U_C 记入表 3.9.1 中。

表 3.9.1　$R=300\ \Omega$ 时电路的频率特性

				f_{c1}			f_0			f_{c2}		
测量值	f/kHz											
	U_o/V											
	U_L/V											
	U_C/V											
计算值	$Q=$ $\Delta f = f_{c2} - f_{c1} =$											

6. 电路的频率特性测量

不改变电路的输入电压、电感和电容的大小，改变电阻使 $R=1\ \text{k}\Omega$，重复步骤 1、2、3、4、5，将测量数据记录于表 3.9.2 中。

表 3.9.2　$R=1\ \text{k}\Omega$ 时电路的频率特性

				f_{c1}			f_0			f_{c2}		
测量值	f/kHz											
	U_o/V											
	U_L/V											
	U_C/V											
计算值	$Q=$ $\Delta f = f_{c2} - f_{c1} =$											

7. 观察电路的谐振现象

(1) 按图 3.9.4 连接线路，将双踪示波器的两个通道分别接在电路的输入端和电阻两端，用以观察电路的输入电压 u_i 和电路的输出电压 u_o。改变信号发生器的频率，观察示波器上输入、输出波形的相位变化，当两个波形同相时，电路发生谐振，记录谐振频率 f_0。

(2) 还可将示波器设置为 X-Y 显示方式，电路的连接不变，此时示波器的屏幕上会出现一个椭圆。改变函数信号发生器输出信号的频率，可以看到椭圆的形状会改变。当椭圆的形状变为一根 45°的斜线时，电路处于谐振状态，此时函数信号发生器的频率为电路的谐振频率，记录此谐振频率 f_0。

四、实验设备和器材

信号发生器	1 台
双踪示波器	1 台
九孔板	1 块
电阻、电感、电容	若干

五、注意事项

（1）在改变信号源频率时注意调整函数信号发生器的信号输出幅度，使其有效值维持在 1V。

（2）连接测试电路时，注意信号源与测量仪器的公共地连接。

六、思考

（1）如何用示波器判别电路是否处于谐振？为什么？

（2）测试谐振曲线时为什么必须保持信号源的输出电压稳定？

（3）电路参数对谐振曲线的影响如何？

（4）串联谐振在实际中有什么应用？

（5）谐振时输入信号 u_i 与输出信号 u_o 的波形相位如何？

七、报告要求

（1）根据测量数据求出电路在 $R=300\ \Omega$ 和 $R=1\ \mathrm{k}\Omega$ 二种情况下的品质因数 Q 和通频带宽度 Δf。

（2）根据实验数据分别绘制出 $R=300\ \Omega$ 和 $R=1\ \mathrm{k}\Omega$ 时的谐振曲线。

实验十　一阶电路和二阶电路的响应

一、实验目的

（1）掌握测定 RC 一阶电路时间常数的方法，研究 RC 电路的时间常数与过渡过程的关系。

（2）研究二阶电路在方波激励下的过渡过程，观察电路参数对过渡过程的影响。

（3）熟悉示波器和信号发生器的使用方法。

二、原理与说明

1. RC 一阶电路

包含有动态元件的电路称为动态电路。当动态电路的结构或参数发生变化时，电路会经过一个过渡过程才达到新的稳定状态。在过渡过程中，电路中的电压、电流都是变化的，而变化的快慢和电路的参数是密切相关的。描述动态电路的方程是微分方程。若描述电路的方程是一阶微分方程，则该电路称为一阶电路。RC 串联电路是典型的一阶电路，若以电容电压 u_C 作为电路的响应，则其零输入响应为 $u_C(t)=U_0 e^{-\frac{t}{\tau}}$，这是一个放电过程，其中 U_0 为电容的初始电压，即 $u_C(0+)=U_0$，$\tau=RC$ 为电路的时间常数。该电路的零状态响应为 $u_C(t)=U_s(1-e^{-\frac{t}{\tau}})$，这是一个充电过程，其中 U_s 为 RC 电路充电结束达到稳定状态时的电容电压。电路的暂态过程常常持续时间不长，甚至很短，不容易观察，所以实验中以信号发生器的方波信号作为电路的激励，使电路产生周期性的过渡过程，以方便对电路过渡过程的观察和研究。当以方波作为 RC 串联电路的电源时，如图 3.10.1(a) 所示，若方波的幅度为 U_s，可以得到 u_C 的波形如图 3.10.1(b) 所示。

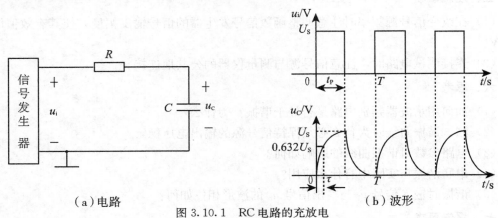

　　（a）电路　　　　　　　　　　　　　　　　　（b）波形

图 3.10.1　RC 电路的充放电

在电容的放电阶段 $u_C(\tau)=U_s e^{-\frac{t}{\tau}}|_{t=\tau}=36.8\% U_s$，可以通过在示波器上读取 u_C 从 U_s 衰减至 $u_C=36.8\% u_s$ 时所对应的时间，得到时间常数 τ。同样电容充电时，$u_C(\tau)=U_s(1-e^{-\frac{t}{\tau}})|_{t=\tau}=63.2\% U_s$，，可以通过读取 u_C 从 0 上升至 $u_C=63.2\% U_s$ 时所对应的时间得到时间常数 τ。

在输入方波信号时，若时间常数 $\tau \ll t_P$，从电阻两端输出电压时（电路如图 3.10.2 所示），$u_o=iR=RC\dfrac{du_C}{dt}\approx RC\dfrac{du_i}{dt}$，输出信号正比于输入信号对时间的微分，故将电路称为微分电路；若时间常数 $\tau \gg t_P$，从电容两端输出电压时（如图 3.10.3 所示），$u_o=\dfrac{1}{C}\displaystyle\int i dt=\dfrac{1}{RC}\displaystyle\int u_R dt\approx\dfrac{1}{RC}\displaystyle\int u_i dt$，输出信号正比于输入信号对时间的积分，故将电路称为积分电路。

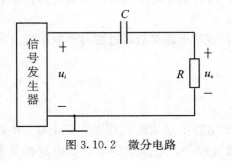

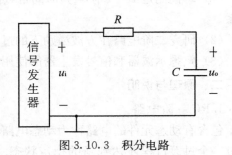

图 3.10.2　微分电路　　　　　　　　　　　　图 3.10.3　积分电路

2. RLC 二阶电路

RLC 串联电路所满足的方程为二阶微分方程，故称为二阶电路。该电路在方波激励作用下的过渡过程，根据元件参数的不同，可以分为非振荡、临界非振荡和衰减振荡三种情况。当 $R > 2\sqrt{\dfrac{L}{C}}$ 时，电路的过渡过程是非振荡的；当 $R = 2\sqrt{\dfrac{L}{C}}$ 时，电路的过渡过程是临界非振荡的，称为临界状态，此时的电阻也称为临界电阻；当 $R < 2\sqrt{\dfrac{L}{C}}$ 时，电路的过渡过程为衰减振荡过程。实验中改变电阻 R 的大小，可以观察到电路响应所产生的非振荡、临界非振荡和衰减振荡过渡过程现象。

三、实验内容与步骤

1. 一阶电路的响应

（1）调节信号发生器，使其输出如图 3.10.1(b) 所示幅度 $U_S = 5$ V、频率为 1 kHz 的直流方波信号。

（2）取 $C = 0.1$ μF，$R = 1$ kΩ，按图 3.10.2 接线，并将电路的输入 u_i 和输出 u_o 分别接至双踪示波器的 **CH1** 和 **CH2**，以便能同时观察到电路的输入、输出波形。

（3）通过示波器观察、记录输出波形 u_o，并读取电路的时间常数 τ，即以输入信号方波的上升沿作为计时起点，输出信号电压下降至 $0.368U_S$ 时所对应的时间。

（4）改变电阻值，使其分别为 $R = 2$、5.1、10 kΩ，通过示波器观察波形，定量绘出输入和输出波形。

（5）取 $C = 0.1$ μF，$R = 1$ kΩ，按图 3.10.3 接线，观察、记录输出波形，并读取电路的时间常数 τ，即以电容开始充电作为计时起点，输出信号电压上升至 $0.632U_S$ 时所对应的时间。改变电阻值，使其分别为 $R = 2$、5.1、10 kΩ，分别定量绘出各参数下的输入和输出波形。

2. 二阶电路的响应

（1）信号发生器仍输出 5 V/1 kHz 的直流方波信号，按图 3.10.4 接线，电路的输入 u_i 和输出 u_o 分别接至示波器的 **CH1** 和 **CH2**，调节 10 kΩ 电位器改变电路电阻的大小，注意观察输出波形的变化。记录下不同 R 时电路出现非振荡、临界非振荡和衰减振荡时的输出波形 u_o。

（2）寻找临界振荡时的电阻值，并与理论值相比较。

（3）记录当 $R = 0$ 时的输出波形 u_o。

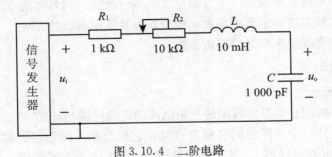

图 3.10.4　二阶电路

四、实验设备和器材

信号发生器	1 台
双踪示波器	1 台
10 kΩ 可调电位器	1 个
10 mH 电感器	1 个
0.1 μF、1 000 pF 电容	各 1 个
九孔板	1 块
电阻	若干

五、注意事项

（1）实验前请充分预习有关示波器和信号发生器的使用方法。

（2）用示波器观察波形时注意各仪器的"共地"连接。

（3）信号发生器输出的方波信号须是直流。

（4）注意正确从示波器中读取数据。

六、思考

（1）如何用示波器观察实验电路中的充、放电电流？

（2）测量值和理论值是否一致？产生误差的主要原因是什么？

（3）在 RLC 二阶电路中，当电路处在临界点时，若增加电阻 R 或减小电容 C，对过渡过程有何影响？

七、报告要求

（1）根据实验数据分别绘制出 RC 微分电路和积分电路在不同 τ 值下的波形。

（2）记录二阶电路的非振荡、临界非振荡、衰减振荡时 u_C 的波形，寻找临界非振荡时的电阻值 R，并与理论值相比较。

实验十一　互感电路

一、实验目的

（1）观察电路中的互感现象，学习测量二个耦合线圈的同名端的方法。

（2）学习用实验方法确定互感系数、耦合系数及线圈参数的方法。

（3）测定二耦合线圈串联时的等值参数。

二、原理与说明

1. 同名端的概念

同名端是指有磁耦合关系的线圈的互感电压的正极性端与施感电流的进端之间的一一对应关系。当电流从二个线圈的同名端流进时，它们所产生的磁场方向应是互相增强的。图 3.11.1(a)所示电路中线圈 11′ 的 1 端与线圈 22′ 的 2 端互为同名端。二个线圈的同名端决定于线圈的绕向和二个线圈之间的相互位置，在图 3.11.1(b) 中 1 端与 2′ 端互为同名端。

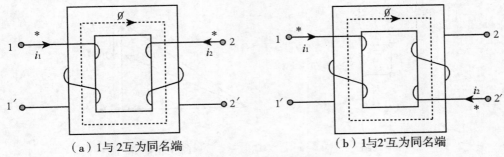

（a）1与2互为同名端　　　　　（b）1与2′互为同名端

图 3.11.1　同名端的判别

在图 3.11.2(a) 所示电路中，线圈 11′ 与线圈 22′ 串联，1 端与 2 端是同名端，这时二个线圈的连接方式也称为同向串联。设线圈 11′ 端所加电压为 $U_{11'}$，R_1、R_2、L_1、L_2 分别为线圈 11′ 和线圈 22′ 的等效电阻和等效电感，M 为二个线圈的互感系数，则

线圈 11′ 电压为：$\dot{U}_{11'} = \dot{I}(R_1 + j\omega L_1)$；

线圈 22′ 电压为：$\dot{U}_{22'} = j\omega M \dot{I}$；

二线圈串联后电压：$\dot{U}_{12'} = \dot{U}_{11'} + \dot{U}_{22'} = \dot{I}R_1 + j\omega(L_1 + M)]$。

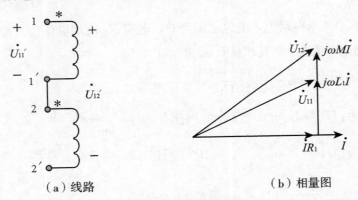

（a）线路　　　　　　　　（b）相量图

图 3.11.2　线圈顺接

图 3.11.2(b) 为相应电路的相量图，可见 $U_{12'} > U_{11'}$。

在图 3.11.3(a) 所示电路中，线圈 11′ 的 1 端和线圈 22′ 的 2′ 端互为同名端，这时二个线圈的连接方式也称为反向串联。则

线圈 11′ 电压为：$\dot{U}_{11'} = \dot{I}(R_1 + j\omega L_1)$；

线圈 22′ 电压为：$\dot{U}_{22'} = -j\omega M \dot{I}$；

二线圈串联后电压为：$\dot{U}_{12'} = \dot{U}_{11'} + \dot{U}_{22'} = \dot{I}[R_1 + j\omega(L_1 - M)]$。

图 3.11.3(b) 为相应电路的相量图，可见 $U_{12'} < U_{11'}$。

由以上分析可知：当 $U_{12'} < U_{11'}$ 时，二个线圈为反向串联，1 与 2′ 是同名端；当 $U_{12'} > U_{11'}$ 时，需改变其中一个线圈的连接方向，再测一次，比较二次测得的 $U_{12'}$，$U_{12'}$ 大的那一次测量中二个线圈是同向串联，1 与 2 是同名端。

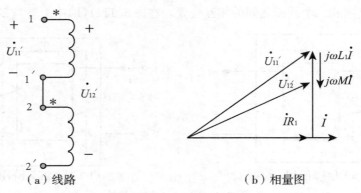

（a）线路　　　　　　　　　（b）相量图

图 3.11.3　线圈反接

2. 互感系数 M、线圈参数及耦合系数 K

（1）互感系数 M

在图 3.11.2(a)所示电路中，$U_{22'}$ 为互感电压：$\dot{U}_{22'} = j\omega M \dot{I}$，$U_{22'} = \omega MI$，所以 $M = \dfrac{U_{22'}}{\omega I}$。因此在已知电源频率时，只需测得线圈 $11'$ 中的电流和线圈 $22'$ 两端的电压即可求得互感系数 M。

（2）线圈参数

在图 3.11.4(a)所示电路中，电源电压为 $\dot{U}$，电阻 R_0 两端电压为 $\dot{U}_1$，电感线圈两端电压为 $\dot{U}_2$，电路中电流为 $\dot{I}$，其相量图如图 3.11.4(b)。

由余弦定理可知：$\cos\alpha = \dfrac{U^2 + U_1^2 - U_2^2}{2UU_1}$

L 二端电压为：$U_L = U\sin\alpha = IX_L$，因此有：$L = \dfrac{U_L}{I\omega} = \dfrac{U\sin\alpha}{I\omega}$。

R 二端电压为：$U_R = U\sin\alpha - U_1 = IR$，所以，$R = \dfrac{U_R}{I} = \dfrac{U\sin\alpha - U_1}{I}$。

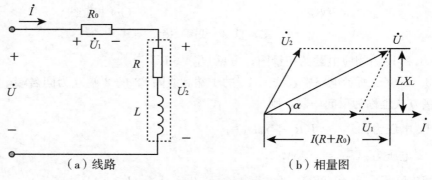

（a）线路　　　　　　　　　　（b）相量图

图 3.11.4　线圈参数的测量

（3）耦合系数 K

耦合系数反映二个线圈耦合的紧密程度，可由互感系数 M 和两个电感的电感量 L_1、L_2 计算得到：$K = \dfrac{M}{\sqrt{L_1 L_2}}$。

（4）线圈的串联

设 R_1、R_2 分别为线圈 $11'$ 和线圈 $22'$ 的等效电阻，L_1、L_2 分别为线圈 $11'$ 和线圈 $22'$ 的等效电感。如图 3.11.5 所示，当二个线圈顺接时，其等效电阻为：$R = R_1 + R_2$；等效电感为：$L = L_1 + L_2 + 2M$。

如图 3.11.6 所示，当二个线圈反接时，其等效电阻为：$R = R_1 + R_2$，等效电感为：$L = L_1 + L_2 - 2M$。

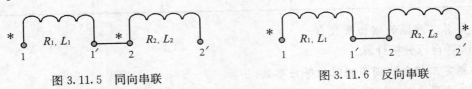

图 3.11.5　同向串联　　　　　　　　　　图 3.11.6　反向串联

三、实验内容与步骤

1. 判断二耦合线圈的同名端

由信号发生器输出电压为 6 V、频率为 200 Hz 的正弦交流信号。选取电阻 $R_0 = 51\ \Omega$，按图 3.11.7 接线。用数字万用表分别测量电压 $U_{11'}$、$U_{12'}$，根据 $U_{11'}$ 和 $U_{12'}$ 的大小判定二线圈的同名端。

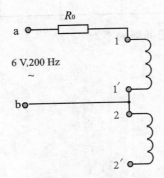

图 3.11.7　实验电路

2. 测定二耦合线圈的互感系数 M

（1）图 3.11.7 中，分别测出电压 U_{R_0} 和电压 $U_{22'}$，记入表 3.11.1 中，并计算互感 M_{21}。

（2）交换二线圈的位置，重复上述过程，数据记入表 3.11.1 中，并计算互感 M_{12}。互感系数 $M = \dfrac{M_{12} + M_{21}}{2}$。

表 3.11.1　互感系数的测量

项目	测量值			计算值		
	U_{R0}/V	$U_{11'}/V$	$U_{22'}/V$	M_{21}/H	M_{12}/H	M/H
线圈 1 接电源						
线圈 2 接电源						

3. 测定二线圈的参数

按图 3.11.4(a)连接线路，电阻 $R_0 = 51\ \Omega$，正弦电压 u 取自信号发生器，电压大小为

6 V，频率为 200 Hz。将电压分别加至线圈 1 和线圈 2，测量电压 U_1 和 U_2，记入表 3.11.2 中，并由此计算二线圈的参数。

表 3.11.2　线圈参数的测量

项目	测量值			计算值			
	U/V	U_1/V	U_2/V	I/mA	$\cos\alpha$	R/Ω	L/H
线圈 1							
线圈 2							

4. 计算二线圈的耦合系数 K

请读者自行分析计算。

5. 测定二耦合线圈串联时的等效参数

将二线圈分别顺接和反接，参照线圈参数的测量方法，测量二个线圈串联后的等效参数，计入表 3.11.3 中，并说明其与二个线圈参数、互感系数之间的关系。

表 3.11.3　串联线圈等效参数的测量

项目	测量值			计算值			
	U/V	U_1/V	U_2/V	I/mA	$\cos\alpha$	R/Ω	L/H
同向串联							
反向串联							

6. 自行设计电路测定二线圈并联的参数

请读者自行完成。

四、实验设备和器材

信号发生器	1 台
数字万用表	1 台
电感箱	1 台
51 Ω 电阻	1 个

五、注意事项

实验过程中，在电路接通电源的情况下，一定不能使电路开路。

六、思考

(1) 是否还有其他判断同名端的方法？

(2) 是否还有其他实验方法来确定互感系数 M？并说明实验方法。

七、报告要求

根据实验数据和试验要求完成各参数的计算和数据的比较，并写明必要的计算过程。

实验十二 三相电路电压与电流的测量

一、实验目的

(1) 熟悉三相负载的连接方式，加深理解三相电路中线电压与相电压、线电流与相电流之间的关系。

(2) 观察不对称负载星形联结时的中性点位移现象，了解三相电路中的中线作用。

(3) 学习三相电源相序的测定方法。

二、原理与说明

1. 三相电源

电力系统的供电方式多为三相制，三相电源电压由三相交流发电机产生。若三相电源电压的幅值相同、频率相同、相位依次相差 120°，则该三相电压称为对称的三相电源电压。

在低压供电系统中三相电源通常连接成星形，采用三相三线制或三相四线制供电方式。本实验中多功能实验装置上的 L_1、L_2、L_3 表示三相电源的引出端，引出的线称为相线；N 表示三相电源的中点，由此引出的线称为中线。电源的相线和中线之间的电压称为电源的相电压，二根相线之间的电压称为电源的线电压。在对称的三相电源电压中，线电压是相电压的 $\sqrt{3}$ 倍。

2. 三相负载

三相负载的连接方式有星（Y）形连接和三角（△）形连接两种，如图 3.12.1 所示。

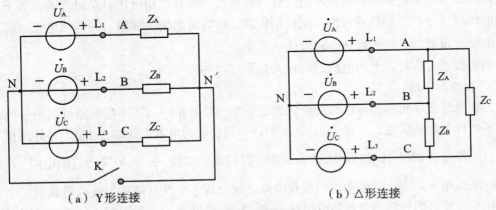

（a）Y形连接　　　　　　　　（b）△形连接

图 3.12.1　三相负载的连接

（1）负载星形联结

在对称三相电源作用下，当三相负连接成星形时，如图 3.12.1(a)所示，若有中线，由于电源的中点与负载的中点等电位，$\dot{U}_{N'N}=0$，此时无论负载对称与否，每相负载上的电压等于相应电源的相电压，是对称的，负载端的线电压为相电压的$\sqrt{3}$倍，也是对称的。若负载对称，则三相负载的相电流（流过各相负载的电流）也对称，此时中线电流为零；若负载不对称，中线电流为三个线电流之和。

若没有中线，负载对称，则由于仍然存在$\dot{U}_{N'N}=0$，因此情况与有中线时的相同。但如果负载不对称，则由于电源中点和负载中点之间的电位差的存在，$\dot{U}_{N'N}\neq0$，出现所谓"中性点位移"现象，使负载的相电压不再对称，将造成某相负载电压过高，如图 3.12.2 中 B 相负载相电压$\dot{U}_{BN'}$，而使该相负载由于过载而损坏；或某相负载电压过低，如图 3.12.2 中 A 相负载相电压$\dot{U}_{AN'}$而使该相负载不能正常工作。

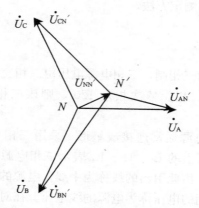

图 3.12.2　无中线不对称电路相量图

（2）负载三角形联结

三相负载连接成三角形，如图 3.12.1(b)所示。由于负载的相电压等于相应电源的线电压，所以当三相电源对称时，不论负载对称与否，负载的相电压总是对称的，等于相应电源的线电压。若三相负载对称，则各相负载的相电流也是对称的，同样线电流（流过相线的电流）也对称，且线电流为相电流的$\sqrt{3}$倍。

当负载不对称时，上述电流的对称关系不复存在。

3. 相序指示器

三相电源相序指示器可以帮助我们判定三相电源的相序，相序指示器可以用一些负载接成不对称负载来实现。如图 3.12.3 所示，一相负载为电容 C（如 A 相），另外两相为相同的白炽灯泡（如 B、C 相），选择适当的电容 C 值，如使$\dfrac{1}{\omega C}=R$（R 为灯泡电阻），则在对称电源作用下，由于电源中点和负载中点之间出现了中性点位移，造成负载的三个相电压不相等，使得两只灯泡负载所受电压不等，因而亮度不同。根据理论分析，可得：若认定接电容的一相为 A 相，则灯泡亮的一相为 B 相，余下的为 C 相。

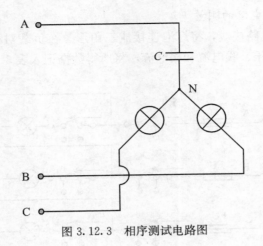

图 3.12.3　相序测试电路图

三、实验内容与步骤

1. 负载星形联结电路的测量

按图 3.12.4 所示电路接线，将三相灯泡负载连接成星形。分别测量负载对称、负载不对称、有中线、无中线时的线电压、相电压、线（相）电流，将所得数据记入表 3.12.1。注意观察有、无中线时灯泡亮度是否变化。

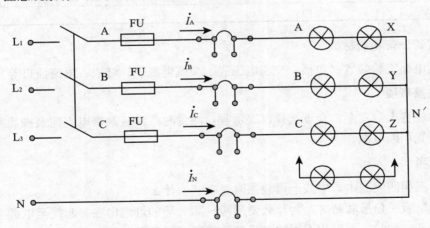

图 3.12.4　三相负载 Y 形联结测量电路

表 3.12.1　负载星形联结电压电流的测量

项目		线电压/V			相电压/V			相电流/A			中线电流/A	中点电压/V
		U_{AB}	U_{BC}	U_{CA}	U_A	U_B	U_C	I_A	I_B	I_C	I_N	$U_{N'N}$
有中线	对称负载											
	不对称负载											
无中线	对称负载											
	不对称负载											

2. 负载三角形联结电路的测量

按图 3.12.5 所示电路接线，将灯泡连接成三角形。在负载对称和不对称两种情况下分别测量其线（相）电压、线电流和相电流，将所得数据记入表 3.12.2。注意观察灯泡亮度的变化。

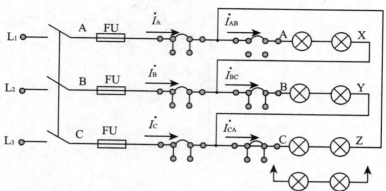

图 3.12.5　三相负载 △ 联结测量电路

表 3.12.2　负载三角形联结电压电流的测量

项目	线电压/V			线电流/A			相电流/A		
	U_{AB}	U_{BC}	U_{CA}	I_A	I_B	I_C	I_{AB}	I_{BC}	I_{CA}
对称负载									
不对称负载									

四、实验设备和器材

多功能电路实验装置（包括：交流电压表、交流电流表、灯泡、电流插口等）。

五、注意事项

实验中注意人身安全，合理选择仪表量程，测量时严禁接触带电端钮及裸露部分，改接线路时应先切断电源。

六、思考

（1）在三相四线制中，中线上可装保险丝吗？为什么？

（2）当负载三角形联结时，为什么要用两只 220 V 的灯泡串在一起接至电源上？在星形联结负载不对称时，如每相不用的两只灯泡串联，而只用一只是否妥当？

七、报告要求

（1）由实验所得数据，分析三相负载对称时，在星形连接和三角形连接两种情况下，负载的线电压、相电压和线电流、相电流之间的关系。

（2）三相四线制供电系统中中线的作用是什么？若其中一相电源断开，其余两相负载能否正常工作？

（3）从理论上分析相序指示器的工作原理。

实验十三　三相电路功率的测量

一、实验目的

(1) 学习与掌握用单相功率表测量三相电路有功功率的方法。

(2) 学习测量对称三相电路无功功率的方法。

(3) 熟悉交流电压表、交流电流表和功率表的使用。

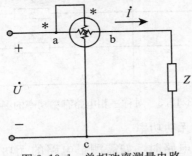

图 3.13.1　单相功率测量电路

二、原理与说明

交流电路中负载所消耗的功率 P，根据电动式单相功率表（也称为瓦特计）的基本原理，可按图 3.13.1 所示电路来测量。

其计算公式：$P = UI\cos\varphi$

U 为功率表电压线圈（ac 端）跨接的电压；I 为流过功率表电流线圈（ab）的电流；φ 为 $\dot{U}$、$\dot{I}$ 之间的相位差。

三相电路的功率可以通过单相功率表不同的组合和接法来测量。

1. 三瓦计法

无论三相负载采取什么样的连接方式，三相电路的有功功率均可采用单相功率表分别测量出 A、B、C 三相负载的有功功率，再相加得到，即：

$$P = P_A + P_B + P_C$$

其中 P_A、P_B、P_C 分别为各相负载消耗的功率。测量电路如图 3.13.2 所示。

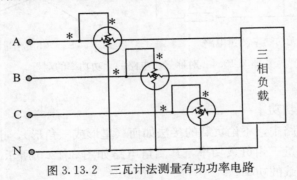

图 3.13.2　三瓦计法测量有功功率电路

2. 一瓦计法

(1) 测量对称三相电路的有功功率

当三相电路所带负载为对称三相负载时，因为三相负载对称，每相负载所消耗的功率相同，所以只需用单相功率表测出任一相的功率，再乘以 3 即可得到电路的总有功功率，即 $P = 3P_A$。P_A 为测得的 A 相负载的功率。图 3.13.3 所示为三相四线制电路中负载对称时单相功率的测量。

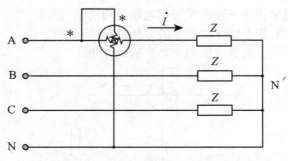

图 3.13.3　对称三相电路有功功率的测量

(2) 测量对称三相电路的无功功率

当电路为对称三相三线制电路时，如需测量电路的无功功率，但无现成的无功功率表，也可用单相功率表来完成电路无功功率的测量。测量电路如图 3.13.4(a) 所示。根据图中功率表的连接，可知功率表此时的读数为：

$$P_{A-BC} = U_{BC}I_A \cos(U_{BC}, I_A) = U_1I_1\cos(90° - \varphi) = U_1I_1\sin\varphi$$

其中 U_1 为线电压；I_1 为线电流，φ 为相电压与相电流之间的相位差角。

而对称三相电路的无功功率为：$Q = \sqrt{3}U_1I_1\sin\varphi$，因此，$Q = \sqrt{3}P_{A-BC}$。

注：P_{A-BC} 是指功率表电流线圈串联在 A 相（其电流线圈 * 端必须接在电源侧），电压线圈并联在 BC 两相（其电压线圈的 * 端必须接在 B 相）所测得的功率。若负载为容性的，则功率表的读数为负。

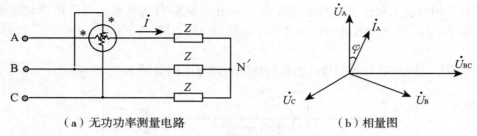

（a）无功功率测量电路　　　　　　　　　（b）相量图

图 3.13.4　对称三相电路的无功功率的测量

3. 二瓦计法

(1) 测量三相有功功率

在三相三线制电路中，不论负载的接法如何（星形或三角形），也不论负载是否对称，均可用二瓦计法来测量三相负载功率，其测量电路如图 3.13.5 所示。此时两瓦特计读数的代数和等于三相负载的功率。

证明如下：

三相瞬时功率 $p = p_A + p_B + p_C$

星形连接时：$p = u_{AN}i_A + u_{BN}i_B + u_{CN'}i_C$，其中 N' 为三相负载作星形连接的中点，因为，$i_A + i_B + i_C = 0$。所以，$p = u_{AN'}i_A + u_{BN'}i_B - u_{CN'}(i_A + i_B) = (u_{AN'} - u_{CN'})i_A + (u_{BN'} - u_{CN'})i_B = u_{AC}i_A + u_{BC}i_B$。

三相平均功率 $P = U_{AC}I_A\cos\alpha + U_{BC}I_B\cos\beta = P_{A-AC} + P_{B-BC}$。其中，$\alpha$ 为 $\dot{U}_{AC}$ 与 $\dot{I}_A$ 之间的相位差角；β 为 $\dot{U}_{BC}$ 与 $\dot{I}_B$ 之间的相位差角；P_{A-AC} 为功率表 W1 测得的功率；P_{B-BC} 为功率表 W2 测得的功率。

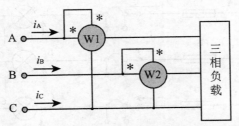

图 3.13.5　二瓦计法测量三相电路有功功率电路

当负载为三角形连接时，可以得到同样的结论。注意：单个功率表的读数是没有意义的。若某一功率表的读数为负值，则两瓦特计读数相加时，该功率表的数值应以负值代入。

（2）测量三相无功功率

在对称负载情况下，也可根据"二瓦计法"测得的功率计算出无功功率及功率因数角。由相量图 3.13.6 可知：

$$P_{A-AC} - P_{B-BC} = U_{AC}I_A\cos(30° - \varphi) - U_{BC}I_B\cos(30° + \varphi)$$
$$= U_1I_1[\cos(30° - \varphi) - \cos(30° + \varphi)] = U_1I_1\sin\varphi$$

无功功率为：$Q = \sqrt{3}U_1I_1\sin\varphi = \sqrt{3}(P_{A-AC} - P_{B-BC})$

功率因数角：$\varphi = \mathrm{tg}^{-1}\dfrac{Q}{P} = \mathrm{tg}^{-1}\dfrac{\sqrt{3}(P_{A-AC} - P_{B-BC})}{P_{A-AC} + P_{B-BC}}$

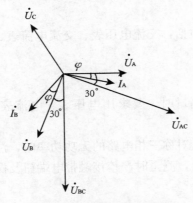

图 3.13.6　二瓦计法相量图

三、实验内容与步骤

(1) 按图 3.13.7 将对称三相灯泡组负载接成星形，分别用"三瓦计法"和"二瓦计法"测量其三相功率，将所测数据记入表 3.13.1 中。仪表组的接法如图 3.13.8 所示。

(2) 在灯泡两端并联 1 μF 电容，组成三相对称 R-C（容性）负载，用"三瓦计法"和"二瓦计法"分别测量其三相有功功率，结果记入表 3.13.1 中。

(3) 分别用"一瓦计法"和"二瓦计法"测量该对称三相容性负载电路的无功功率，将结果记入表 3.13.2 中，并与无功功率表的测量结果相比较。

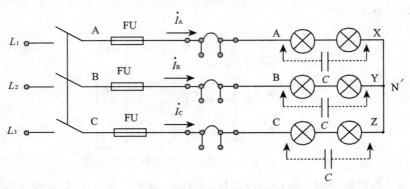

图 3.13.7　三相负载 Y 形联结测量电路

表 3.13.1　三相电路有功功率的测量

项目	P_A/W	P_B/W	P_C/W	P_{A-AC}/W	P_{B-BC}/W	$P_{三瓦}$/W	$P_{二瓦}$/W
灯泡							
容性负载							

表 3.13.2　三相电路无功功率的测量

项目	Q_A/var	Q_B/var	Q_C/var	P_{A-AC}/W	P_{B-BC}/W	P_{A-BC}/W	Q/var	$Q_{二瓦}$/var	$Q_{一瓦}$/var
容性负载									

四、实验设备和器材

多功能电路实验装置（包括：交流电压表、交流电流表、功率表、灯泡、电容器、电流插口等）。

五、注意事项

(1) 在进行有功功率的测量时，要求用电压表、电流表和功率表接成仪表组进行测量。接法如图 3.13.8 所示。

(2) 用"一瓦计法"测量对称三相电路的无功功率时，注意仪表的接法。

(3) 实验中注意人身安全，测量时严禁接触带电端钮及裸露部分，改接线路时应切断电源。

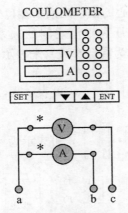

图 3.13.8　仪表组接法

六、思考

（1）"二瓦计法"测量三相电路的有功功率时，有时二个功率表中的一个会出现负值，试分析其中的原因。用"三瓦计法"测量功率时，功率表是否会出现负值？为什么？

（2）用"二瓦计法"测量三相电路的功率时，若不知电源的相序，可否进行测量？为什么？

七、报告要求

（1）分析比较"三瓦计法"和"二瓦计法"所测三相负载的功率及产生误差的原因。

（2）由测量结果计算电路的功率因数。

实验十四　　二端口网络的传输参数

一、实验目的

（1）加深理解二端口网络的基本理论。

（2）掌握直流二端口网络传输参数的测量方法。

二、原理与说明

一个具有四个端子的网络称为四端网络，如果满足端口条件，即任何时刻流入端子 1 的电流等于流出端子 $1'$ 的电流，流入端子 2 的电流等于流出端子 $2'$ 的电流，则将该网络称为二端口网络，如图 3.14.1 所示。

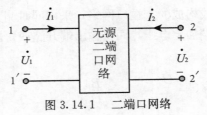

图 3.14.1　二端口网络

对于一个线性网络，人们所关心的往往是网络端口处的电压和电流之间的关系。线性无源二端口网络的二个端口处的电压和电流之间的关系可以用 Z 参数、Y 参数、T 参数（也称为传输参数）、H 参数（也称为混合参数）来表示，它们的方程分别为：

Z 参数方程 $\begin{bmatrix} \dot{U}_1 \\ \dot{U}_2 \end{bmatrix} = \begin{bmatrix} Z_{11} & Z_{12} \\ Z_{21} & Z_{22} \end{bmatrix} \cdot \begin{bmatrix} \dot{I}_1 \\ \dot{I}_2 \end{bmatrix}$，可表示为，$\begin{bmatrix} \dot{U}_1 \\ \dot{U}_2 \end{bmatrix} = \mathbf{Z} \cdot \begin{bmatrix} \dot{I}_1 \\ \dot{I}_2 \end{bmatrix}$

Y 参数方程 $\begin{bmatrix} \dot{I}_1 \\ \dot{I}_2 \end{bmatrix} = \begin{bmatrix} Y_{11} & Y_{12} \\ Y_{21} & Y_{22} \end{bmatrix} \cdot \begin{bmatrix} \dot{U}_1 \\ \dot{U}_2 \end{bmatrix}$，可表示为 $\begin{bmatrix} \dot{I}_1 \\ \dot{I}_2 \end{bmatrix} = \mathbf{Y} \cdot \begin{bmatrix} \dot{U}_1 \\ \dot{U}_2 \end{bmatrix}$

T 参数（传输参数）方程 $\begin{bmatrix} \dot{U}_1 \\ \dot{I}_1 \end{bmatrix} = \begin{bmatrix} A & B \\ C & D \end{bmatrix} \cdot \begin{bmatrix} \dot{U}_2 \\ -\dot{I}_2 \end{bmatrix}$，可表示为 $\begin{bmatrix} \dot{U}_1 \\ \dot{I}_1 \end{bmatrix} = \mathbf{T} \cdot \begin{bmatrix} \dot{U}_2 \\ -\dot{I}_2 \end{bmatrix}$

H 参数（混合参数）方程 $\begin{bmatrix} \dot{U}_1 \\ \dot{I}_2 \end{bmatrix} = \begin{bmatrix} H_{11} & H_{12} \\ H_{21} & H_{22} \end{bmatrix} \cdot \begin{bmatrix} \dot{I}_1 \\ \dot{U}_2 \end{bmatrix}$，可表示为 $\begin{bmatrix} \dot{U}_1 \\ \dot{I}_2 \end{bmatrix} = \mathbf{H} \cdot \begin{bmatrix} \dot{I}_1 \\ \dot{U}_2 \end{bmatrix}$

Z 参数、Y 参数、T 参数、H 参数都是由二端口内部元件的参数和连接方式所决定的。如果将二端口的一端作为输入端，另一端作为输出端，我们常常需要了解的是输入端的电压、电流和输出端的电压、电流之间的关系。如放大电路的输入端和输出端、变压器的原边和副边、传输线的始端和终端等，T 参数可以描述这种输入端和输出端的电压、电流关系。本实验学习如何用实验的方法测量线性二端口网络的传输参数。

1. 传输参数的同时测量法

以二端口网络输出端的电压和电流作为自变量，以输入端的电压和电流作为应变量，所得到的描述二端口性质的方程称为二端口网络的 T 参数方程或传输方程。表示为：

$\begin{bmatrix} \dot{U}_1 \\ \dot{I} \end{bmatrix} = \begin{bmatrix} A & B \\ C & D \end{bmatrix} \cdot \begin{bmatrix} \dot{U}_2 \\ -\dot{I}_2 \end{bmatrix}$，或 $\begin{cases} \dot{U}_1 = A\dot{U}_2 - B\dot{I}_2 \\ \dot{I}_1 = C\dot{U}_2 - D\dot{I}_2 \end{cases}$

式中的 A、B、C、D 为二端口网络的传输参数，$\mathbf{T} = \begin{bmatrix} A & B \\ C & D \end{bmatrix}$ 称为 T 参数矩阵，其值决定于网络的拓扑结构及网络中各元件的参数。这四个参数表征了该二端口网络的基本特性，它们的含义是

$A = \dfrac{\dot{U}_1}{\dot{U}_2}\bigg|_{\dot{I}_2=0}$，　$B = \dfrac{\dot{U}_1}{-\dot{I}_2}\bigg|_{\dot{U}_2=0}$，　$C = \dfrac{\dot{I}_1}{\dot{U}_2}\bigg|_{\dot{I}_2=0}$，　$D = \dfrac{\dot{I}_1}{-\dot{I}_2}\bigg|_{\dot{U}_2=0}$

由上可知，只要在网络的输入端加上电压，在两个端口同时测量其电压和电流，即可求出 A，B，C，D 四个参数，此即为二端口传输参数的同时测量法。

2. 传输参数的分别测量法

若要测量一条远距离电线构成的二端口网络，采用同时测量法就很不方便，这时可采用分别测量法，即先在输入端加上电压，而将输出端开路或短路，在输入端测量电压和电流，由传输方程可得：

$Z_{o1} = \dfrac{\dot{U}_1}{\dot{I}_1}\bigg|_{\dot{I}_2=0} = \dfrac{A}{C}$，　$Z_{s1} = \dfrac{\dot{U}_1}{\dot{I}_1}\bigg|_{\dot{U}_2=0} = \dfrac{B}{D}$

然后将输入端开路或短路，在输出端加电压测量，由此可得：

$$Z_{o2} = \frac{\dot{U}_2}{\dot{I}_2}\bigg|_{\dot{I}_1=0} = \frac{D}{C}, \quad Z_{s2} = \frac{\dot{U}_2}{\dot{I}_2}\bigg|_{\dot{U}_2=0} = \frac{B}{A}$$

Z_{o1}、Z_{s1}分别表示输出端开路、短路时输入端的等效输入阻抗，Z_{o2}、Z_{s2}分别表示输入端开路、短路时输出端的等效输入阻抗。因为 $AD-BC=1$，所以这四个参数中有三个是独立的。

至此可求出四个传输参数：$A = \sqrt{Z_{o1}/(Z_{o2}-Z_{s2})}, B = Z_{s2}A, C = A/Z_{o1}, D = Z_{o2}C$。

3. 二端口网络的级联

将两个线性无源二端口网络 P_1 和 P_2 级联后，如图 3.14.2 所示，组成了一个复杂的二端口。该复杂两端口网络的传输参数亦可采用上述方法之一求得。

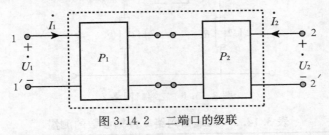

图 3.14.2　二端口的级联

可以证明级联后二端口网络的传输参数与参加级联的两个二端口网络的传输参数之间有如下关系：

$$A = A'A'' + B'C'', \quad B = A'B'' + B'D''$$
$$C = C'A'' + D'C'', \quad D = C'B'' + D'D''$$

因此可根据每个二端口的传输参数求得级联后的复杂二端口的传输参数。

三、实验内容与步骤

1. 用同时测量法测量二端口的传输参数

(1) 按图 3.14.3 所示连接电路，二端口网络的输入电压为 $U_1=12$ V，用同时测量法，按表 3.14.1 进行测量，计算二端口网络 1 的传输参数 A'、B'、C'、D'，列出传输方程。

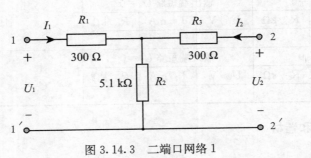

图 3.14.3　二端口网络 1

表 3.14.1　二端口网络 1 传输参数的测量

二端口网络1	输出端开路 $I_2'=0$	测量值			计算值	
		U_{o1}'/V	U_{o2}'/V	I_{o1}'/mA	A'	C'
	输出端短路 $U_2'=0$	U_{s1}'/V	I_{s1}'/mA	I_{s2}'/mA	B'	D'

（2）按图 3.14.4 所示连接电路，二端口网络的输入电压为 $U_1=12$ V，用同时测量法，按表 3.14.2 进行测量，计算二端口网络 2 的传输参数 A''、B''、C''、D''，列出传输方程。

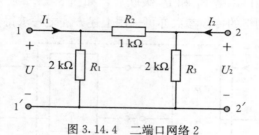

图 3.14.4　二端口网络 2

表 3.14.2　二端口网络 2 传输参数的测量

二端口网络2	输出端开路 $I_2'=0$	测量值			计算值	
		U_{o1}''/V	U_{o2}''/V	I_{o1}''/mA	A''	C'
	输出端短路 $U_2'=0$	U_{s1}''/V	I_{s1}''/mA	I_{s2}''/mA	B''	D''

2．用分别测量法测量二端口的传输参数

将二端口网络 1 和二端口网络 2 作级联，采用 12 V 电源电压，按表 3.14.3，用分别测量法测量级联后复杂二端口网络的传输参数 A、B、C、D，并验证复杂二端口网络传输参数与级联的二个二端口网络传输参数之间的关系。

表 3.14.3　级联后二端口网络传输参数的测量

输出端开路 $I_2=0$			输出端短路 $U_2=0$			计算传输参数
U_{o1}/V	I_{o1}/mA	$R_{o1}/k\Omega$	U_{s1}/V	I_{s1}/mA	$R_{s1}/k\Omega$	
输入端开路 $I_1 0$			输入端短路 $U_1=0$			$A=$　　　　$B=$
U_{o2}/V	I_{o2}/mA	$R_{o2}/k\Omega$	U_{s2}/V	I_{s2}/mA	$R_{s2}/k\Omega$	$C=$　　　　$D=$

四、实验设备和器材

直流稳压电源	1 台
数字万用表	1 台
直流电流表	1 只
九孔板	1 块

电阻、导线　　　　　　　　　　　　若干

五、注意事项

（1）测量电流时注意电流表的极性。

（2）两个二端口网络级联时，应将二端口网络 1 的输出端与二端口网络 2 的输入端连接。

六、思考

（1）试述二端口网络同时测量法与分别测量法的测量步骤、优缺点及其适用情况。

（2）本实验方法可否用于交流二端口网络的测定？

七、报告要求

（1）根据要求完成对数据表格的测量和计算任务。

（2）列写二端口网络 1 和二端口网络 2 的 T 参数方程。

（3）验证级联后复杂二端口网络的传输参数与二端口网络 1、二端口网络 2 的传输参数之间的关系。

实验十五　回转器

一、实验目的

（1）掌握回转器的基本特性。

（2）学习回转器基本参数的测量方法。

（3）了解回转器的应用。

二、原理与说明

回转器是一种线性非互易的多端元件。它的电路符号如图 3.15.1 所示。

图 3.15.1　回转器电路符号

理想的回转器可视为一个二端口。其端口电压和端口电流的关系可表示为：

$$\begin{bmatrix} i_1 \\ i_2 \end{bmatrix} = \begin{bmatrix} 0 & g \\ -g & 0 \end{bmatrix} \begin{bmatrix} u_1 \\ u_2 \end{bmatrix}$$

或写成 $i_1 = gu_2$，$i_2 = -gu_1$，其中 g 称为回转电导。

回转器的端口电压和电流关系也可用如下方程表示：

$$\begin{bmatrix} u_1 \\ u_2 \end{bmatrix} = \begin{bmatrix} 0 & -r \\ r & 0 \end{bmatrix} \begin{bmatrix} i_1 \\ i_2 \end{bmatrix}$$

或写成 $u_1 = -ri_2$，$u_2 = ri_1$，其中 r 称为回转电阻，g、r 也简称为回转常数。

若在回转器 22′端接一负载电容 C，如图 3.15.2 所示，则从 11′端看进去就相当于一个电感，即回转器能把一个电容元件"回转"成一个电感元件；相反，也可以把一个电感元件"回转"成一个电容元件，所以也称为阻抗逆变器。其原理如下：

在图 3.15.2 中，从 11′端看进去的导纳 Y_i 为：

$$Y_i = \frac{\dot{I}_1}{\dot{U}_1} = \frac{G\dot{U}_2}{-\dot{I}_2/G} = -\frac{G^2\dot{U}_2}{\dot{I}_2}$$

又因为 $\dfrac{\dot{U}_2}{\dot{I}_2} = \dfrac{-1}{j\omega C}$ ，所以 $Y_i = \dfrac{G^2}{j\omega C} = \dfrac{1}{j\omega L}$，$L = \dfrac{C}{G^2}$。

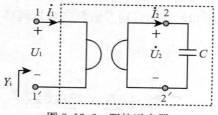

图 3.15.2　阻抗逆变器

由于回转器的阻抗逆变作用，使其在集成电路中得到了重要的应用。在集成电路制造中，制造一个电容元件比制造一个电感元件容易得多，因此我们可以用一带有电容负载的回转器来获得难以集成的大电感。

三、实验内容与步骤

1. 回转系数的测量

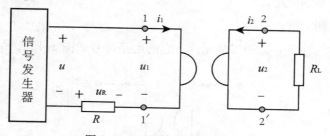

图 3.15.3　回转系数测量电路

按图 3.15.3 所示电路接线。信号发生器输出频率 $f = 1$ kHz、电压 $U = 1.5$ V 的正弦波信号，电阻 $R = 1$ kΩ。双踪示波器 **CH1** 用普通探头，**CH2** 用差分探头，分别观察和记录不同负载电阻 R_L 时的 U_1、U_2 和 U_R，并计算相应的电流 I_1、I_2 和回转常数 g，记入表 3.15.1 中。

表 3.15.1   回转常数的测试

$R_L/\mathrm{k\Omega}$	测量值			计算值				
	U_1/V	U_2/V	U_R/V	I_1/mA	I_2/mA	g'/mS	g''/mS	g/mS
0.5								
1								
1.5								
2								
3								
4								
5								

其中 $g' = \dfrac{I_1}{U_2}$，$g'' = \dfrac{I_2}{U_1}$，$g = \dfrac{g'+g''}{2}$。

2. 等效电感的测量

(1) 观察回转器输入端的电压 u_1 与电流 i_1 的相位关系

按图 3.15.4 所示电路接线. 电阻 $R=1\ \mathrm{k\Omega}$，电容负载 $C=0.1\ \mathrm{\mu F}$，正弦信号电压 $U=1.5\ \mathrm{V}$，频率 $f=1\ \mathrm{kHz}$，双踪示波器 **CH1** 用普通探头，**CH2** 用差分探头，观察电路中电压 u_1 和电压 u_R 的波形，并根据观察到的 u_1 和 u_R 的相位关系说明电路中回转器输入端 $11'$ 所表示元件的性质。

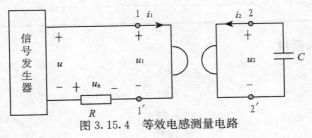

图 3.15.4   等效电感测量电路

(2) 测量等效电感

电路如图 3.15.4 所示，$R=1\ \mathrm{k\Omega}$，$C=0.1\ \mathrm{\mu F}$，信号发生器输出电压 $U=1.5\ \mathrm{V}$ 的正弦信号，并保持恒定。调节信号发生器输出信号的频率，用双踪示波器观察和记录不同频率时的电压 u、u_1、u_R，由此计算出 I_1、L'、L 及误差 ΔL，填入表 3.15.2，并分析 u、u_1、u_R 之间的相位关系。

表 3.15.2   等效电感的测量

f/kHz	0.2	0.4	0.5	0.7	0.8	0.9	1.0	1.2	1.3	1.5
U/V										
U_1/V										
U_R/V										
I_1/mA										
L'/H										
$L=(C/g)^2/\mathrm{H}$										
$\Delta L=(L'-L)/\mathrm{H}$										

其中 $I_1 = \dfrac{U_R}{R}$，$L' = \dfrac{U_1}{2\pi f I_1}$。

3. 测量并联谐振电路的谐振特性

利用回转器的阻抗逆变作用，在图 3.15.5 所示电路中，将接有电容负载的回转器与电容器 $C_1 = 1\ \mu\text{F}$ 构成并联谐振电路，电阻 $R = 1\ \text{k}\Omega$。

信号发生器输出正弦电压，电压大小 $U = 1.5\ \text{V}$，并保持恒定。改变信号发生器输出信号的频率，用双踪示波器观察和记录不同频率时回转器输入端电压 U_1，记入表 3.15.3 中。根据测量结果，指出电路的谐振频率并与理论值相比较。

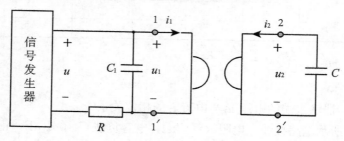

图 3.15.5　并联谐振电路

表 3.15.3　频率特性的测量

f/Hz	100	200	300	400	500	600	700	800	900	1k
U_1/V										

四、实验设备和器材

直流稳压电源	1 台
信号发生器	1 台
双踪示波器	1 台
回转器	1 个
差分探头	1 个
九孔板	1 块
电阻、导线	若干

五、注意事项

（1）回转器是有源元件，工作时应按要求提供一定的工作电压。

（2）连接电路时，直流电源的"地"应连接在回转器的 $1'$ 端。

（3）回转器是由运算放大器构成的有源元件，为避免运算放大器进入饱和使波形失真，所以输入电压不宜过大。

六、思考

（1）该实验中示波器为什么选用差分探头？

（2）可以将直流电源的"地"和函数信号发生器的"地"连接在一起吗？

七、报告要求

（1）完成各项规定的实验内容（测试、计算、绘制曲线等）。

（2）绘出试验内容 2 中 u_1 和 u_R 的波形图，说明回转器输入端的电压和电流的相位关系。

（3）从各实验结果中总结回转器的性质、特点和应用。

实验十六　网络定理仿真

一、实验目的

（1）通过实验加深对电路的基本定律、定理及电压、电流的参考方向的理解。

（2）初步学习和了解利用 Multisem 10.0 软件分析电路的方法。

二、原理与说明

1. 基尔霍夫定律

基尔霍夫定律是集总电路的基本定律，包含有基尔霍夫电流定律（KCL）和基尔霍夫电压定律（KVL），分别阐述了电路中结点处各支路电流之间的约束关系和回路中各支路电压之间的约束关系。

基尔霍夫电流定律（KCL）：在集总电路中，任何时刻，对任一结点，所有流出结点的支路电流的代数和恒等于零。

基尔霍夫电压定律（KVL）：在集总电路中，任何时刻，沿任一回路，所有支路电压的代数和恒等于零。

2. 叠加定理

叠加定理是线性电路的重要定理，可表述为：线性电阻电路中，任一电压或电流都是电路中各个独立电源单独作用时在该处产生的电压或电流的叠加。

3. 戴维南定理和诺顿定理

戴维南定理和诺顿定理是电路分析中应用十分广泛的定理。

戴维南定理：一个含独立电源、线性电阻和线性受控源的一端口，对外电路来说，可以用一个电压源和电阻的串联组合等效置换，此电压源的电压等于一端口的开路电压，电阻等于一端口的全部独立电源置零后的输入电阻。

诺顿定理：一个含独立电源、线性电阻和线性受控源的一端口，对外电路来说，可以用一个电流源和电阻的并联组合等效置换，此电流源的电流等于一端口的短路电流，电阻等于一端口的全部独立电源置零后的输入电阻。

三、内容与步骤

1. 基尔霍夫定律的验证

（1）双击 Multisim 图标，进入 Multisim 操作界面，如图 3.16.1 所示。

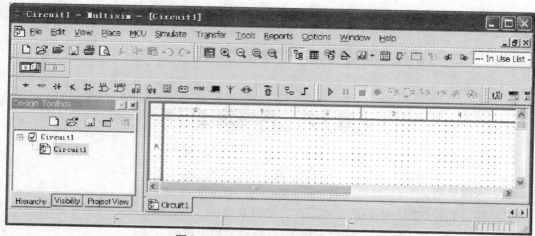

图 3.16.1　Multisim 10.0 操作界面

（2）按图 3.16.2 所示创建电路。

①电路元器件的选取与参数设置

电压源：点击菜单栏中的 Place，在下拉菜单中选择 Component，弹出 Select a Component 窗口，如图 3.16.3 所示；或者直接点击工具栏中的电源库图标 ✚ Place Source。Select a Component 窗口中各栏的选择如图 3.16.3 所示，点击窗口中的 OK，关闭元件选择窗口。将粘有直流电压源图标的光标指向 Multisim 电路窗口的合适位置，单击鼠标左键，便可将电源放置到工作区的相应位置上。双击工作区中的电压源符号，弹出如图 3.16.4 所示的对话框，在 Label 选项卡中，将 RefDes 设置为 U_{s1}；Value 选项卡中 Vaoltage（V）设置为 6 V，点击 OK，便可完成电压源 U_{s1} 的参数设置。相同的方法选取电路中其他电压源并设置其参数。

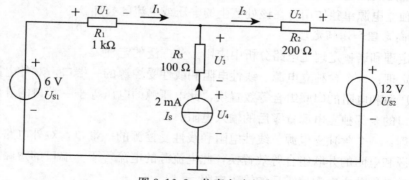

图 3.16.2　仿真实验电路

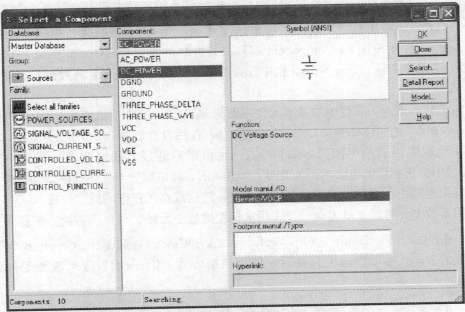

图 3.16.3　电压源的选取

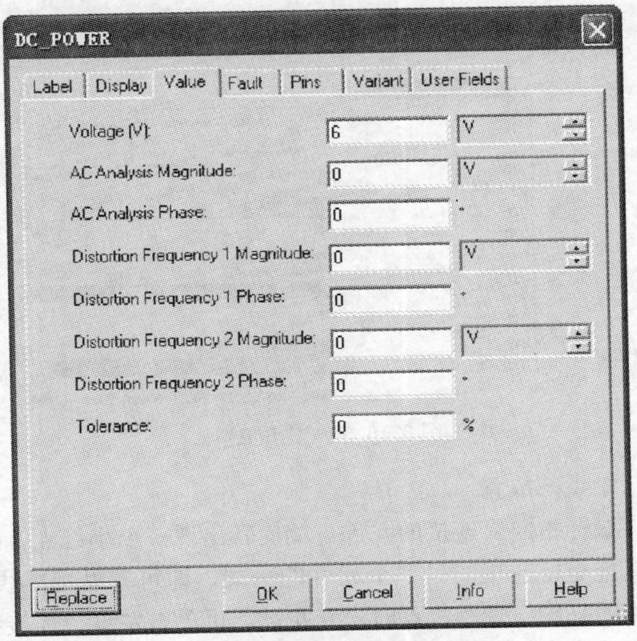

图 3.16.4　电压源参数的设置

　　电流源：点击工具栏中的电源库图标 ╪ Place Source（或菜单栏中的 Place，选择 Component），打开 Select a Component 窗口，其中 Database 栏和 Group 栏的选择同电压源，如图 3.16.3 所示。Family 栏中选择 SIGNAL _ CURRENT _ SOURCES, Component 栏中选择 DC _ CURRENT, Symbol 图框中便出现直流电流源符号，点击 OK, 将电流源放置到工作区的合适位置。双击电流源符号，根据电路要求设置电流源参数。

接地端：接地端是电路的公共端，电路分析时认为该点的电位是 0 V，一个电路必须有一个公共端。点击工具栏中的电源库图标 ⊥ Place Source（或菜单栏中的 Place，选择 Component），打开 Select a Component 窗口，其中 Database 栏、Group 栏和 Family 栏的选择如图 3.16.3 所示，Component 栏中选择 GROUND，点击 OK，将接地符号放置在工作区。

电阻元件：点击工具栏中的基本元件库图标 ⩖ Place Basic（或菜单栏中的 Place，选择 Component），打开 Select a Component 窗口，各栏设置如图 3.16.5 所示，在 Component 栏中选取所需要的电阻值，如 200 Ω（也可稍后通过双击电阻图标设置电阻值），Symbol 栏中出现相应的电阻的图形符号，点击 OK，将电阻放至工作区的适当位置。用相同方法选出电路中所需的全部电阻并设置参数，然后放在工作区的适当位置。

如需要改变元件放置的方向，可先用鼠标左键选中元件，再单击右键，根据需要选择下拉菜单中的 Flip Horizontal、Flip Vertical、⛒ 90Clockwis 和 ⛒ 90 CounterCW 以改变元件放置的方向。也可以选中元件后，使用快捷方式"Ctrl＋R"等来改变元件放置的方向。

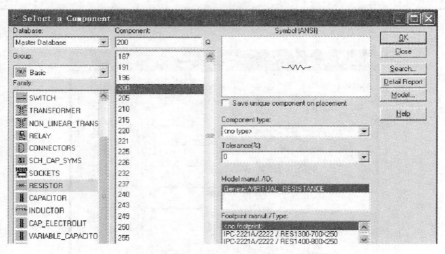

图 3.16.5　电阻的选取

②电路的连接与结点的放置

元件的连接：将鼠标指向要连接的元件一端使其出现一个小红点，按下鼠标左键并拖曳出一根导线，将其拖至要连接的另一个元件的一端，即可看见用虚线表示的连接线路，当鼠标指向另一元件的一端出现小红点时松开左键，再单击左键，连接线便由虚线变为实线，完成了两个元件之间的连接。如出现连接错误，需要删除导线，则可将鼠标指向需要删除的导线，单击鼠标左键选中该导线，按下鼠标右键出现下拉菜单，点击其中的 Delete，或者选中导线后直接按下键盘上的 Delete 键。

结点的放置：若需要在电路中设置结点，可点击主窗口菜单中的 Place，在其下拉菜单中点击 Junction，再将鼠标指向电路中需要放置结点处，单击鼠标左键即可。

（3）调用和连接测量仪表

　　电压表的调用和连接：点击工具栏中的指示器件库图标 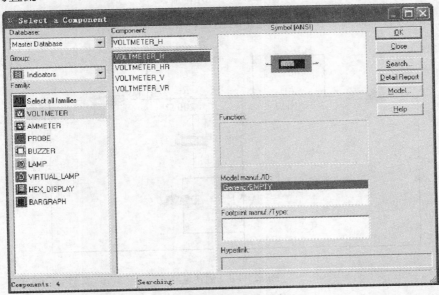Place Indicator（或点击菜单栏中的 Place，在下拉菜单中选择 Component），打开 Select a Component 窗口，其中各栏设置如图 3.16.6 所示。在 Component 栏中显示有四种不同连接、不同方向的电压表可供选择，其具体的连接和方向选中后显示在 Symbol（ANSI）栏中，根据需要选取电压表，点击 OK，将选中的电压表放至电路的合适位置并连接，电压表的"＋""－"号表示电路电压的参考方向。双击电压表图标可定义电压表的属性，如图 3.16.7 所示。在 Value 的 Mode 栏中选直流"DC"方式。

　　电流表的调用和连接：点击指示器件库图标 Place Indicator（或点击菜单栏中的 Place，在下拉菜单中选择 Component），打开 Select a Component 窗口，其中各栏设置如图 3.16.8 所示。根据需要在 Component 栏中选取所需的不同方向、不同连接的电流表，点击 OK，将电流表放置在工作区。用鼠标选中电流表，按住左键将电流表直接拖曳至被测支路的导线上，便可将电流表串联在被测支路中。电流表的"＋""－"号表示该支路的电流参考方向。双击电流表图标可定义电流表的属性，此处应将电流表的工作方式 Mode 选为直流"DC"。

图 3.16.6　调用电压表

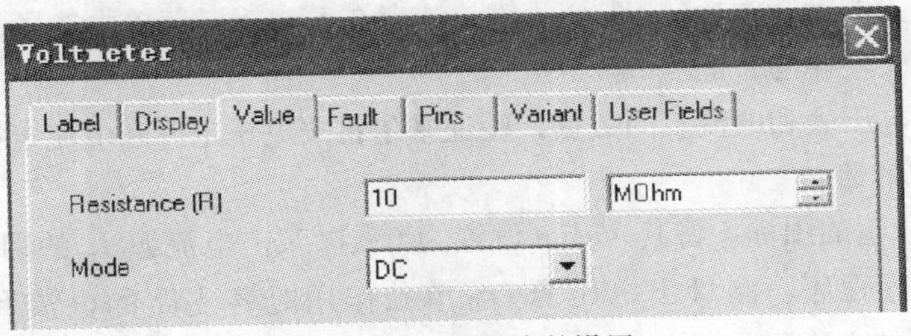

图 3.16.7　电压表的设置

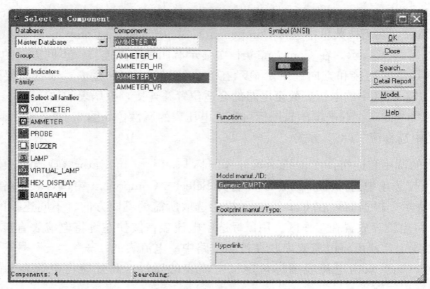

图 3.16.8　调用电流表

完成上述所有工作后，便完成了电路的创建，如图 3.16.9 所示。

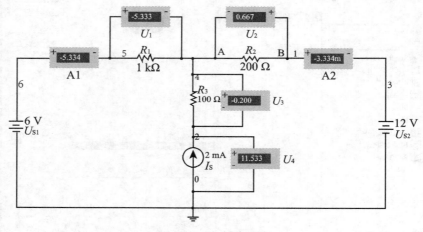

图 3.16.9　创建电路

（4）运行程序

点击工具栏上的运行图标 Run 键，或者在 Simulite 菜单中选择 Run 运行程序。

（5）基尔霍夫定律的验证

记录电路中电压表和电流表的数据，验证基尔霍夫电压定律和电流定律。

2. 叠加定理的验证

双击电压源 U_{S2} 的图标，将其 Value 设置为 0；再双击电流源 I_S 的图标，将其 Value 也设置为 0，运行程序，测量出电压源 U_{S1} 单独作用时各支路的电流和电压，计入表 3.16.1 中。同样的方法测量并记录 U_{S2} 单独作用、I_S 单独作用和 U_{S1}、U_{S2} 及 I_S 共同作用时各支路的电压、电流，记入表 3.16.1 中，验证叠加定理。

表 3.16.1　叠加定理的验证

	I_1/mA	I_2/mA	I_S/mA	U_1/V	U_2/V	U_3/V	U_4/V
U_{S1}单独作用							
U_{S2}单独作用							
I_S单独作用							
U_{S1}、U_{S2}、I_S共同作用							

3. 戴维南定理的验证

(1) 将电路中的电阻 R_2 断开，测量并记录电路 A、B 端的开路电压 U_{OC}。

(2) 将电阻 R_2 短路，测量并记录 A、B 间的短路电流 I_{SC}，根据 $R_0=\dfrac{U_{OC}}{I_{SC}}$ 计算等效电阻 R_0。

(3) 点击工具栏中的电源库 图标，取直流电压源，将其电压数值设置成 A、B 间的开路电压 U_{OC}；点击菜单中的基本元件图标，取电阻将其参数设置为 R_0。将 U_{OC} 与 R_0、R_2 组成串联电路，测量并记录 R_2 上的电压与电流，与原电路中的数值相比较。

4. 诺顿定理的验证

点击菜单上的电源库 图标，取直流电流源，将其电流数值设置成 A、B 间的短路电流 I_{SC}；点击菜单中的基本元器件库图标，取电阻将其参数设置成 R_0。将 I_{SC} 与 R_0、R_2 组成并联电路，测量并记录 R_2 上的电压与电流，与原电路中的数值相比较。

四、注意事项

(1) 建立电路时必须确定电路的接地端 GROUND 已连接好。

(2) 在直流电路中，电流从电流表的"＋"极流入、"－"极流出，因此电流表接入时要注意须与电路中设定的电流参考方向相同，读取数值时要注意正、负符号；连接电压表和读取电压时要注意同样的问题。

五、预习要求

(1) 阅读并了解 Multisim 的基本操作方法。

(2) 复习电路的基本定律、定理及相关电量的测试方法。

六、思考题

(1) 电流表的内阻参数默认值为 $1\ \text{n}\Omega$，电压表的内阻参数默认值为 $1\ \text{M}\Omega$，实验中是否需要重新设置？如何考虑它们对电路测试结果的影响？

(2) 除了实验中所用的测量一端口网络内电阻的方法，还有什么方法可以测量一端口网络的输入电阻？

七、报告要求

(1) 画出建立的电路，并计算其理论值。

(2) 根据记录的数据对实验结果进行分析，并与理论值相比较。

实验十七　受控源特性的研究仿真

一、实验目的

（1）通过实验加深对受控源特性的理解。

（2）学习仿真软件 Multisim 中虚拟函数发生器和示波器的使用方法。

二、原理与说明

在实际的电子线路中，除了熟知的独立电压源和电流源以外，还存在着类似于电源但又有别于独立电源的电路元件——受控源。受控源输出的电压或电流不是确定的，而是受到电路中其他支路的电压或电流控制的，故称为受控源。根据控制量的不同和电源的不同，受控源可分为电压控制的电压源（VCVS）、电压控制的电流源（VCCS）、电流控制的电压源（CCVS）及电流控制的电流源（CCCS）四种。受控源的控制特性是指控制量与被控量之间的关系，负载特性是指受控源作为电源所表现出的输出电压或电流与负载之间的关系。本实验通过受控源 CCCS、VCVS 控制特性和负载特性的测量研究受控源的特性。

三、实验内容与步骤

1．电流控制电流源（CCCS）

（1）CCCS 控制特性 $I_c = f(I_b)$ 的测试

1）按图 3.17.1 建立电路。

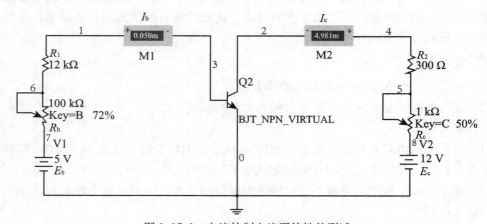

图 3.17.1　电流控制电流源特性的测试

①元件的选取和参数的设置，包括三极管、电位器、电源、电流表等。

三极管：点击工具栏中的晶体管库图标 ⚡ Place Transistor（或点击菜单栏中的 Place，在下拉菜单中选择 Component），弹出 Select a Component 对话框，各栏设置如图 3.17.2 所示。

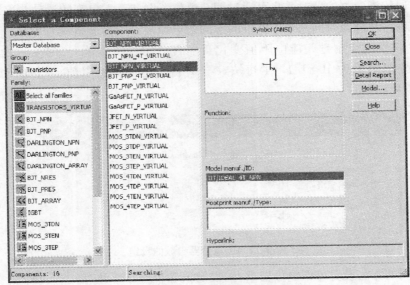

图 3.17.2　三极管的选取

电位器：点击工具栏中的基本元件库图标 <small>∿</small> Place Basic（或点击菜单栏中的 Place，在下拉菜单中选择 Component），打开 Select a Component 窗口，各栏设置如图 3.17.3 所示，在 Component 框中输入需要的设定值如 100 kΩ，或直接在下拉框中选择 100 kΩ 的设定值，或稍后通过双击电位器图标设置参数，点击 OK。

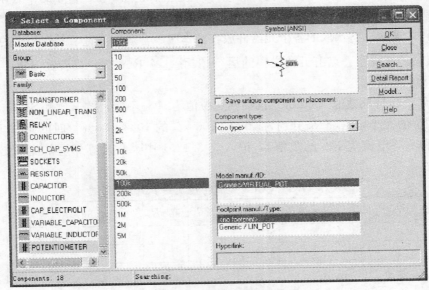

图 3.17.3　电位器的选取

双击工作区中的电位器符号，弹出如图 3.17.4 所示对话框，在 Label 选项卡的 DefDes 中写入 R_b；在 Value 选项卡的 Resistance（Ω）栏中输入电位器的设定电阻值，如 100 kΩ；在 Key 栏中选择控制电位器阻值大小的控制键，它可以是 26 个英文字母中的任何一个如 B，设定后需要增加电位器阻值大小时只需按 B 键，需要减小时按 Shift＋B 键即可；当然当鼠标指向电位器时，也可通过调节电位器图标下方出现的滑动头来增大或减小电位器的阻值。注意，对同一个电路中的不同的电位器要设置不同的控制键。增量 Increment 表示每按一次控制键相应电阻值变化量的百分比；如增量 Increment 设定为 10%，电位器的设定电阻值为 100 kΩ，则每按一次 B 键，电位器的阻值会增加设定电阻值的 10%，即 10 kΩ。

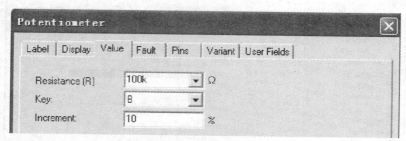

图 3.17.4　电位器参数的设定

采用相同的方法设置可调电位器 R_c 的设定值和控制字，注意，R_c、R_b 的控制字需设定为不同的字母。

电源、接地端、电阻：分别点击工具栏中的电源库图标 ✛ Place Source 和基本元件库图标 ⌇ Place Basic，按实验十六所述的方法选取电源、接地端和电阻，并按要求分别设定其参数。

电流表：点击工具栏中的指示器件库图标 ▨ Place Indicator，按实验十六所述的方法选取电流表。

②电路的连接。将选取的各个元器件放在工作区中合适的位置，并作相应的连接。

2）启动仿真程序。点击工具栏中的运行图标 ⊡ Run 键，或者在 Simulate 菜单中选择 Run 运行程序。

调定 R_c，保持其数值（Value）选项的定位值为 50% 不变，按 B 键和 SHIFT＋B 键调节电位器 R_b 的大小，测量 R_b 分别为设定值 100 kΩ 的 10%、20% 等时的 I_b（电流表 M1 的数值）和 I_c（电流表 M2 的数值），记入表 3.17.1 中，并计算相应的电流放大系数 β 的值。

表 3.17.1　CCCS 控制特性 $I_c = f(I_b)$ 的测试

$R_b = 100$ kΩ	$10\%R_b$	$20\%R_b$	$30\%R_b$	$40\%R_b$	$50\%R_b$	$60\%R_b$	$70\%R_b$	$80\%R_b$	$90\%R_b$	$100\%R_b$
I_b/mA										
I_c/mA										
β										

（2）CCCS 负载特性 $I_c = f(R_c)|_{I_b}$ 的测试

电路不变，调节电位器 R_b 的大小，使 $I_c = 5$ mA（电流表 M2 的数值），记录此时的 I_b。在保持 I_b 不变的情况下，按相应的控制键调节电位器 R_c，测量并记录 I_c，记入表 3.17.2 中。（注意：为了使 $I_c = 5$ mA 或尽量接近 5 mA，可以双击电位器 R_b 的图标，将其 Value 选项卡中的 Increment 减小，以减小每次按键带来的阻值变化量。）

表 3.17.2　CCCS 负载特性 $I_c = f(R_c) \mid_{I_s}$ 的测试

$R_c = 1\ k\Omega$	$10\% R_c$	$20\% R_c$	$30\% R_c$	$40\% R_c$	$50\% R_c$	$60\% R_c$	$70\% R_c$	$80\% R_c$	$90\% R_c$	$100\% R_c$
I_c / mA										

2. 电压控制电压源（VCVS）

（1）VCVS 控制特性 $U_0 = f(U_i)$ 的测试

1）按图 3.17.5 建立电路。

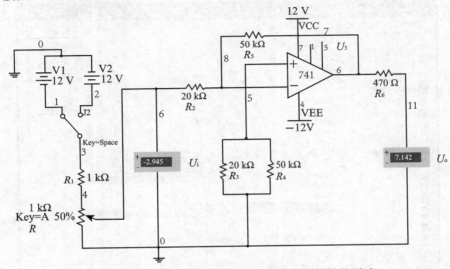

图 3.17.5　电压控制电压源（VCVS）控制特性的测试

①元件的选取和参数的设置，包括运算放大器、双向选择联等。

运算放大器：点击菜单栏中的 Place，选择 Component，或直接点击工具栏中的模拟器件库图标 Place Analog，打开 Select a Component 窗口，各栏设置如图 3.17.6 所示，点击 OK。

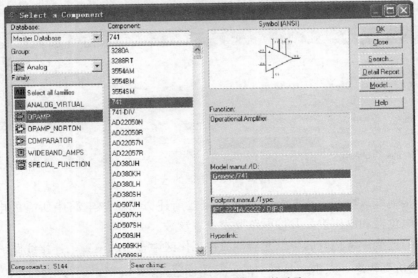

图 3.17.6　运算放大器 741 的选取

双向选择开关：点击菜单栏中的 Place，选择 Component，或点击工具栏中的基本元件库图标 ～ Place Basic。打开 Select a Component 窗口，各栏设置如图 3.17.7 所示，点击 OK。双向开关的状态由设定的关键字来控制。双击双向开关图标，在其中的 Key for Switch 栏中根据需要选择 Space 或 26 个字母或 0～9 中的任何一个作为控制开关状态的关键字。如选择 Space，则按下空格键后双向开关会改变开关连接的通道。此外将光标指向双向开关的连接线，当连接线变粗时，单击鼠标左键也可以实现以上功能。

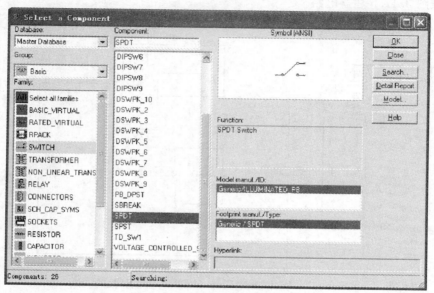

图 3.17.7　双向选择开关的选取

电源 VCC 和 VEE：点击工具栏中的电源库图标 ╪ Place Source，打开 Select a Component 窗口，各栏设置如图 3.17.8 所示，点击 OK。在工作区中双击 VCC 图标，将其 Value 设定为 12 V。同样的方法选取 VEE。

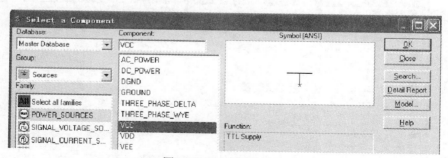

图 3.17.8　电源的选取

电源、接地端、电阻、电位器、电压表：按前述方法选取电路中所需的电源、接地端、电阻、电位器和电压表，并按电路要求设置参数。

②电路的连接。将选取的各个元器件放在工作区中合适的位置，连接线路。

2）启动仿真程序。点击工具栏中的运行图标 Run 键，运行仿真程序。

①选择双向开关的开关状态，使电路的输入端输入正向电压，改变电位器 R 的大小，

使其分别为表 3.17.3 中各值，测试并记录电路的输入电压 U_i 和输出电压 U_o 的大小，记入表 3.17. 3 中。

表 3.17.3　VCVS 控制特性 $u_o = -f(u_i)$ 的测试 1

$R = 1$ kΩ	10%R	20%R	30%R	40%R	50%R	60%R	70%R	80%R	90%R
U_i/V									
U_o/V									
μ									

②改变开关状态，使输入端电压 U_i 为负值，改变电位器 R 的大小重复上述测试内容，并记入表 3.17.4 中。

表 3.17.4　VCVS 控制特性 $U_1 = f(U_1')$ 的测试 2

$R = 1$ kΩ	10%R	20%R	30%R	40%R	50%R	60%R	70%R	80%R	90%R
U_i/V									
U_o/V									
μ									

（2）VCVS 负载特性 $U_o = f(R_L)$ 的测试

在电路的输出端接入设定值为 30 kΩ 的电位器，如图 3.17.9 所示。选择开关的状态并调节电阻 R 的大小，使输出电压 $U_o = 5$ V（或尽量接近 5 V），改变负载电阻 R_L 的大小，测量相应电阻值下输出电压 U_o 的大小，记入表 3.17.5 中。

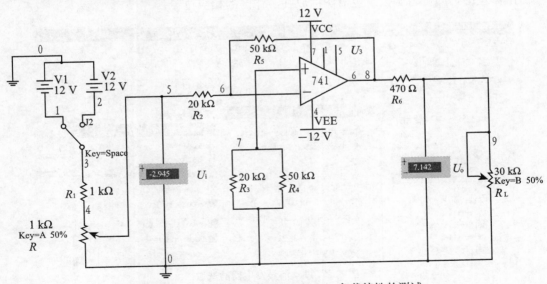

图 3.17.9　电压控制电压源（VCVS）负载特性的测试

表 3.17.5　VCVS 负载特性 $U_o = f(R_L)$ 的测试

$R_L = 30$ kΩ	10%R_L	20%R_L	30%R_L	40%R_L	50%R_L	60%R_L	70%R_L	80%R_L	90%R_L	100%R_L
U_o/V										

（3）交流信号作用下受控源的控制特性

1) 按图 3.17.10 建立电路。

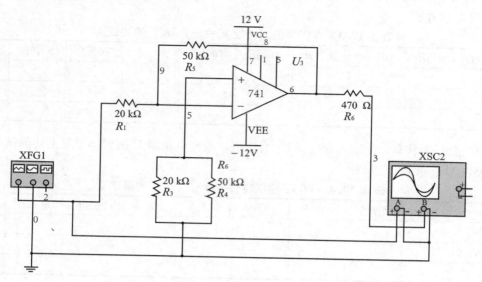

图 3.17.10　交流信号作用下 VCVS 控制特性的测试

①函数发生器的选取使用：如图 3.17.11 所示，点击菜单 Simulate，将鼠标指向 Instruments，在下拉菜单中选择 Function Generator，单击鼠标左键，出现函数发生器图标，随着鼠标的移动，图标的影子跟随光标移动，将其移至电路工作区中的适当位置，再单击鼠标左键，即可将函数发生器图标放在工作区的相应位置。

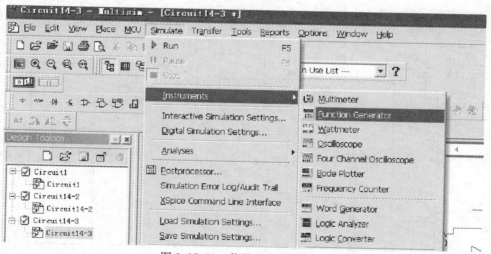

图 3.17.11　信号发生器的选取

双击函数发生器图标，出现如图 3.17.12 所示的函数发生器属性设置窗口。在 Waveform 中选择正弦波，频率 Frequency 设定为 1 kHz，幅度 Amplitude 设定为 1 V。注意：连接信号发生器线路时若信号从函数发生器的"＋"和"Common"端输出，则该幅度表示正弦信号的振幅；若信号从函数发生器的"＋"和"－"端输出，则正弦信号的振幅为函数发生器幅度设定值的 2 倍。

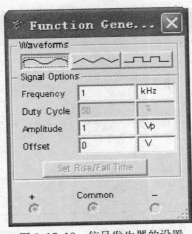

图 3.17.12　信号发生器的设置

②示波器 Oscilloscope 的选取和使用：在菜单 Simulate 中将鼠标指向 Instruments，选择 Oscilloscope，单击鼠标左键，将示波器移至工作区放下。示波器有 A、B 两个输入端和一个外触发端 Ext Trig。连接线路时，将电路的输入信号（即函数发生器的输出信号）和电路的输出信号分别连接到示波器的 A、B 通道的"＋"端，示波器 A、B 通道的"－"端均连接至电路的参考地。

为了方便观察，可将输入、输出波形设置为不同的颜色。方法是将鼠标指向电路中示波器 A 通道或 B 通道的信号线，点击鼠标右键，在下拉菜单中选择 Change Color 便可自行选择改变导线的颜色，继而改变信号波形的颜色。（注意：导线颜色的改变需在仿真状态关闭时进行。）

③运算放大器、电源、电阻等的选取与设置同前。

2）运行仿真程序，通过示波器观察输入输出波形。按下启动按钮运行程序后，双击示波器图标展开示波器面板，如图 3.17.13 所示。适当调节扫描时基 Timebase 和通道 A Channel A、通道 B Channel B 中的 Scale 以展开波形。运行几个周期后，按下程序运行的暂停键[Ⅱ]（或调节示波器的 Level）使波形稳定，观察并记录输入、输出波形，分析它们之间的幅值和相位关系。

四、注意事项

（1）注意实验中函数发生器和示波器的设置和正确连接。

（2）同一个电路中如有二个或二个以上需用控制键（Key）来控制大小或状态的元件（如电位器、双向开关等），需注意要将控制键设置为不同的字母或数字。

五、预习要求

（1）认真复习关于受控电源的基本知识。

（2）仔细了解仿真软件中电位器、函数发生器和示波器的基本使用方法。

六、思考题

（1）如何从函数信号发生器中取得输出信号？可以有哪些连接方式？有什么不同？

（2）受控电源是否可以在交流电路中使用？

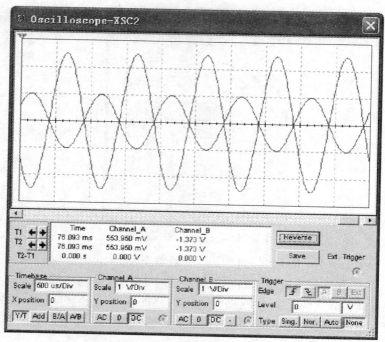

图 3.17.13　示波器显示波形图

七、报告要求

（1）根据实验数据，绘出电流控制电流源（CCCS）的控制特性和负载特性曲线，并加以说明。

（2）根据实验数据，绘出电压控制电压源（VCVS）的控制特性和负载特性曲线，并加以说明。

实验十八　电路频率特性的研究仿真

一、实验目的

（1）掌握低通、高通和带通电路的频率特性以及相关参数的测量方法。

（2）了解电路参数对电路频率特性的影响。

（3）学习使用波特图仪测量电路频率特性的方法。

二、原理与说明

由于电路中动态元件的存在，当电路中激励的频率发生变化时将会引起电路阻抗的改变，从而引起电路响应的改变。这种电路的响应随频率而变化的现象称为电路的频率特性，也称频率响应。在电路理论上通常用网络函数，即正弦激励下输入变量和输出变量之间的比值来讨论电路的频率特性，它的定义为：$H(j\omega) = \dfrac{\dot{R}(j\omega)}{\dot{E}(j\omega)}$，其中 $\dot{R}(j\omega)$ 为输出端口

的响应，可以是输出端口的电压相量或电流相量；$\dot{E}(j\omega)$ 为输入端口的输入变量，通常是电压源相量或电流源相量。根据输入变量和输出变量的不同，网络函数可以是驱动点阻抗、驱动点导纳、转移阻抗、转移导纳、电压转移函数和电流转移函数。网络函数 $H(j\omega)$ $=|H(j\omega)|<\varphi(j\omega)$ 是一个复数，它的模 $|H(j\omega)|$ 反映输出量与输入量大小的比值，它与频率的关系称为幅频响应；网络函数的幅角 $\varphi(j\omega)$ 反映同频率的输出量和输入量之间的相位差，它与频率之间的关系称为相频特性。本实验主要研究一阶 RC 低通和高通电路的频率特性、二阶 RLC 低通、高通和带通电路的频率特性。

三、实验内容与步骤

1. 一阶 RC 电路的频率特性

（1）一阶 RC 低通电路的频率特性

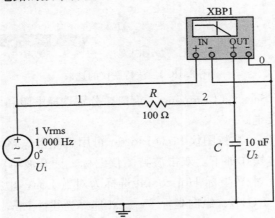

图 3.18.1　一阶 RC 低通电路

1）按图 3.18.1 建立电路。

①电路元件的选取和参数设置，包括交流电源、波特图仪等。

交流电源：点击工具栏中的电源库图标 ÷ Place Source（或点击菜单中的 Place，在下拉菜单中选择 Component），打开 Select a Component 窗口，各栏的设置如图 3.18.2 所

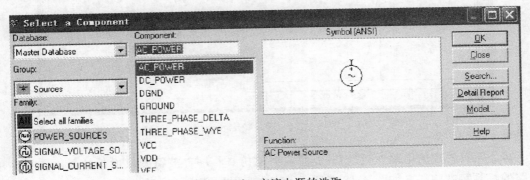

图 3.18.2　交流电源的选取

示，点击 OK，将交流电源放入工作区。双击交流电源图标，弹出交流电源参数设置窗口，将交流电源的有效值 Voltage（RMS）设置为 1 V，频率 Frequency（F）设置为 1 kHz，相位 Phase 设置为 0°。

波特图仪：如图 3.18.3 所示，在菜单 Simulate 中选择 Instruments，在下拉菜单中选择波特图仪 Bode Plotter，或直接在工具栏中点击图标▦ Bode Plotter，将其放在工作区的适当位置。

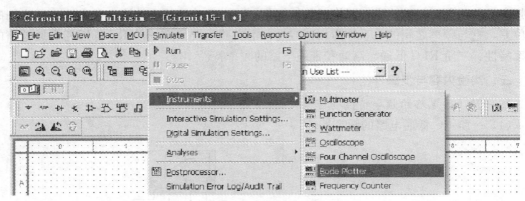

图 3.18.3　波特图仪的选取

电阻和电容：打开 Select a Component 窗口，分别选择电阻和电容并设置其参数。

②按图 3.18.1 连接电路。

2）测量截止频率 f_0。波特图仪 Bode Plotter 可用来测量电路的频率特性（包括幅频特性和相频特性）。具体操作如下：双击波特图仪图标，展开波特图仪面板。按下幅频特性选择按钮 Magnitude，水平坐标 Horizontal 选择为对数 Log，坐标的起始值 I 设置为 1 mHz，终止值 F 设置为 1 GHz；纵向坐标 Vertical 选择为线性 Lin，起始值 I 设置为 0，终止值设置为 1。

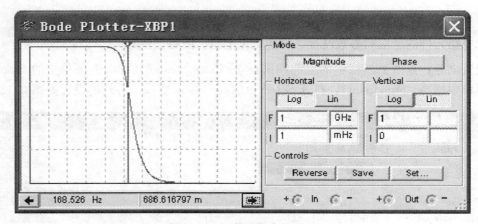

图 3.18.4　截止频率的测试

按下工具栏中的电路运行按钮▣▥，启动仿真程序，波特图仪面板的显示屏上显示电路的幅频特性曲线，如图 3.18.4 所示。点击显示屏下方的右移"→"按钮和左移"←"

按钮，或将鼠标指向显示屏最左端的读数游标，按下左键直接拖曳读数游标，读数游标和曲线的交点处的坐标可在显示屏的下方读得。当游标和曲线交点处垂直坐标的读数为 0.707 时，水平坐标的读数即为截止频率 f_0。具体方法为：先点击读数游标移动按钮或直接拖曳游标，使游标和曲线交点处垂直坐标的读数接近 0.707，记录此时的频率（该频率接近截止频率 f_0），为了能够精确地读出截止频率 f_0，将水平坐标 Horizontal 的起始值 I 和终止值 F 设置在接近截止频率 f_0 附近的较小范围内，如在读到的截止频率 f_0 的 100 Hz 范围内，再移动游标测量出较精确的截止频率 f_0。

3）测量一阶低通电路的频率特性。幅频特性 $|H(j\omega)|$-ω 和相频特性 $\varphi(j\omega)$-ω 的测试：先按下幅频特性选择按钮 Magnitude，适当选择水平坐标的起始值和终止值，移动读数游标改变信号的频率使其为表 3.18.1 中的各频率值，测量并记录相应频率下的幅度值 $|H(j\omega)|$；再按下相频特性选择按钮 Phase，将垂直坐标的起始值和终止值分别设置为 -90° 和 0°，待显示屏上出现相频特性曲线后，移动读数游标，读出该频率下的相位角 $\varphi(j\omega)$，记入表 3.18.1 中。

表 3.18.1　一阶 RC 低通电路频率特性

项目	$0.01f_0$	$0.1f_0$	$0.5f_0$	f_0	$5f_0$	$10f_0$	$100f_0$
$|H(j\omega)|$							
$\varphi(j\omega)$							

4）将电阻 R 减小至 50Ω，观察电路的幅频特性和相频特性，测量并记录电路的截止频率 f_0。

(2) 一阶 RC 高通电路的频率特性

按图 3.18.5 建立电路，观察电路的频率特性，用与 (1) 中相同的方法测量并记录电路的截止频率 f_0。改变电源频率，使其为表 3.18.2 中各值，测出各频率值下的幅度值 $|H(j\omega)|$ 和相位角 $\varphi(j\omega)$，将数据记入表 3.18.2 中。（注意：测量相频特性时垂直坐标的起始值和终止值应分别设置为 0° 和 90°。）

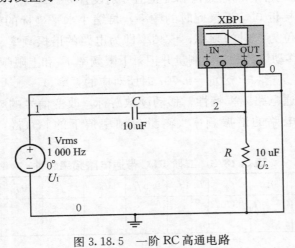

图 3.18.5　一阶 RC 高通电路

表 3.18.2　一阶 RC 高通电路频率特性

项目	$0.01f_0$	$0.1f_0$	$0.5f_0$	f_0	$5f_0$	$10f_0$	$100f_0$
$\lvert H(j\omega)\rvert$							
$\varphi(j\omega)$							

2. 二阶 RLC 带通电路的频率特性

（1）按图 3.18.6 所示建立电路。电感元件可从基本元件库 Basic 中取得。

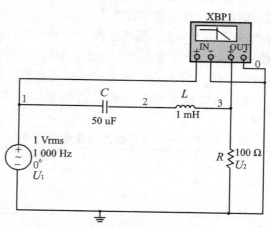

图 3.18.6　二阶带通电路的频率特性

　　双击波特图仪 Bode Plotter 图标，展开波特图仪面板，观察二阶带通电路的幅频特性曲线。水平坐标 Horizontal 选择为对数 Log，坐标的起始值 I 和终止值 F 分别设置为 1 mHz 和 1 GHz；纵向坐标 Vertical 选择为线性 Lin，起始值 I 和终止值 F 分别设置为 0 和 1。启动运行程序，观察二阶带通电路的幅频特性曲线。

　　（2）测量谐振频率 f_0、下限频率 $f_下$ 和上限频率 $f_上$。在波特图仪面板上按下相频特性选择按钮 Phase，将垂直坐标的起始值和终止值分别设置为 $-90°$ 和 $90°$，观察其相频特性。移动读数游标使相位接近 $0°$，记录此时的频率，再缩小水平坐标的起始值和终止值的范围，精确测量出当相位为 $0°$ 时的频率，该频率即为电路的谐振频率 f_0。按下幅频特性选择按钮 Magnitude，移动读数游标，测量并记录下限频率 $f_下$ 和上限频率 $f_上$。（其中下限频率 $f_下$、上限频率 $f_上$ 是指 $\lvert H(j\omega)\rvert = 0.707$ 时所对应的频率。）

　　（3）测量二阶带通电路频率特性。移动读数游标，改变信号的频率使其为表 3.18.3 中各值，其中 f_0 为电路的谐振频率。测量各频率值下的 $\lvert H(j\omega)\rvert$ 和 $\varphi(j\omega)$，记入表 3.18.3 中。

表 3.18.3　二阶 RLC 带通电路频率特性

	$0.001f_0$	$0.01f_0$	$f_下$	$0.1f_0$	$0.5f_0$	f_0	$5f_0$	$10f_0$	$f_上$	$100f_0$	$1000f_0$
$\lvert H(j\omega)\rvert$			0.707						0.707		
$\varphi(j\omega)$											

　　（4）由上述测量数据计算电路的通频带宽度 BW（$BW = f_上 - f_下$）和品质因数 Q（$Q = f_0/BW$），并与理论值相比较。

（5）将电阻 R 减小为 50 Ω，观察特性曲线的变化，记录此时的 f_0、$f_下$ 和 $f_上$，并由此计算通频带宽度 BW 和品质因数 Q。

3. 二阶 RLC 低通、高通电路的频率特性

（1）按图 3.18.7 建立电路。

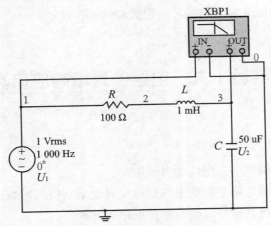

图 3.18.7　二阶低通电路

　　（2）观察并记录二阶低通电路的幅频特性。水平坐标的起始值 I 和终止值 F 分别设置为 1 mHz 和 1 GHz；纵向坐标的起始值 I 和终止值 F 分别设置为 0 和 1.5。启动模拟程序，观察二阶低通电路的幅频特性曲线，记录截止频率 f_0。改变电阻使 $R=5$ Ω，重新运行程序，观察电路的频率特性，并记录此时的截止频率 f_0。

　　（3）将图 3.18.7 中电感和电容的位置对调，输出信号取自电感元件，组成二阶高通滤波电路。分别观察并记录 $R=100$ Ω 和 $R=5$ Ω 时电路的幅频特性曲线，并记录相应的截止频率 f_0。

　　四、注意事项

　　（1）测量电路的频率特性时，波特图仪的水平坐标应选为对数 Log，垂直坐标应选为线性 Lin。

　　（2）当需要精确测量某一点的频率、幅度或相位时，应缩小水平坐标的起始值和终止值的设定范围，以展开测试段的显示曲线。

　　（3）改变电路参数或修改波特图仪面板参数后，应重新运行仿真程序以得到正确的特性曲线。

　　五、预习要求

　　（1）复习电路频率特性的相关知识，了解低通、高通、带通电路的概念，以及电路通频带宽度、品质因数的计算公式。

　　（2）了解波特图仪的使用方法。

　　六、思考题

　　（1）一阶低通电路和二阶低通电路的频率特性有何不同？

　　（2）若改变信号源的频率或大小，对频率特性的测试会带来什么影响？

七、报告要求

（1）根据实验数据绘制出一阶低通、一阶高通、二阶带通电路的频率特性曲线。

（2）说明二阶带通电路中电路参数对通频带宽度 BW 和品质因数 Q 的影响。

（3）定性地绘出电阻 $R=100\ \Omega$ 和 $R=5\ \Omega$ 时二阶低通、二阶高通电路的幅频特性曲线，并说明电路参数的改变对电路的品质因数和频率特性的影响。

实验十九　电路的时域响应仿真

一、实验目的

（1）学习用示波器测试动态电路的时域响应。

（2）了解一阶和二阶电路中电路参数的改变对电路响应的影响。

（3）进一步学习用仿真软件分析和测试电路的方法。

二、原理与说明

含有动态元件 L、C 的电路称为动态电路，当动态电路的结构或元件的参数发生变化时，将使电路改变原来的工作状态，转变到另一个工作状态，其间存在一个过渡过程，过渡过程中电路电压和电流随时间的变化情况称为电路的动态响应或时域响应。本实验观察一阶 RC 电路和二阶 RLC 串联电路的动态响应并进行相关参数的测量。

三、实验内容与步骤

1. 一阶 RC 电路的方波响应

（1）按图 3.19.1 建立电路。

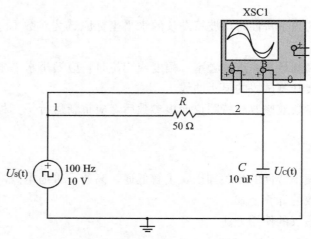

图 3.19.1　一阶 RC 电路

①电路元件的选取和设置，包括时钟、电阻、电容、示波器。

时钟：电路中的方波信号由时钟产生，打开 Select a Component 窗口，各栏设置如图

3.19.2 所示，点击 OK，将时钟放置在工作区的合适位置。双击时钟图标，设置频率 Frequency(F)为 100 Hz，占空比 Duty Cycle 为 50%，电压 Voltage(V)(峰-峰值)为 10 V。

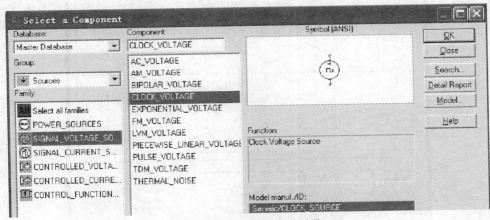

图 3.19.2　时钟信号的选取

　　电阻、电容：打开 Select a Component 窗口，在 Component 栏中选取所需要的电阻和电容，或将电阻、电容放入工作区后，再分别双击电阻、电容图标设置参数。

　　示波器：点击工具栏中的示波器图标 Oscilloscope，或点击菜单 Simulate，在下拉菜单中选择 Instruments，点击其中的示波器 Oscilloscope，将其拖曳至工作区放下。

　　②按图 3.19.1 连接线路。示波器的 A 通道接时钟信号 $u_S(t)$，示波器的 B 通道接响应 $u_C(t)$。

　　(2) 点击图标 Run 键，或者在 Simulate 菜单中选择 Run 运行程序。

　　双击示波器图标展开面板。适当调整 Timebase、Channel A、Channel B 的 Scale 以展开波形，当显示屏出现几个周期的波形后，按下暂停键，或调节示波器上的 Lever 使波形稳定。

　　(3) 观察波形，测试时间常数 τ。为了能在示波器中清楚地观察到输入、输出波形以进行时间常数 τ 的测量，可将通道 A 与通道 B 的连接线改为不同颜色，同时减小示波器的 X 轴 Timebase 的刻度 Scale 以展开波形。时间常数 τ 的读取方法如下：为清楚起见可暂时关闭 A 通道，即 A 通道的模式选为 0（接地方式），使显示屏上只显示电路响应的波形，如图 3.19.3 所示。将鼠标指向示波器面板左侧的读数游标 1，按住左键或点击面板上 T1 的左移◀或右移按钮▶，使游标置于响应 $u_C(t)$ 零状态响应的起始点；用同样的方法将读数游标 2 移至响应 $u_C(t)$ 的大小为 6.32 V 或接近 6.32 V 处（该数值显示在示波器波形显示屏的下方），此时两读数游标的 Y 轴的差值也近似为 6.32 V。两读数游标的 X 轴的差值 T2—T1 即为电路响应的时间常数 τ。

　　(4) 改变电阻的大小使其分别为 100 Ω、2 kΩ，观察响应 $u_C(t)$ 的变化并测量时间常数 τ。

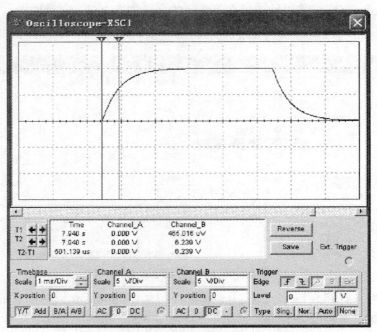

图 3.19.3　RC 电路响应时间常数的测定

2. 二阶 RLC 串联电路动态响应的分析

（1）观察电路中电容电压响应 $u_C(t)$ 的变化情况，测定欠阻尼情况下电路的固有振荡频率。

1）按图 3.19.4 建立电路。

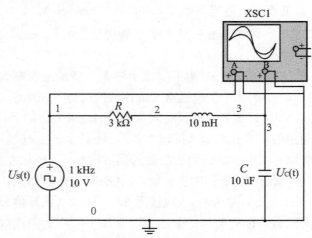

图 3.19.4　二阶电路响应 $u_C(t)$ 测量电路

①电路元件的选取和设置，包括时钟、电阻、电感、电容、示波器。

时钟：选取方法同上，双击时钟图标，设置其频率 Frequency（F）为 1 kHz，占空比 Duty Circle 为 50%，电压大小 Voltage（V）为 10 V。

电阻、电感、电容：点击图标 Place Basic，分别选取电阻 $R=3$ kΩ、电感 $L=$

10 mH 及电容 $C=0.01\ \mu\text{F}$。

示波器：点击工具栏中的示波器 Oscilloscope 图标▨ (或在菜单 Simulate 的仪器 Instruments 中点击示波器 Oscilloscope)，将其拖曳至工作区放下。

② 按图 3.19.4 连接线路。

示波器的 A 通道接时钟信号 $u_S(t)$，示波器的 B 通道接响应 $u_C(t)$。

2) 点击图标▨ Run 键，或者在 Simulate 菜单中选择 Run 运行程序。

双击示波器图标展开面板，观察并记录此时的响应 $u_C(t)$ 的波形，此时电路参数满足 $R>2\sqrt{\dfrac{L}{C}}$，电路处于过阻尼状态。

3) 取电阻 $R=2\ \text{k}\Omega$，使电路参数满足 $R=2\sqrt{\dfrac{L}{C}}$，电路处于临界状态，观察并记录此时响应 $u_C(t)$ 的波形。

4) 取电阻 $R=500\ \Omega$，使电路参数满足 $R<2\sqrt{\dfrac{L}{C}}$，电路处于欠阻尼状态，观察、记录此时响应 $u_C(t)$ 的波形。测定相邻的两个电容电压峰值之间的时间 T_d，并由此计算电路的固有振荡频率 ω。

5) 取电阻 $R=0\ \Omega$，观察、记录此时响应 $u_C(t)$ 的波形，测量其振荡频率 ω。

(2) 观察电路中电流的响应曲线，测定电流达到最大值的时间。

1) 取电阻 $R=3\ \text{k}\Omega$、电感 $L=10\ \text{mH}$、电容 $C=0.01\ \mu\text{F}$，按图 3.19.5 建立电路。

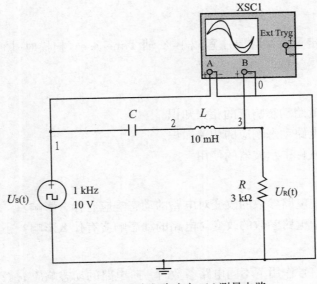

图 3.19.5　二阶电路响应 $i(t)$ 测量电路

2) 点击图标▨ Run 键，运行电路。展开示波器面板，观察、记录电流响应的波形，测定电流达到最大值的时间 t_m。

3) 取电阻 $R=2\ \text{k}\Omega$，观察电流响应的波形，测定电流达到最大值的时间 t_m。

4）取电阻 $R=500\ \Omega$，观察电流响应的波形，测定电路的固有振荡频率 ω。

（3）观察电路中电感电压的响应曲线。

1）取电阻 $R=3\ \mathrm{k}\Omega$、电感 $L=10\ \mathrm{mH}$、电容 $C=0.01\ \mu\mathrm{F}$，按图 3.19.6 建立电路。

2）点击图标 Run 键，运行电路。观察、记录电感电压响应 $u_{\mathrm{L}}(t)$ 的波形。

3）取电阻 $R=2\ \mathrm{k}\Omega$，观察、记录电感电压响应 $u_{\mathrm{L}}(t)$ 的波形。

4）取电阻 $R=500\ \Omega$，观察、记录电感电压响应 $u_{\mathrm{L}}(t)$ 的波形。

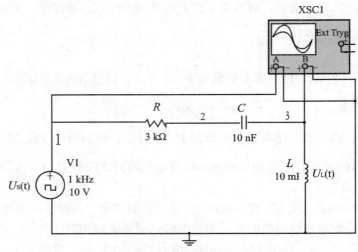

图 3.19.6　二阶电路响应 $u_{\mathrm{L}}(t)$ 测量电路

四、注意事项

做相关时间的定量测量时要注意减小 X 轴 Timebase（扫描时基）的 Scale 以展开波形，使测量的数值尽量精确。

五、预习要求

（1）复习一阶电路动态响应的相关知识。

（2）复习二阶电路动态响应的相关知识。

（3）熟悉仿真软件中示波器的使用。

六、思考题

（1）一阶电路中电路参数的改变对电路的动态响应有什么影响？

（2）二阶电路中电路参数的改变对电路的动态响应有什么影响？

七、报告要求

（1）记录方波信号作用下不同电路参数时一阶电路的动态响应 $u_{\mathrm{C}}(t)$ 波形曲线。

（2）记录不同电路参数下二阶电路动态响应 $u_{\mathrm{C}}(t)$、$u_{\mathrm{L}}(t)$、$u_{\mathrm{R}}(t)$ 的波形，并说明是过阻尼、临界还是欠阻尼。

（3）记录电路中各测试数据，并与理论计算值相比较。

*实验二十　光敏电阻特性测试及其应用

一、实验目的

（1）学习光敏电阻的基本特性。

（2）了解光敏电阻的工作原理。

（3）了解光敏电阻的基本应用。

（4）尝试学习光敏电阻在自动控制中作为传感器的应用。

二、原理与说明

1. 光敏电阻

光敏电阻是利用半导体材料制成的光电器件，也是一种特殊的电阻。光敏电阻对光线非常敏感，它的阻值随外界光线强弱的改变而变化。在无光照时呈高阻状态，当有光线照射时，阻值会迅速下降。

图 3.20.1(a)所示为常用光敏电阻的外形图，图 3.20.1(b)所示为金属封装硫化镉光敏电阻的结构图。光敏电阻器通常由光敏层、玻璃基片（或树脂防潮膜）和电极等组成。半导体光敏层是涂在绝缘衬底上的一层薄薄的半导体物质，这个半导体光敏层通常由金属硫化物如硫化镉制成，半导体两端装接金属电极至引出线，半导体上封装具有透光镜密封玻璃的壳体，受光后基于内光电效应，电极上的电阻值会随入射光的强弱发生变化，产生了这种电阻的"光敏"现象。为了提高灵敏度，半导体电极还做成图 3.20.1(a)那样的梳状。图 3.20.1(c)所示为光敏电阻的电路图形符号。

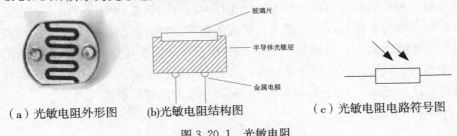

（a）光敏电阻外形图　　(b)光敏电阻结构图　　（c）光敏电阻电路符号图

图 3.20.1　光敏电阻

2. 光敏电阻的主要参数和特性

（1）暗电阻、暗电流

光敏电阻在一定室温及无光线（全暗）的条件下测得的稳定电阻称为暗电阻，其值很大，一般为 MΩ 级。此时在给定电压下流过的电流称为暗电流。

（2）亮电阻、亮电流

光敏电阻在一定室温、一定光照下测得的稳定电阻称为亮电阻，相比暗电阻其值较小，一般为 KΩ 级。此时在给定的电压下流过的电流称为亮电流。

通常，暗电阻越大，亮电阻越小，说明光敏电阻的性能越好，或者说光敏电阻的灵敏度越高。

亮电流和暗电流之差称为光电流。

（3）光照特性

在一定的外加电压作用下，光敏电阻的光电流和光通量之间的关系称为光照特性。图 3.20.2 所示是一个光敏电阻的光照特性曲线，I 为光电流，Φ 为光通量。不同的光敏电阻有不同的光照特性曲线，且都是非线性的。

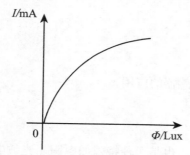

图 3.20.2   光敏电阻的光照特性曲线   图 3.20.3   光敏电阻的伏安特性曲线

（4）伏安特性

在一定的照度下，光敏电阻两端所加的电压和流过光敏电阻的电流之间的关系称为伏安特性。在一定的电压范围内该伏安特性是线性的。图 3.20.3 是硫化镉光敏电阻在三种不同照度下的伏安特性曲线。

此外光敏电阻的主要特性还有光谱特性、频率特性和温度特性。

3. 干簧管原理简介

干簧管是一种磁敏开关，干簧管内有二至三个特殊材料制成的簧片触点，是一种可以控制电路接通和断开的器件，它们被封装在充有惰性气体或真空的玻璃管内。簧片构成的触点有常开触点和常闭触点二种，在无磁力作用时断开的触点称为常开触点，在无磁力作用时闭合的触点称为常闭触点。只要磁力接近干簧管，常开就会闭合，常闭就会断开。因此它可以作为传感器使用，如计数、限位、报警等。干簧管外型如图 3.20.4 所示。在本次实验中使用的干簧管具有一对常开触点，磁力由线圈产生的磁场提供。实验时线圈通过适当的电流，产生磁场，干簧管从线圈中心穿过，磁力足够时触点吸合。

图 3.20.4   干簧管外型图

三、实验内容与步骤

1. 测试所选光敏电阻的暗电阻、亮电阻

（1）用数字万用表电阻挡测量在环境光照下光敏电阻的阻值，作为在该光照下的亮电阻，并记录此光电阻 $R_{亮}$。

（2）用遮光罩将光敏电阻完全遮住，测量并记录此时的电阻，该电阻值为暗电阻 $R_{暗}$。

2. 光敏电阻光照特性的测量

（1）按图 3.20.5 连接电路，电源 $U_{S1}=12$ V，$U_{S2}=6$ V，限流电阻 $R_1 = R_2 = 75$ Ω，R_{w1}、R_{w2} 均为 470 Ω 的多圈电位器。在光敏电阻的顶端受光处放置一个高亮度的 LED 发光管，光敏电阻和 LED 之间盖上遮光罩并固定光敏电阻和发光管 LED 之间的距离，以确保光敏电阻的受光量只和发光管 LED 的亮度有关。

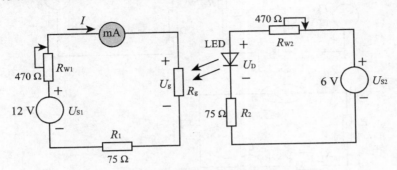

图 3.20.5　光照特性及伏安特性测量电路

（2）调节 R_{w2} 使发光管 LED 的工作电压 U_D 分别为表 3.20.1 中各电压值，记录各电压值下 LED 的照度 Φ 及电路中流过光电阻的光电流 I，记入表 3.20.1 中，并据此画出光敏电阻的光照特性曲线。

表 3.20.1　光照特性测量数据表

U_D/V	2.75	2.80	2.85	2.90	2.95	3.00	3.05
Φ/Lux							
I/mA							

注：试验中使用 MS6610 照度计采集发光管的照度 Φ，采集时应有遮光罩遮住发光管至照度计之间的外来光线干扰，并注意保持发光管 LED 和照度计探测头之间的距离不变。

3. 光敏电阻伏安特性的测量

按图 3.20.6 连接电路，调节 R_{w2}，改变发光管 LED 的工作电压 U_D，使其分别为 2.8、2.9、3.0 V。在这三个光照条件下，改变电位器 R_{w1} 的大小，在每个照度下，各取 5 个点，测量相应照度下光敏电阻的电压、电流值，并将测量数据记入表 3.20.2 中。根据表中数据，画出并比较不同照度下光敏电阻的伏安特性曲线。

表 3.20.2　光敏电阻的伏安特性

项目	U_D=2.8 V					U_D=2.9 V					U_D=3.0 V				
U_g/V															
I/mA															

4. 干簧管的应用

按图 3.20.6 连接电路，电源电压 $U_{S1}=12$ V，$U_{S2} = U_{S3}=6$ V，$R_1 = R_2 = R_3 = 75$ Ω，R_{w1}、R_{w2}、R_{w3} 均为 470 Ω 的多圈电位器。调节 R_{w2} 使发光管 LED 的工作电压 $U_D = 3.0$ V，用遮光罩遮住光敏电阻，然后接通电路，观察无光照时电路的工作情况；再拿开

遮光罩，观察有光照时干簧管的动作及蜂鸣器鸣响的情况。

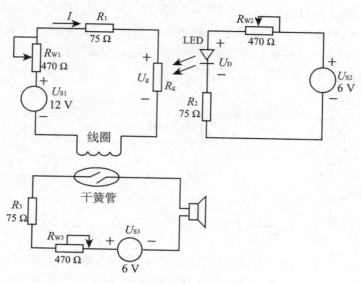

图 3.20.6　光敏电阻应用电路

5. 家用车库门控制电路设计

有一台 400 W 的单相交流电动机，利用其控制家用车库门的开、关，尝试设计一个夜间用车灯控制开门的控制电路。

四、实验设备和器材

直流稳压电源　　　　　　　　1 台
电子器件（包括干簧管、高亮度 LED 发光管、蜂鸣器、线圈、电阻、电位器等）　1 套
面包板　　　　　　　　　　　1 块
数字万用表　　　　　　　　　1 台
数字毫安表　　　　　　　　　1 个
MS6610 照度计　　　　　　　　1 台

五、注意事项

（1）测量光敏电阻的光照特性时应保持光敏电阻和发光管 LED 之间的距离不变。
（2）采集照度时应注意保持发光管 LED 和照度计探测头之间的距离不变。

六、思考

（1）光敏电阻是否可以施加交流电压？
（2）光照强度不同时，光敏电阻的伏安特性呈现怎样的变化？
（3）光敏电阻的暗电阻和亮电阻之间的相对变化值指示出光敏电阻的灵敏度。温度的变化会对光敏电阻的灵敏度产生很大的影响。思考在高温和低温的状态下光敏电阻灵敏度的变化情况。
（4）若有红、黄、蓝三种颜色的发光管，请设计测量光敏电阻的光谱特性的电路，说明具体实验操作步骤。

*实验二十一　利用双踪示波器显示二极管伏安特性曲线

一、实验目的

（1）学习利用双踪示波器作为图示仪显示二极管伏安特性曲线的方法。

（2）体会运算放大器在电路中处理放大信号的作用。

（3）思考用双踪示波器作为图示仪来测量显示三极管、可控硅、场效应管等晶体管伏安特性曲线的方法。

二、实验原理

二极管是典型的非线性元件，它的伏安特性曲线常通过逐点测量绘制。本实验尝试用示波器的 X-Y 显示方式在荧光屏上精确显示二极管的伏安特性曲线。

1. 逐点测量绘制

通过测量不同电压下二极管的电流，得到一组关于二极管的 V-I 数据，并据此逐点绘出二极管的伏安特性曲线。

2. 示波器图示测量

如图 3.21.1 所示，电路的激励 u_i 为按正弦激励变化的电压信号，在二极管的下端串联电阻 R 作为测量流过二极管电流的取样电阻。在交流信号的正半周，二极管导通，电阻两端的电压 u_R 为正值；在交流信号的负半周，二极管截止，产生很小的反向电流，电阻两端的电压 u_R 为负值。将 u_R 加在示波器的 Y 输入端（CH2）作为示波器的垂直偏转电压。将电源电压 u_i 送至示波器的 X 输入端（CH1），作为水平偏转电压。使双踪示波器工作在 X-Y 方式，示波器屏幕上便可显示二极管的伏安特性曲线。

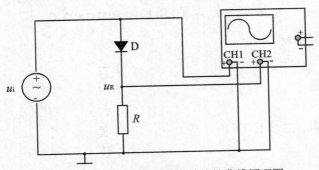

图 3.21.1　示波器测绘二极管特性曲线原理图

三、实验内容和步骤

（1）u_i 由信号发生器产生，调节信号发生器的频率和幅值，使其输出频率为 500 Hz，有效值为 2 V 的正弦电压。

（2）按图 3.21.2 所示电路接线。为了提高测量显示的质量，高精度模拟被测信号，以便能在示波器上更好地显示二极管或其他二端器件的伏安特性曲线，先将被测二极管两端的电压经运算放大器 μA741 差分放大，再经下一级 μA741 反向后得到一个和被测二极管幅度相等，方向相同的电压信号。将此电压信号送到示波器的 **CH1**（X 输入）通道。

（3）将取样电阻上的电压 u_R 送到示波器的 **CH2**（Y 输入）通道。

（4）使双踪示波器显示工作在 X-Y 方式，观察并记录示波器屏幕显示的二极管伏安特性曲线。

（5）改变电源的频率至 20 kHz，观察波形改变的情况。

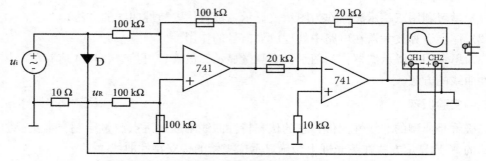

图 3.21.2　示波器显示二极管特性曲线实验电路图

（6）图 3.21.3 所示为测量三极管输出特性的电路框图，试说明其原理。

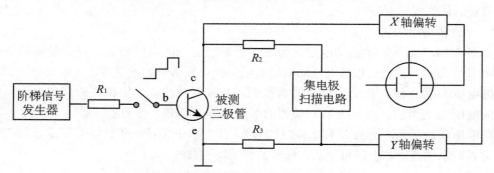

图 3.21.3　三极管输出特性测试电路框图

四、实验设备和器材

直流稳压电源	1 台
函数信号发生器	1 台
双踪示波器	1 台
器件（包括电阻、二极管 1N4007 等）	1 套
九孔板	1 块

五、注意事项

（1）注意电路中正负电源的接法。

（2）电路中信号源的接地端、电源的接地端、示波器的接地端及电路的接地端应接在同一点。

（3）复习示波器输入方式、显示方式的使用。

六、思考

（1）说明为什么示波器屏幕上没有显示二极管完整的特性曲线？

（2）用电感或电容代替实验中的二极管会怎么样？比较它们在示波器上显示的曲线。

（3）用稳压管代替实验中的二极管，比较特性曲线的不同。

（4）说明电源频率对二极管伏安特性曲线波形的影响。

*实验二十二　电感、电容的测量方法

一、实验目的

（1）学习利用交流电桥法测量电感的方法。

（2）学习利用直接测量法测电感。

（3）了解电感的品质因素及其计算方式。

（4）了解电感及其损耗，观察电源电压、频率、各桥臂的精度对电桥平衡的影响及其测量误差。

（5）了解相移振荡电路测量电容的方法。

二、实验原理

1. 交流电桥法测量电路参数

在电子电路中，测量电容、电感的方法主要有直接测量法、交流电桥法、谐振法等。在中低频主要用直接法和交流电桥法测量，谐振法常用于高频电路中的测量。

交流电桥和直流电桥的不同点主要是其桥臂上定义的是复阻抗，如图 3.22.1 所示，其电桥平衡的条件是：

$$Z_1 \cdot Z_4 = Z_2 \cdot Z_3$$

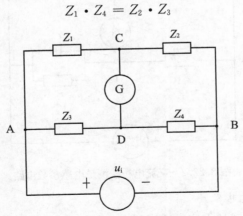

图 3.22.1　交流电桥电路图

即：

$$|Z_1| \, |Z_4| = |Z_2| \, |Z_3| \qquad 振幅平衡条件$$

$$\Phi_1 + \Phi_4 = \Phi_2 + \Phi_3 \qquad 相位平衡条件$$

上式是交流电桥平衡的充分必要条件，其中 $|Z_1|$、$|Z_2|$、$|Z_3|$、$|Z_4|$ 是桥臂复阻抗的模，Φ_1、Φ_2、Φ_3、Φ_4 是各阻抗的阻抗角。

　　电桥的各个桥臂上，复阻抗可以是电阻、电容、电感或它们的组合。在理想状态下，当电桥平衡时，C点和D点等电位，C、D间没有电流流过。据此条件，若已知三个桥臂的阻抗，就可以方便地测量出第四个桥臂上的被测电容值或电感值。

　　2. 电感参数的测量

　　电感线圈由导线绕制而成，电感模型可等效为电感 L 与电阻 R 的串联，其中 R 是电感的等效损耗电阻；此外，线圈的匝与匝之间存在分布电容 C，但在低频时分布电容 C 的作用可以忽略。线绕线圈的匝数会影响电感量 L 的大小。

　　电感线圈的品质因数 Q 是表示电感质量的重要参数，它的定义为：当线圈在某一频率的交流电压下工作时，线圈所呈现的感抗和线圈等效损耗电阻的比值。即：

$$Q = \frac{\omega L}{R}$$

　　Q 值的大小表征着电感线圈损耗的大小，Q 值越大表示线圈损耗越小。

　　在图 3.22.2 所示电路中，L_X、R_X 分别为被测电感的电感量和损耗电阻，电路中各阻抗可分别表示为：

$$Z_1 = R_X + j\omega L, \quad Z_2 = R_2, \quad Z_3 = R_3, \quad Z_4 = R // \frac{1}{j\omega C}$$

　　根据电桥平衡条件：$Z_1 \cdot Z_4 = Z_2 \cdot Z_3$，可以得到被测线圈的电感量和等效损耗电阻的计算公式为：

$$L_X = R_2 R_3 C, \quad R_X = \frac{R_2 R_3}{R}$$

由此可得被测电感的参数。

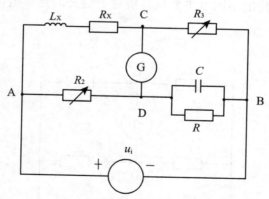

图 3.22.2　交流电桥法测量电感参数电路

　　3. 相移振荡电路测量电容

　　上述交流电桥测量电感的方法也适用于电容的测量。此外，对于小电容（主要指小于 $1\ \mu F$ 的电容），还可以利用相移振荡器来测量。

　　图 3.22.3 所示是一个相移振荡器，可以产生周期性的正弦波信号。它由一个反向放大器以及一个把相位"移位"180°的回授滤波器组成。在电路的起振点和停振点上被测电容 C_X、电阻 R 之间存在如下关系（相关原理将在后续课程中介绍）：

$$C_X = K/R$$

其中：$K = \dfrac{R_1 R_2}{(R_1 + R_2)/C_1 + R_2/C_2}$ ；R_1、R_2、C_1、C_2 为已知值。测量起振点或停振点时对应的电阻 R 就可以得到被测电容 C_X。

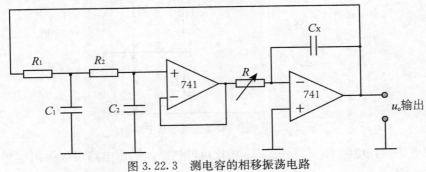

图 3.22.3　测电容的相移振荡电路

三、实验内容和步骤

1. 交流电桥法测电感

(1) 按图 3.22.2 所示电路接线。电阻 R_2、R_3 采用 ZX32 精度为 0.01 Ω 的交流电阻箱，电容 C 采用 RX7 精度为 0.000 1 μF 的十进制电容箱，电源 u_i 从交流变压器的副方输出，用晶体管交流毫伏表作为计零指示计 G。

(2) 交流调压器的副方输出 17 V 的电压作为电桥的电源 u_i，将 R_2、R_3 调节在 2 kΩ左右，电容 C 的取值可任定，电阻 $R = 1$ kΩ，观察晶体管交流毫伏表指针偏转情况。

(3) 轮流调节 R_2、R_3，使晶体管交流毫伏表指针向零位偏转直至达到最小；再调节电容 C 使晶体管交流毫伏表进一步减小直至达到 "0"（实际操作晶体管交流毫伏表达到7 mV以下即可认为达到 "0"）。这时交流电桥满足平衡条件，读取此时各电阻和电容值并计算电感参数：$L_X = R_2 R_3 C =$ _____ ，$R_X = \dfrac{R_2 R_3}{R} =$ _____ 。

注意：在调节电桥平衡时，可按如下方法：固定一个参数，调节另一个参数，使晶体管毫伏表读数值达到最小；固定刚才调节的这个参数值，再调节另一个参数使晶体管毫伏表读数值进一步减小；这样反复调节渐次使晶体管交流毫伏表读数值达到最小。随后可尝试调节十进制电容箱 C，使晶体管交流毫伏表读数进一步归 "0"。

(4) 计算此时电感线圈的品质因数 Q：$Q = \dfrac{\omega L}{R} =$ _____ 。

(5) 将上述桥臂上电容 C 和电阻 R 由并联改为串联，自行推导此时电感线圈的等效参数 L_X、R_X 及品质因数 Q 的计算公式，并通过实验测量上述电量。

第四个桥臂上可以用电容和电阻的并联，也可以用电容和电阻的串联，这两种连接方式都可以测量电感，前一个适用于测量 $Q < 10$ 的电感，后一个适用于测量 $Q > 10$ 的电感。

在测量电感前需要判断一下电感的 Q 值，以便选用电桥。一般来说，线圈的电感量相同时，线圈的损耗电阻越小，Q 值越大；导线直径越大，Q 值越大；若电感采用多股线绕制，那么导线的股数越多，Q 值越大；此外线圈骨架（或铁心）所用材料的损耗越小，其Q 值越大；线圈分布电容和漏磁越小，Q 值也越大。

2. 直接测量法测电感

如图 3.22.4 所示为直接测量法测量电感电路图。其中 Z_X 为被测线圈的等效阻抗：

$$Z_X = R_X + j\omega L_X$$

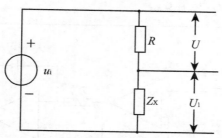

图 3.22.4　直接测量法测电感电路图

现假定电感损耗电阻 R_X 和感抗 ωL_X 相比可以忽略，则由电路可以得出电感量的计算公式为：$L_X = \dfrac{RU_1}{\omega U}$，可见这种方法测出的电感和电源频率有关。调节信号发生器使其输出频率为 500 Hz、有效值为 3 V 的正弦电源，$R = 1$ kΩ，按图 3.22.4 连接电路，用交流毫伏表分别测量电阻 R 和电感线圈 Z_X 两端的电压，计算出被测电感 L_X 的大小，并与交流电桥法测出的电感值相比较。

3. 相移振荡器测电容

（1）按图 3.22.3 连接电路，运算放大器工作电压是 ±15 V 直流电源，$R_1 = R_2 = 3$ kΩ，$C_1 = C_2 = 0.02$ μF，R 为 220 Ω 的可调电位器，将电位器 R 调至最小值，此时电路起振。将输出 u_o 接至示波器，示波器上可显示电路产生的振荡波形。

（2）逐渐增大 R 的阻值，并观察示波器波形的变化情况，当 R 增大到某一数值时，示波器波形为一条直线，此时电路停振。用数字万用表测量并记录此时 R 的电阻值。

（3）逐渐减小 R 的阻值，并观察示波器波形的变化情况，当 R 减小到某一值时，可以看到示波器上又显示振荡波形，即电路又开始起振。用数字万用表测量并记录此时 R 的电阻值。将两次测量到的电阻值取平均值，作为计算值 R。

（4）根据 $C_X = K/R$，计算被测电容 C_X。

四、实验设备和器材

额定容量为 0.5 kVA 的调压变压器输出 0～250 V 可调　　　1 台
信号发生器　　　　　　　　　　　　　　　　　　　　　　1 台
晶体管毫伏表　　　　　　　　　　　　　　　　　　　　　1 台
ZX32 精度为 0.01 Ω 的交流电阻箱　　　　　　　　　　　3 只
RX7 精度为 0.0001 μF 十进制电容箱　　　　　　　　　　1 只
直流稳压电源　　　　　　　　　　　　　　　　　　　　　1 台
双踪示波器　　　　　　　　　　　　　　　　　　　　　　1 台
九孔板　　　　　　　　　　　　　　　　　　　　　　　　1 块
数字万用表　　　　　　　　　　　　　　　　　　　　　　1 台
运算放大器、电阻、电容　　　　　　　　　　　　　　　　若干
被测电感、电容　　　　　　　　　　　　　　　　　　　　若干

五、注意事项

注意调节电桥平衡的方法。

六、思考

（1）由于交流电桥平衡有两个条件，根据实验的情况说明合理配置桥臂参数的重要性，任意配置桥臂是否可以达到平衡？

（2）用交流电桥法测量电感时，电源的频率对被测电感数值是否有影响？

（3）体会说明反复调节交流电桥达到平衡的技巧，简述调"0"对测量值误差的影响。

（4）在实际测量时，晶体管毫伏表是不会真正归"0"的，试说明原因。在实际测量中识别并消除干扰信号很重要，试分析这些干扰信号，并讨论消除干扰以提高测量精度的方法。

（5）若将图 3.22.3 中的电容 C_x 换成电感 L_x，该电路能否振荡？是否可利用该电路来测量电感 L_x 的大小？

附录 A　安全用电知识

我们每天都在和电打交道，从日常起居的各种家用电器，到国民经济的各个工业生产部门，电无处不在。电在人们的生活中如此重要，因此我们需要懂得正确用电的基本知识，积累安全用电经验，防止由于用电不当而造成的电气事故，以减少人身伤亡或电力、电器、电气设备的损坏，使电这种最重要的能源更好地为人类服务。

A.1　交流电路

电分为直流电和交流电，直流电路中的电压、电流的大小和方向是恒定的，而交流电路中的电压、电流的大小和方向会随着时间的改变而变化。在生产实际和生活中，交流电得到了非常广泛的应用，在部分需要应用直流电的场合，除了电池以外，直流电也可以由交流电整流得到。交流电的基本形式是正弦交流电。

A.1.1　交流电的产生与传输

电厂发出的电都是交流电。交流电与直流电相比，具有许多优点，其中最主要的是可以用变压器方便地升压和降压，实现电力的高电压传输，以减小电力损耗。

一、交流电的产生

发电厂将各种非电形式的能量转变成电能，按照所利用的能源种类，有水利发电、火力发电、原子能发电、风能发电、太阳能发电等，近年来核电厂有了较大的发展。目前世界各国的电力系统中电能的生产、传输和供电方式绝大多数都采用了三相制，即三相电源、三相输电线路和三相负载。发电厂内的发电机是三相交流发电机，利用三相交流发电机产生三相电源。三相交流发电机的原理如图 A.1.1 所示。

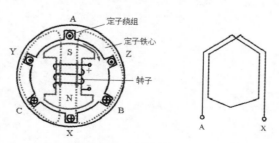

图 A.1.1　三相交流发电机原理图

三相交流发电机主要由电枢和磁极两部分组成。电枢也称为绕组，由导线绕制而成，如图 A.1.1（b）所示。常将三相绕组的首端分别记为 A、B、C，末端分别记为 X、Y、Z，三个绕组的材料、匝数、加工工艺等完全相同。由图 A.1.1（a）可见，三相绕组 AX、BY、CZ 均匀地嵌在交流电机定子铁心内部的槽中，彼此之间相差 120°。三相交流发电机工作时，电枢是静止不动的，故也称为定子。三相交流发电机的中间是磁极，磁极由直流电励磁。电机工作时，磁极由原动机带动匀速转动，故也将磁极称为转子。通过合理设计磁极的极面和布置励磁绕组，可以使空气隙中的磁通按正弦规律变化。当磁极转动时，依次切割三相定子绕组，使三相定子绕组中依次产生按正弦规律变化的感应电动势。这三相感应电压的大小相同、频率相同，彼此之间的相位差也相同，称为对称的三相电压。该三相电压可用下式表示

$$u_A = U_m \cos\omega t$$
$$u_B = U_m \cos(\omega t - 120°)$$
$$u_C = U_m \cos(\omega t + 120°)$$

三相绕组的连接方式有星形（Y 形）和三角形（△形）两种，如图 A.1.2 所示。

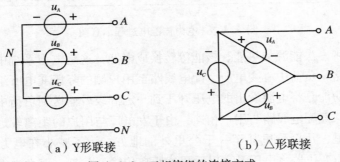

（a）Y形联接　　　　　　（b）△形联接
图 A.1.2　三相绕组的连接方式

三相绕组的星形连接是将绕组的末端 X、Y、Z 连接成一点，该点用 N 表示，N 也称为电源的中点，如图 A.1.2（a）所示，由电源的中点 N 引出的线叫中线。三相电源电压由绕组的首端 A、B、C 引出，由首端引出的线称为相线，工程上也称为火线。将每相绕组的首端与末端之间的电压称为相电压，两根火线之间的电压称为线电压。

三相线电压可表示为：

$$u_{AB} = \sqrt{3}\cos(\omega t + 30°)$$
$$u_{BC} = \sqrt{3}\cos(\omega t - 90°)$$
$$u_{CA} = \sqrt{3}\cos(\omega t + 150°)$$

由此可见，当三相绕组连接成 Y 形时，线电压是相电压的 $\sqrt{3}$ 倍，相位超前相应的相电压 30°。三相电源连成 Y 形，并且将中线引出时，称为三相四线制；不引出中线时，称为三相三线制。连成 Y 形的三相电源可以为用户提供线电压和相电压两种电压，如在低压配电系统中用的最为广泛的电压等级是 380 V/220 V。

如图 A.1.2（b）所示，依次将三相绕组中一相绕组的末端与另一项绕组的首端相连接，这种连接方式称为三相绕组的三角形（△形）连接，三相电源分别从三相绕组的首端

引出，这时三相电源的线电压等于相电压。

　　二、交流电的传输

　　大中型发电厂如水力发电厂、热电厂、核电厂等通常与用电负荷集中地区距离较远，并且由于电能无法大量储存，故电能的生产、输送、分配和消费都在同一时间内完成。因此需要使发电厂、变电所、输电线、配电系统和用户有机地组成一个整体，这个包含电能的产生、传输和分配及使用的系统称为电力系统，它是现代社会中最重要、最复杂的工程系统之一。

　　电能生产必须时刻与消费保持平衡，电能的集中开发与分散使用，以及电能的连续供应与负荷的随机变化，制约了电力系统的结构和运行。

　　电力系统主要由发电厂即电源、电力网和用户三部分组成，如图 A.1.3 所示。

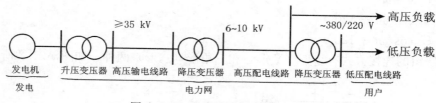

图 A.1.3　电力输配电过程示意图

　　各类发电厂将一次能源如热能、核能等转换成电能，这是电力系统中的电源。由升压变电所、输电线路、负荷中心变电所、配电线路至用户侧的降压变电所组成电力系统中的电力网络。它的功能是将电源发出的电压升压到一定等级后输送到负荷中心变电所，再降压至一定等级后，经配电线路与用户相连。由于发电厂与用户的距离较远，如用户可能是在距电厂几十公里、几百公里甚至一千公里外的地方，为了减小在电力输送过程中的损耗，需要利用升压变压器将电压升高以后再远距离传输，并且，通常送电距离越远，要求输电线的电压越高。国家规定输电线的额定电压有 35、110、220、330、500 Kv 等。电能经高压输电线路传输至降压变电所，将电压降低一级后，经配电线路将电能送往用户或更低一级的变压器，再将电压降低一级，经低压配电线路输送至各个用户。除了少数大功率的电动机采用较高一级的电压外，大部分用电负载的电压等级都是 380 V 或 220 V。

A.1.2　低压供配电系统

　　将电能从降压变压器的二次侧经过低压配电装置及低压配电线路传送到用户侧组成了低压供配电系统。

　　工业或日常生活中的照明、电热、小功率电动机等用电设备的额定电压一般是 380 V 或 220 V，通常将这样的一组低压用电设备接入一条支线，将若干条支线接入一条干线，最后将若干条干线接入一条总进户线。低压配电方式如图 A.1.4 所示。

　　由总进户线将电能分配给各干线的装置叫总配电箱，由干线将电能分配给各支线的装置叫分配电箱。配电箱是从上一级接受电能，再将电能分配至下一级的装置，其中包括一些刀闸开关、熔断器、自动空气开关等装置。配电箱中的空气开关是低压配电网络和电力拖动系统中非常重要的一种电器，它具有对电路的控制和多种保护功能。除了能完成接触和分断电路的功能外，还能在电路或电气设备发生短路、严重过载及欠电压时自动切断电路。

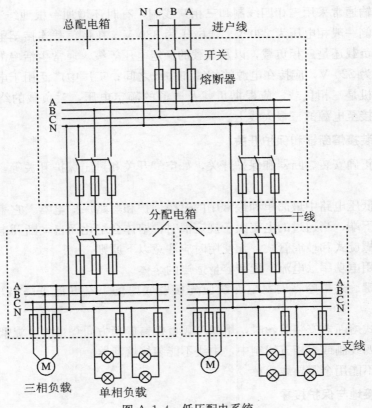

图 A.1.4　低压配电系统

熔断器是一种最简单和最常用的进行电路短路或严重过载保护的装置，当电路发生短路或严重过载，致使电路电流增大至一定数值时，熔断器中的熔体会熔断，从而切断电源，保护电气设备，在低压配电装置中熔断器可与闸刀开关配合代替低压自动空气开关。

此外，在配电箱内还会安装电度表，大容量配电板上还装有电流互感器用来进行电量的计量。

A.2　安全用电

通常情况下，我们所说的安全用电是指用电设备的安全和人身安全。

A.2.1　电气安全

考虑到电路运行过程中可能出现的危及电气设备和人身安全的情况，在电路的设计与连接中应采取相应的措施，尽量避免危险情况的发生，并且一旦出现故障情况，应尽快采取措施，以将危害减到最小。

一、正确选择工作电压

电力的传输通常采用三相四线制和三相三线制，有时还增加一根地线 PE 构成三相五线制。在低压侧一般相电压为 220 V、线电压为 380 V。在将负载连接至电源时，首先需要确定是单相负载还是三相负载，以及负载的额定电压等级。通常生活中的照明等单相负载的额定电压为 220 V，应接在电源的相线和中线之间；工厂中广泛用于电气拖动的三相交流异步电动机是三相负载，应根据负载及电源的额定电压，对负载的绕组作相应的连接，再将其连接至电源的三根火线上。

二、正确装接熔断器和保护开关

根据要求正确安装熔断器和保护开关，如空气开关和过压保护开关等，以保护电路的安全。

熔断器是低压电路中最简单和最常用的过载保护和短路保护电器。它串联在电路中电源进线开关的下端，当通过的电流大于规定值时，熔体会熔化而自动断开电路。熔断器通常有瓷插式、螺旋式和玻璃管式，在使用时应注意以下原则：

（1）根据用电功率（电流）配装容量适当的熔体。

（2）安装螺旋式熔断器时，电源线应先接瓷底座的下端（低进高出），保证换装时安全。

（3）瓷插式熔断器安装熔丝时，熔丝应顺着螺钉旋紧方向绕过去，旋紧力度要恰当。

（4）三相四线制或三相五线制中，中线不能装接熔断器。

（5）熔体不能用金属导线代替。

三、保护接地与保护接零

电气设备漏电或击穿碰壳时，平时不带电的金属外壳、支架及其相连的金属部分就会呈现电压，人若触及这些意外带电部分就会发生触电事故。为保障人身安全、防止间接触电而将设备的外露可导电部分进行接地，称为保护接地。

电气设备接地的形式有二种：一种是经各自的 PE 线（接地线）分别直接接地，这就是通常所说的保护接地；另一种是设备的外露可导电部分经公共的 PE 线或 PEN 线（中线、接地线）接地，也称为保护接零。根据保护接地形式的不同，低压配电系统可分为 TN 系统、TT 系统和 IT 系统，如表 A.2.1 所示。

表 A.2.1　低压配电系统的接地形式及说明

系统		说明	应用范围
TN（三相四线制）	TN—C	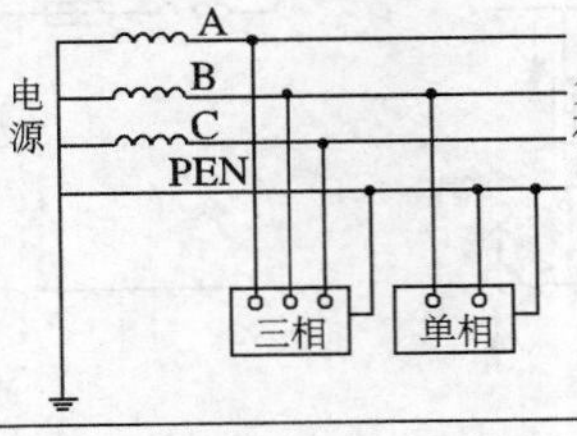	在我国低压配电系统中应用非常普遍，不适用于安全要求及抗电磁干扰要求高的场合，不允许在 PEN 线上装开关、熔断器
	TN—S	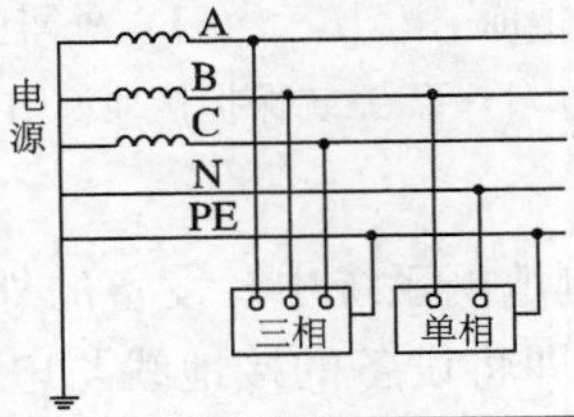	适用于安全要求及抗电磁干扰要求高的场合，如潮湿易触电的场合及居民生活住所、精密检测实验场所等
	TN—C—S	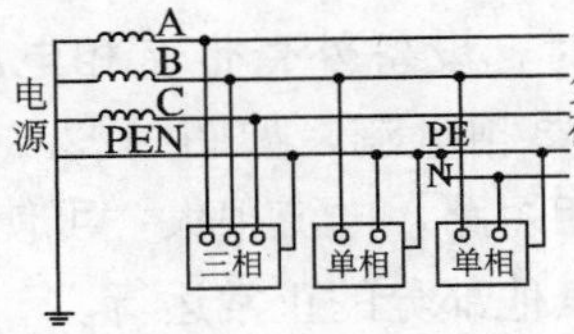	综合了 TN—C 和 TN—S 系统的特点，应用较灵活
TT（三相四线制）		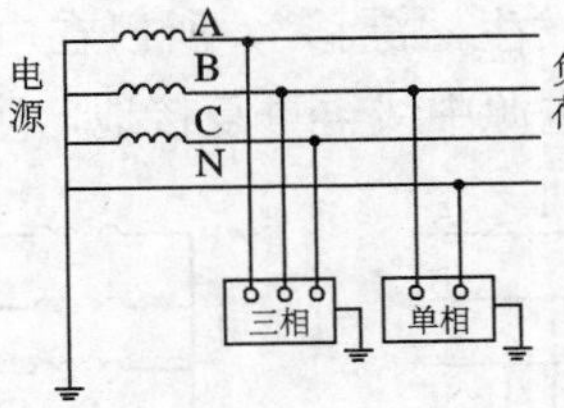	适用于安全要求及抗电磁干扰要求高的场合。国外应用广泛
IT（三相三线制）		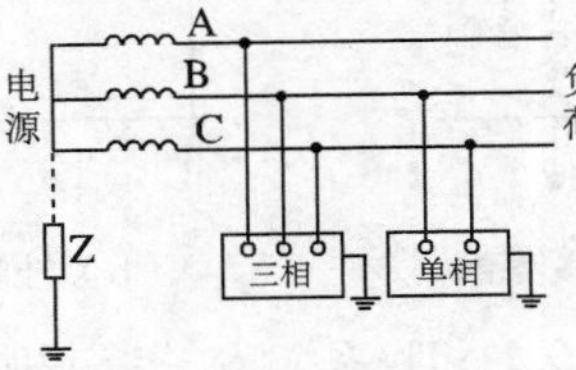	适用于对连续供电要求高及有易燃易爆危险的场所，如矿山、井下等

（1）保护接地

IT 系统是三相三线制系统，电源的中点不接地或通过一个阻抗接地。若不对设备进行保护接地，则当发生了一相漏电或碰壳时，人体接触到设备将会经大地与线路之间的分布电容形成回路，如图 A.2.1 所示，这时将有较大电流流过人体，这是很危险的。进行接地保护后，设备的接地电阻与人体电阻是并联的关系，由于人体电阻远大于设备的接地电阻，人体流过的电流较小，对人体的危害也较小。TT 系统在国外应用广泛，国内应用不多，它的接地保护功能可自行分析。

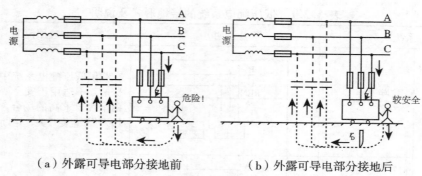

（a）外露可导电部分接地前　　　　　　（b）外露可导电部分接地后

图 A.2.1　IT 系统保护接地说明

（2）保护接零

在中性点直接接地的三相四线制电网系统中，设备的外露可导电部分经公共的 PE 线或 PEN 线（中线、接地线）接地，即将设备的接地线与电网的零线连接起来，也称为保护接零。TN 系统的接地均属于保护接零。

当设备的一相发生漏电或碰壳时，设备外壳带有相电压，有可能导致人体的触电危险，一旦触电，人体将流过较大的单相电流，如图 A.2.2（a）所示。采取接零保护后，由于金属外壳与零线相连，形成单相短路，电流很大，可使电路保护装置迅速动作，切断电源，从而保护了人身安全和电网其他部分的正常运行。

采用保护接零方式时，注意电源中线不允许断开，如果中线断开，则保护失效。这时可能会有三相不平衡，负载中点将发生"漂移"，所以在电源中线上不允许安装开关和熔断器。在实际应用中，用户端常将电源中线再重复接地，防止中线断线。

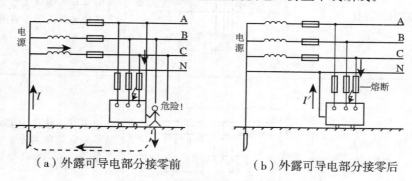

（a）外露可导电部分接零前　　　　　　（b）外露可导电部分接零后

图 A.2.2　TN 系统保护接零说明

（3）家用电器的接地与接零

国家规定民用电为三相四线制，中线接地，分配到单元楼后，采用一相一零（中线）制，同时还有一根接地线，在总配电间中线与地线是相连接的，并且还与大地相接。

家用电器多采用三脚插头和三眼插座，插头和插座上分别标有 L、N、⏚ 的标号，L 表示相线，N 表示中线，⏚ 表示地线。使用中，零线和地线不可搞错。

接插座的导线时，不允许将插座上接电源零线的孔与接地线的孔连接。以避免电器外壳意外带电。

所有的家用电器都要可靠地接地，千万不可因怕麻烦和图省事而省略了接地线。避免因没有可靠接地而造成电器的损坏。

四、漏电保护装置

当设备因绝缘不良引起漏电时，由于泄漏电流较小不足以使熔断器等保护装置动作，但此时设备的外露可导电部分是带电的，这就增加了触电的危险。漏电保护装置可以对低压电网直接触电和间接触电进行有效保护，由于其以漏电电流或由此产生的中性点对地电压变化为动作信号，不必以用电电流值来设定装置的动作值，所以灵敏度高，动作后能有效地切断电源，保障人身安全。根据保护功能和用途可分为漏电保护继电器、漏电保护开关和漏电保护插座。它们可以对漏电流进行检测和判断，从而实现对电路短路、过负荷、漏电、过压、欠压的保护。

五、低压测电笔测量

测电笔是最常见的检查低压线路或低压设备上是否带电的工具。

测电笔由氖管、高值电阻、弹簧和笔身部分组成。测量时，用手拿住测电笔笔尾金属体（注意绝不能与笔尖的金属部分相接触），用笔尖去接触载流导线或电源插座，如氖管发光，说明测试点"带电"，试电笔接触的是火线；如氖管不发光，说明被测点不"带电"，测电笔接触的是地线或零线。

注意：如果电压过高，不能用测电笔去试，以免发生触电危险。

A.2.2　人体触电及急救

一、人体触电

人体与一定电压的带电体接触，致使电流在人体流过产生伤害的现象称为触电。

触电对人体的危害程度与以下六个因素有关。

1. 电流强度

触电时电流通过人体的强度决定了触电伤害的程度，通过人体的电流越大，对人体的危害越大。表 A.2.1 描述了各种电流对人体作用的大致情况。从表中我们可以看到当电流在 5 mA 以下时，人有触电感觉但无有害生理反应，所以这个电流也称为感知电流；当电流在 10～30 mA 时，人触电后能自主摆脱电源而无病理性危害，因此这个电流也称为摆脱电流；而当电流在 30～50 mA 及 50 mA 以上时，将引起心室颤动而造成生命危险，这个电流也称为致命电流。上述这几个电流的数值还和其他一些因素有关，如电气参数（包括接触电压、人体电阻、频率等），皮肤表面状态（包括潮湿、导电污物、伤痕、破损等），接触状态（包括接触压力、面积等）。

表 A.2.1　电击时间在 10～200 s 电流对人体作用的大致情况

电流/mA（$f=50$ Hz）	对人体的作用
＜0.7	在人的知觉阈值前，一般没有感觉
1～5	有轻微感觉，在摆脱阈值前，有麻木的电击感，自身尚能摆脱电源，一般对身体无害，有些电疗仪器选此电流作为治疗用
5～10	痉挛、痛苦但可以自行摆脱

电流/mA（$f=50$ Hz）	对人体的作用
10～30	痉挛，产生心律不齐、血压上升、呼吸困难，时间超过几分钟会有危险，是可以忍受的极限
30～50	这是一个临界值，人会强烈痉挛、心脏跳动不规则、血压上升、昏迷，若数秒和数分钟即有生命危险
50～250	昏迷、心室纤颤、丧失知觉，接触部位留有电流通过的痕迹，严重危及生命
＞250	心脏停止跳动，体内有电灼伤

2. 电压的高低

接触电压是指人体一点触及带电体时，加于人体该点与另一点之间的电压。显然，在人体电阻一定的情况下，这个电压越大时，流过人体的电流越大。电压还会使皮肤破裂，从而降低人体电阻，随之流过的电流更大，接近高压还会有感应电流，这就更加危险。

为了防止触电事故而采取特定电源供电的电压为安全电压。其依据是人体电阻约为1 700 Ω，摆脱电流为 30 mA，通常认为低于 40 V 的交流电压为安全电压，并规定 25 V以下时不需要考虑防电击的安全措施。

3. 电流流过人体的部位

过大的电流流过人体的任何部位都可以造成死亡，但同样一个电流，如在摆脱电流和致命电流之间（10～50 mA），电流流过人体的途径产生的危险还是有较大的不同的。其中以从左手到前胸这个通路最危险，因为这个通路中包含了心脏、中枢神经、呼吸系统等人体重要器官，相对而言电流的流经部位从一只脚到另一只脚时危险较小。

4. 触电时间长短

电流对人体的伤害与其作用的时间密切相关，所以一般用触电电流和触电持续时间的乘积来表示电击强度。显而易见，触电时间越长，电击能量累积越大，对人体的危害越大。基于这点，触电保护器的一个主要指标就是额定断开电流与时间的乘积小于30 mA·s。根据表 A.2.1，若电击能量达到 50 mA·s，人就有死亡的危险。

5. 人体状况

触电的伤害程度还和各个人体的体电阻、年龄、性别有关。相对而言，体电阻较小、妇女、儿童、老人及体弱者触电后受到的伤害比身体健康的青壮年男子更严重。

6. 电流的类型

电流的类型不同，对人体的伤害也不同。直流电一般引起电伤，而交流电触电会使电伤和电击同时发生，特别是 40～100 Hz 的交流电，对人体的伤害最大。而我们日常使用的工频市电正好在这个频段，随着频率的增加，达到 2 kHz 时对人体的危害就很小了。

二、触电的急救

一旦发生人体触电事故，必须用最快的速度让触电者脱离电源，采取有效的处理和急救方法。

1. 脱离电源

触电后应立即切断电源。触电时间的长短对人体造成的伤害有很大不同，所以如果闸刀、开关就在附近，应该以最快的速度拉下闸刀或开关。如果闸刀开关一时找不到，施救者更要注意安全，因为此时触电者本身也是一个带电体，可以用不导电物体如干燥的木棒、竹棒或干布等物体使伤员尽快脱离电源。急救者切不可直接接触触电者，以防自身触电。

2. 现场急救

当伤员脱离电源后，应立即检查伤员全身情况，特别是呼吸和心跳，发现呼吸、心跳尚存在时，应尽快送医院抢救。若呼吸停止则应立即现场做口对口人工呼吸；若心跳停止则应采用人工心脏挤压法维持血液循环。

3. 触电伤害判断及处理

触电对人体的危害主要有电伤和电击伤两种。

电伤是由于发生触电而导致的人体外表创伤，表现为以下三种：

(1) 灼伤。灼伤是由于电的热效应而对人体皮肤、皮下组织、肌肉、神经的伤害，会引起皮肤发红、出现气泡、烧焦、坏死，通常作外科烧伤处理。

(2) 电烙伤。由于电流的化学和机械效应造成人体触电部位伤痕处皮肤变硬并形成肿块痕迹，如同被电烙铁烫出烙印一般，通常也作外科烧伤处理。

(3) 皮肤金属化。是由于带电体金属在高温下熔化和挥发，通过触电点沉积于皮肤表面及深部而形成的，可在现场先作预防细菌感染处理，再送医院由烧伤外科处理。

电击伤是指人体触电后电流对人体内部造成的伤害，它可以根据电流的大小、持续时间的长短，不同程度地伤及人的心脏、中枢神经系统、呼吸系统，直至危害生命，绝大多数触电死亡事故是由电击造成的。

发生触电事故后，除了以上提到的一些处理和急救之外，还应注意有无其他损伤。如触电后弹离电源或自高空跌下，常并发颅脑外伤、血气胸、内脏破裂、四肢和骨盆骨折等。

4. 通知医护人员

在现场抢救过程中，不要随意移动伤员。若确需移动时，抢救中断时间不应超过30 s。在移动伤员或将其送往医院的过程中应继续抢救，心跳呼吸停止者要继续做人工呼吸和胸外心脏按压，在医院医务人员未接替之前抢救不能中止。

A.2.3　安全用电常识

一、安全用电常识

(1) 自觉遵守安全用电规章制度，禁止私拉电网盗电、超负荷私安电炉、用电捕鱼和捕鼠等。

(2) 用户需要安装电气设备和家用电器，铺设电线、线槽、开关、插头、插座时，应由有资质的电工进行安装。在使用中，电气设备出现故障时，要由有资质的专业人员进行修理。

(3) 用户应正确装接触电保护器和相应的熔断器，选用与电线负荷相适应的熔断丝，不要随意加粗熔断丝，更严禁用铜丝、铁丝等代替熔断丝。

(4) 漏电保护器需安置在无腐蚀气体、无爆炸危险品、无易燃物品的场所，当触电保护器跳开后，应查明原因后再合上开关，同时还要定期对漏电保护器作灵敏性检验。

（5）用电设备应使用三眼插头、插座，给三眼插头、插座盒安装接地线，L、N、⊥不能搞错。

（6）操作电器开关等动作应用单手操作，湿手不能碰带电的灯头、开关、插座等电器。

（7）电灯线不要过长，灯头离地面应不小于 2 m。灯头应固定在一个地方，不要任意乱拉、乱接电线，更要避免电线拖地，以免损坏电线或灯头造成触电事故。碰到不明原因的裸露电线，不能随便用手去拿，要请电工来处理。

（8）对于电动机、吹风机、电风扇、扩音机等金属外壳的电气、电器设备，应按规定进行外壳接地。电器设备要插在有接地的三眼插座上，安装、修理以及装接地线要由有资质的专业人员进行。

（9）移动电器及电气设备时，必须切断电源。

（10）发现电线破损和绝缘破坏，必须及时断电后修复。

（11）由于相比人体电阻，接地电阻很小，为避免触电发生时电压几乎全部加在人体上，严禁使用一线一地制的办法使用电器（即只使用一根相线，另一根零线直接接入大地）。

（12）在雷雨时，不可走近高压电杆、铁塔、避雷针的接地线和接地体周围，以免因跨步电压而造成触电。

二、防止电气火灾

（1）严防电线过载，否则极易发热起火。例如寝室内不能使用大功率的电暖器具。

（2）定期检查电器外壳接地是否可靠正确，电线是否老化。

（3）电热器具（电烙铁、电取暖器等）应远离易燃物品。

（4）发现煤气泄漏时，应及时打开门窗通风，绝对不能开闭电源开关，否则室内煤气达到一定浓度，即使微弱的火星也易引起爆炸。

三、电气火灾的扑灭

（1）切断电源。

（2）迅速拨打"119"报警。

（3）根据现场的具体情况选用适当的灭火器灭火，如二氧化碳灭火器、干粉灭火器、四氯化碳泡沫灭火器等。

附录 B　实验装置介绍

B.1　多功能电路装置

多功能实验装置是进行强电实验的操作平台。图 B.1 为多功能实验装置面板。该面板包含了实际生产、生活中常用的一些电气设备，包括三相空气开关、电源指示灯、熔断器、日光灯、启辉器、电容器、荧光灯镇流器、测电流插孔、交流调压器、按钮开关、交流接触器、时间继电器、白炽灯、PLC 控制器、输出继电器、Y/△模拟电动机和多功能电量计等。

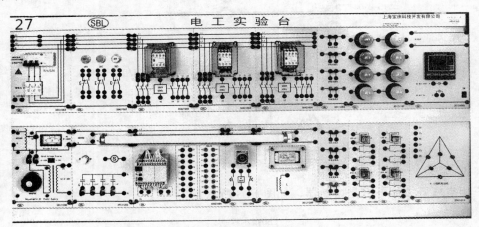

图 B.1　多功能实验装置面板

在实验面板上，黑色实线所连接处表示内部已有导线连接，无需用户在外部再自行连接。各个部分所代表的功能基本已标注在面板上，便于观察。下面主要介绍与电路实验相关的部分电气设备。

1. 三相电源、三相空气开关及电源指示灯

实验面板的输电线路采用三相四线制，包括 L1、L2、L3 和 N，如图 B.2 所示。其中 L1、L2、L3 表示三相电源的三根相线（也称为火线），N 为中性线，亦即零线。PE 线为实验装置外壳接地线，也称为保护地线。在 380 V 低压配电网中，两根相线之间的电压为 380 V，相线与中性线之间的电压为 220 V。进入用户的单相输电线路中包含一根相线和一根零线。使用时需要特别注意的是，进入用户侧后，PE 线不能当作零线使用，实验中

不允许将 PE 线连接至电路中，否则将引起总电闸跳闸。

　　电源线的下方是三相空气开关。空气开关是低压配电网络和电力拖动系统中非常重要的电器，它除了能完成接触和分断电路外，还能对电路或电气设备发生的短路、严重过载及欠电压等进行保护。实现保护的主要工作原理是利用电路过载时产生的热量，使内部不同热膨胀系数的双金属片动作，切断电源。

　　当需要给电路通电时，需先闭合三相空气开关，通常三相空气开关较紧，建议用右手食指和中指的第一指节抵在开关白色外壳的顶面上，用拇指向上推动黑色的开关部位。正常情况下，三相空气开关推上去后，上面的三个红色电源指示灯应点亮，如图 B.2 所示。若指示灯不亮，或仅有一至两个灯亮，可用万用表的交流电压挡检查实验面板上的电源供电是否正常。

　　实验中应根据要求将电源连接至电路，如需要单相电源，应选择一根相线（L1、L2、L3 中任选一）和零线接出。接线时，导线应自三相空气开关右上方标注有 L1、L2、L3 和 N 的接线端引出。注意：必须在确保实验电路连接正确的前提下，才能闭合三相空气开关，以免发生危险。

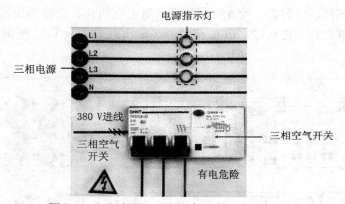

图 B.2　三相电源、三相空气开关及电源指示灯

2. 熔断器

三相空气开关的下方是熔断器，如图 B.3 所示。

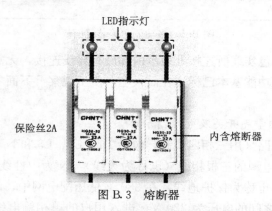

图 B.3　熔断器

　　熔断器（又称保险丝）是对电路进行短路保护或严重过载保护的装置，是应用最普遍

的保护器件之一。实验面板上的熔断器为常见的插入式熔断器，其外形为圆柱形，采用陶瓷材质，底座固定于实验面板上，内部装有由易熔合金或良导体制成的熔体，其两侧带金属盖，内嵌石英砂，盖板外侧标有熔断电流。一旦电路发生短路或严重过载，熔体立即熔断，此时对应线路的 LED 指示灯点亮提示。实验前，应先检查 LED 指示灯是否处于灯灭状态，若亮灯，应当在三相空气开关关闭的情况下打开白色塑料盖板，更换新的熔断器。

3. 日光灯、启辉器和镇流器

日光灯、启辉器和镇流器位于实验面板的中间下方，如图 B. 4 所示。

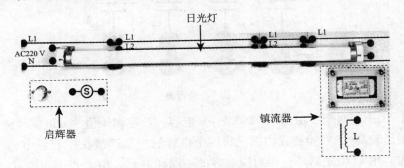

图 B. 4　日光灯、启辉器、镇流器

（1）日光灯：由日光灯管和底座组成。日光灯底座的左右两侧各有两个接线端，分别连接于日光灯内部的灯丝，日光灯原理如图 B. 5 所示。使用时，日光灯底座的左右两侧各取一个接线端连入日光灯电路中，剩余两个接线端与启辉器相联。

（2）启辉器：由一个充氖气的玻璃泡、一个由不同热膨胀系数构成的 U 型双金属动触片和一个静触片组成。组成日光灯电路时，启辉器应并联在灯管两端。

（3）镇流器：是一个带铁心的线圈，由在硅钢制作的铁心上缠绕漆包线制成。日光灯电路中的镇流器应与灯管串联。

日光灯工作原理：日光灯电路中，镇流器与日光灯管串联，启辉器并联在灯管两端，如图 B. 5 所示。接通电源后，加在启辉器两极间的电压使氖气放电而发出辉光，辉光产生的热量使 U 型动触片膨胀伸长，与静触片接通，于是镇流器线圈和灯管中的灯丝就有电流通过。电路接通后，因灯管电压较低，启辉器中的氖气停止放电，U 型片冷却收缩，两个触片分离，电路自动断开，如图 B. 6 所示。

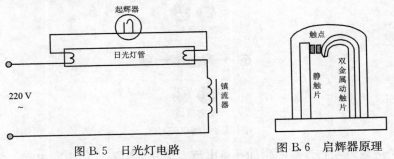

图 B. 5　日光灯电路　　　　图 B. 6　启辉器原理

在电路突然断开的瞬间，由于镇流器电流急剧减小，会产生很高的自感电动势，该电压与电源电压加在一起，形成一个瞬时高压，加在灯管两端，使灯管中的气体开始放电，于是日光灯成为电流的通路开始发光。日光灯开始发光时，由于交变电流通过镇流器的线圈，线圈中就会产生自感电动势，它总是阻碍电流变化的，因此这时镇流器在电路中起降压限流的作用，保证日光灯正常工作。灯管正常发光时，启辉器保持开路状态。

4. 电容器

电容器位于实验面板左下方，如图 B.7 所示。

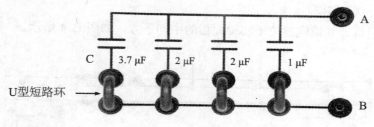

图 B.7　电容器

包括一个 1 μF、两个 2 μF 和一个 3.7 μF 电容，额定耐压值为 630 V（这里使用的是油浸电容，耐压较高）。实验装置内部已将四个电容的一端连接在一起后由 A 点引出，需要使用电容时，用 U 型短路环连接对应电容的一端和 B 点，由 B 点引出即可。

5. 测电流插孔

实验面板上日光灯右侧和白炽灯左侧各有四组用于测量电路电流的插孔，其中面板上有黑色连接线相连的两个插孔相当于一个结点，如图 B.8 所示。

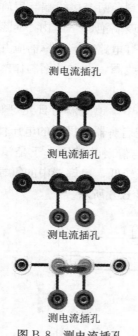

图 B.8　测电流插孔

使用时，应通过左右外侧两个插孔将电流表串联到被测支路中，中间上端两个插孔在不测电流时插入 U 形短路环，此时线路经过 U 形短路环导通。当需要测量此支路电流时，先将电流表的红色、黑色表笔分别插入中间下端的两个红色插孔中，然后拔下上方对应的

U 形短路环，使支路电流经过电流表的电流线圈测出该支路的电流。测量完成后，注意应先将 U 形短路环插上，再移去电流表，以免造成电路的开路。

　　6. 交流调压器

　　交流调压器位于实验面板的左下方，如图 B.9 所示。

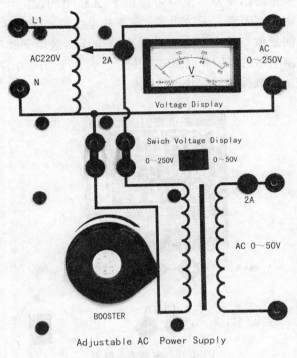

图 B.9　交流调压器

　　交流调压器能够提供 0～250 V 和 0～50 V 两挡交流电压。为了防止开电闸瞬间启动电压过高损坏调压器，使用前应先将黑色调压器旋钮逆时针左旋到底，然后将交流调压器模块左侧的 L1 和 N 插孔分别连接至实验面板左上方对应的电源进线处。

　　根据电路中所需交流电压的大小，可选择不同档位的交流输出端口。如果所需交流电压超过 50 V，应将图中 Switch Voltage Display 开关切换至左侧"0～250V"，且选择指针式交流电压显示器右侧的"AC 0～250V"两个接线端作为交流调压器模块的输出。检查电路连接无误后，方可闭合上实验面板上的三相空气开关，然后逐渐右旋（顺时针方向）调压器旋钮，同时观察上方的指针式交流电压显示器，直至调节至所需电压。如果所需交流电压小于 50 V，则应将图中 Switch Voltage Display 开关切换至右侧"0～50V"，并用U 型短路环垂直连接交流调压器旋钮上方的变压器原边线路，然后选择变压器副边的"AC 0～50V"两个接线端作为交流调压器模块的输出。检查电路连接无误后，方可闭合上实验面板上的三相空气开关，然后逐渐右旋（顺时针方向）调压器旋钮，同时观察上方的指针式交流电压显示器，直至调节至所需电压。

　　注：交流调压器模块面板上所标识的两处"2A"位置内含玻璃保险丝，对电路起到短路保护或严重过载保护作用。当输出端电压为零时，请关闭三相空气开关，并检查保险

丝是否完好。

7. 多功能电量表

实验面板的右上方是一款多功能电量表，它能同时测量并显示某支路的电压、电流、有功功率、无功功率、视在功率、功率因数、频率及相位差等，仪表外形如图 B.10 所示。

多功能电量表第一排的四位显示窗口可根据 ▼/▲ 按键的设定，分别显示被测电量的视在功率、有功功率、功率因素、无功功率、频率和电度值。第二排和第三排显示窗口分别显示电压和电流的测量值。仪表下方有一对交流电压测量端子和一对交流电流测量端子，分别用于接入被测电路的电压和电流，其中带 "＊" 端为同名端。同时按 "SET" 键和 "ENT" 键可以进入参数报警设置状态。

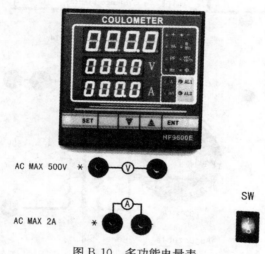

图 B.10　多功能电量表

仪表通电使用前，必须检查端子的接线是否正确，确认无误才能通电。右下方 "SW" 开关打开后，仪表可显示各测量数值。测量状态下，仪表第一排窗口显示 ▼/▲ 按键选择的参数值，同时显示窗口右侧的相应参数指示灯亮。每个电量参数单位前均有一 LED 指示灯，指示灯亮时表示显示窗口正在显示该电量参数的电量值。VA 亮：显示视在功率值；W/Wh 亮：显示有功功率值（注：此时需同时 "＋" 的 LED 指示灯亮，否则将出现 "EP" 错误代码）；PF 亮：显示电路的功率因数值；var/varh 亮（注：此时需同时 "＋" 的 LED 指示灯亮，否则将出现 "E9" 错误代码）：显示无功功率值；Hz 亮：显示电路交流电压或交流电流的频率；Φ 亮：显示交流电压超前交流电流的相位角度。

B.2　九孔板

九孔板是进行电路与模拟电子技术实验时用于放置电路与模电实验器件的装置，如图 B.11 所示。

　　九孔板的下方有二排插孔，每一排插孔在内部用导线连接，面板上用实线表示，所以每一排插孔其实是一个点，两排插孔之间是不连接的，这两排插孔在电路实验中常分别用于连接电源的两个输入端，如 +12 V 直流电压源的"＋"极性端和"－"极性端。两排插孔的上方是四排共 24 个由 9 个插孔组成的连接成田字形状的结点，为方便实验中电路的连接，这 9 个插孔在内部也是连接成一点的，相当于电路中的一个结点。九孔板的最上方是一排共 6 个由 6 个插孔组成的结点。用九孔板连接好电路后要仔细检查，确保应该连接的点一定连接上，不该连接的点之间不可短路。

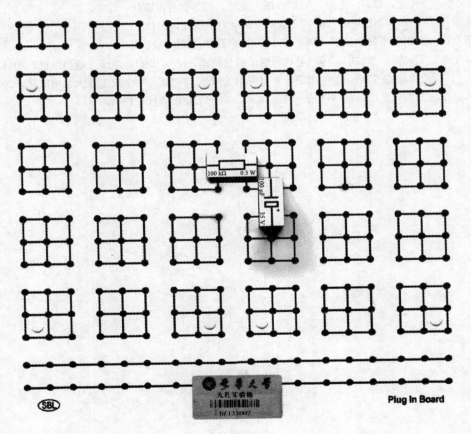

图 B.11　九孔板

参考书目

［1］李贵安. 电工电子实践初步［M］. 5 版. 南京：东南大学出版社，1999.

［2］秦杏荣. 电路实验基础［M］. 2 版. 上海：同济大学出版社，2006.

［3］张新喜，许军，王新忠，等. Multisiom 10 电路仿真及应用［M］. 北京：机械工业出版社，2010.

［4］曹海平. 电工电子技能实训教程［M］. 北京电子工业出版社，2011.

［5］张峰，吴月梅，李丹. 电路实验教程［M］. 北京高等教育出版社，2008.6.

［6］李钟灵，刘南平. 电子元器件检测与选用［M］. 北京：科学出版社，2010.

［7］郭建江. 电工电子实验应用教程［M］. 南京：东南大学出版社，2010.

［8］李彩萍. 电路原理实践教程［M］. 北京：高等教育出版社，2006.

［9］邱关源. 罗先觉，修订. 电路［M］. 5 版. 北京：高等教育出版社，2006.

［10］陈荣保. 工业自动化仪表［M］. 北京：中国电力出版社，2011.

［11］张乃国. 实用电子测量技术［M］. 北京：电子工业出版社，1996.

［12］罗利文，盛戈皞，张君中，等. 电气与电子测量技术［M］. 北京：电子工业出版社，2011.

［13］徐杰，谢玉鹏，王安华. 电子测量技术与应用［M］. 哈尔滨：哈尔滨工业大学出版社，2013.

［14］陈尔绍. 实用光电控制电路精选［M］. 北京：电子工业出版社，1994.